★2021年度山西省研究生教育教学改革优秀课程、教材、案例库建设项目：“心理辅导:理论与方法(2021YJJG129)”成果

★2022年度中共山西省委宣传部意识形态研判及数据库建设省级重点智库（思想政治教育数据工程协同创新中心）委托课题（党的二十大精神专项课题）：“高校大学生心理危机预防与干预机制研究” (ESD-09)成果

心理危机与应急干预

心理辅导的理论与方法

张潮◎编著

中国商业出版社

图书在版编目（CIP）数据

心理危机与应急干预：心理辅导的理论与方法 / 张潮编著 . -- 北京：中国商业出版社，2023.7
ISBN 978-7-5208-2560-3

Ⅰ．①心…　Ⅱ．①张…　Ⅲ．①心理辅导—研究　Ⅳ．①B849.1

中国国家版本馆 CIP 数据核字（2023）第 137105 号

责任编辑：石胜利
策划编辑：王　彦

中国商业出版社出版发行
（www.zgsycb.com　100053　北京广安门内报国寺 1 号）
总编室：010-63180647　编辑室：010-63033100
发行部：010-83120835 / 8286
新华书店经销
北京虎彩文化传播有限公司印刷

*

710 毫米 ×1000 毫米　16 开　18 印张　300 千字
2023 年 7 月第 1 版　2023 年 7 月第 1 次印刷
定价：59.80 元

* * * *

（如有印装质量问题可更换）

序

党的二十大报告在部署“推进健康中国建设”时强调要重视心理健康和精神卫生。3年来，科技的飞速发展、多元价值观的冲击、持久的公共卫生事件、社会对学生多元化的要求和新一轮课程的新颖性和迫切要求使得学生的心理问题凸显。专业性、系统性的心理辅导成为应对这些社会现象及促进学生健康成长和发展的保障。

专业性的心理辅导强调两个方面。一方面是实施心理辅导主体的专业性，强调其专业的理论知识和专业的技能技巧（专业的理论知识保证了心理辅导的方向性不发生偏离，专业的技能技巧保证了心理辅导结果的有效性和延续性）；另一方面强调的是心理辅导内容的专业性。心理辅导的专业性是指从个体发展层面和社会化层面而言的心理现象，包括学习心理辅导、情绪管理辅导、自我意识发展辅导、生命教育、生涯规划、人际关系、青春期性教育、心理危机干预等。

系统性的心理辅导强调两个方面。一方面是“问题观”的系统性。“问题观”是全面的、客观的问题观，既包括传统的消极的、破坏性的问题，也包括基于积极的、建设性的问题。所以心理辅导的对象应该是每一个具有发展性心理问题或者适应性心理问题的个体。本书的内容不分析障碍性的心理问题的应对方法和策略。另一方面是指导理论的系统性。心理辅导不同取向经典理论有其不同的生命力和指导性，综合学习心理辅导的理论可以提高自己的专业素养，学会从不同角度全面地分析每一个心理问题，当这些理论烂熟于脑中时，就达到了专业分析问题的自动化程度，可以达到事半功倍的效果。

要保证心理辅导的有效性和可持续性，还需要重点解决以下误区。误区一：心理辅导是阶段性的任务。人的一生在不同的发展阶段担负着不同的角色，承担着不同的发展任务，当遇到新的发展阶段和完成新的发展任务时都需要进行心理建设，达到心理适应，促进心理成长。因此，心理辅导贯穿着一个人生涯的始终，且每一阶段的发展都强调其前期的基础性和后期的效果。误区二：心理辅导遵循母性原则，应该是包容的。传统的心理辅导一味强调母性原则，遵循着包容的功能，其后果必然造成个体成长过程中的缺失和障碍。因为一个人的成长成熟无一例外是要走向个体独立，走向分离的。母性原则指导我们教会个体学会爱，建立关系、合作，享受人际关系带来的快乐和温暖，而父性原则则遵循着切割的功能，意味着切断，指导我们教会个体面对独立、承受分离、痛苦且自我承担命运，创造价值。二者之间并不对立，而是相互补充，相辅相成的。

以上是我对心理辅导的思考，是以为序。

2023 年 2 月 12 日于山西师范大学

目录

第一章 心理辅导：心理健康的标准

第二章 精神分析取向的理论与方法

第三章 行为主义取向的理论与方法

第四章 人本主义取向的理论与方法

第六章 心理辅导的策略和途径

第七章 人际关系心理辅导与教育

第八章 生命教育：人生第一课

第九章 青少年心理危机干预

第一章

心理辅导：心理健康的标准

心理与心理健康概述

一、心理的概念

心理学是研究心理现象的一门学科，心理现象是一个特殊而复杂的现象。

（一）心理的特殊性

1. 心理没有自己独立的发展历史

心理现象是物质世界长期发展的结果，是物质世界发展到一定阶段（出现动物以后）才产生的。从物种进化的角度来看，心理现象是动物发展到一定阶段，在出现了神经系统之后才真正产生的。动物心理随着神经系统的进化和复杂化经历了刺激感应阶段、感觉阶段、知觉阶段和思维的萌芽阶段。思维的萌芽阶段为人类心理的产生奠定了生物学基础。所以，心理没有自己独立的发展历史，人的心理是由动物心理进化而来的。但是人类心理不同于动物心理——动物心理完全受生物规律制约和支配，而人的心理不仅要受生物规律制约和支配，还要受到社会发展和伦理道德规范的约束和影响。

2. 心理现象不具有形体性

心理现象区别于自然现象和社会现象，不具有形体性，它看不见，摸不着。我们只能通过观察和分析外在的行为去推测和研究人的心理活动。所以，从这个意义上来说，心理学是研究人的心理与人的行为之间关系的一门科学，即通过对行为的客观记录、分析和测量来揭示人的心理过程的规律。

3. 个体心理活动的物质基础

个体心理活动的主要物质基础是神经系统。根据神经系统结构与机能的不同，神经系统可以分为中枢神经系统和周围神经系统。大脑是中枢神经系统的最高级部位，也是脑的最大的结构。大脑由两半球组成，中间是由神经纤维构成的胼胝体加以联结。正常情况下，大脑两半球是协同活动的。在功能上，大脑两半球各自控制着与身体相反的那一半，左半球是言语优势半球，右半球是非言语优势半球。

4. 个体心理活动的内容

脑是心理活动的器官，那么脑反映的内容是什么呢？只有在客观现实环境的作用下，脑才会产生心理现象。所以，个体心理活动的内容是客观现实，而客观现实是指独立于人的心理之外的一切现实，它包括自然现实和社会现实。

5. 个体心理活动的主观能动性

脑是个体心理活动的器官，但是人脑并不能自发地产生心理活动。由于每个人的知识经验不同，认知不同，所以对于不同的刺激，人的认识是不一样的。对于同一个刺激，处于不同发展阶段的人的认识也是不一样的。这反映了个体心理活动的主观能动性。

（二）心理的复杂性

心理现象既包括动物心理，又包括人类心理。人类心理既包括个体心理，又包括社会心理；既包括意识心理，也包括无意识心理。个体心理的复杂性体现在以下三个方面。

1. 个体心理伴随个体生命的始终

个体生命开始于成功受孕的那一瞬间，个体的心理发生在个体脱离母体之后。个体出生后的几天内形成对喂奶姿势的条件反射，这意味着个体心理的发生。个体的心理结束在生命终止之时，人在临终之前有着复杂的无力言表的心理活动。从个体出生到生命终止，心理活动伴随着个体生命的始终。因为每个人的遗传不同，生活环境不同，个体的主观能动性不同，所以就形成了每一个独一无二的个体。

2. 个体心理结构的复杂性

个体的心理自成系统，包括心理过程、心理状态和人格三个方面。

（1）心理过程包括认知过程、情绪情感和意志

认知过程也称为认识过程，是人们获取知识和运用知识的过程，或者说是对信息进行加工处理的过程，是人由表及里、由现象到本质反映客观事物的本质及其内在联系的心理活动。认知过程包括感觉、知觉、记忆、思维和想象。

感觉是人脑对直接作用于感觉器官的客观事物的个别属性的反映。例如，对事物的颜色、软硬、明暗、气味等的反映。知觉是人脑对直接作用于感觉器官的客观事物的整体或者事物时间外部关系和联系的反映。例如，对汽车、飞机、一群人的认识等。知觉是在感觉的基础上产生的，在知觉中，人的知识经验起着重要的作用。感觉和知觉通常是同时发生的，因而称为感知觉。记忆是人脑对经历

过的事物的反映。思维是人脑对客观事物的本质属性以及事物之间的内在规律和联系的间接的、概括的反映。想象是人脑对已有表象进行加工改造而创造新形象的过程。

情绪情感是人脑对客观事物是否符合需要、愿望、观点而产生的态度体验。它是对客观事物和人的需要之间关系的反映。当客观事物符合了人的需要、愿望和观点，就会产生积极、肯定的情绪情感；当客观事物不符合人的需要、愿望和观点，就会产生消极、否定的情绪情感。

意志过程是指人自觉地确定目的、克服困难，以实现预定目的的心理过程。

在实际生活中，认知过程、情绪情感过程和意志过程是相互联系、相互作用的一个整体。其中，认知过程是情绪情感和意志过程产生的基础。情绪情感过程和意志过程也影响着认知过程的发生发展。

（2）心理状态

心理状态是人在一定时间内各种心理活动的综合表现。一般而言，人的自觉的、清晰反映客观现实的心理活动，是以注意状态为基础并由注意状态相伴随的。注意作为一种比较紧张、积极的心理状态，是意识活动的基本特征。由于注意能够对刺激、信息进行选择、整合与调节，所以它是心理过程的必需前提和基本条件。

（3）人格

人格是一个人在进行心理活动时表现出来的稳定的整体的精神面貌，包含着三个既独立又彼此紧密联系的系统：心理倾向性系统、自我意识系统、心理特征系统。

心理倾向性系统是个体行为积极性的源泉，包括动机、需要、兴趣、理想、信念、世界观和价值观。

自我意识系统是一系列自我完善的能动结构，它是人的心理的能动作用的体现，其核心是自我意识。自我意识包括自我认识、自我体验和自我监控三个方面。

心理特征系统是个性的个别性的集中表现，包括能力、气质、性格等心理成分。

3. 影响个体心理发展的环境因素的复杂性

影响个体心理发展的环境因素包括：胎内环境因素、家庭环境因素、学校环境因素、社会环境因素和自然环境因素。

胎内环境因素提供了个体心理发展的生理基础。胎儿在子宫内的发育阶段是个体生理和心理发育过程中的最早阶段和奠基阶段。影响胎儿生理和心理发展的胎内环境因素包括遗传因素，妊娠母体所处环境的物理因素、化学因素、生物因素、地理因素，母体自身的因素和父源因素等。

家庭环境决定着一个人的心理发展。家庭环境因素包括家庭的结构、家庭的心理氛围、家庭的经济状况、父母的教养方式、父母自身的因素以及来访者的出生顺序等。

学校环境主导着一个人的心理发展。学校环境因素包括学校的文化环境、文化氛围，以及学校在长期的发展过程中所形成的具有学校特色的校风、班风和教风。从人的因素来看，主要包括班主任、任课教师、同学和学校的教辅人员等。

社会环境因素是家庭环境和学校环境因素的延续，它引导着一个人的心理发展。社会环境因素包括社会的政治、经济、文化、科技发展状况、社会时尚等。

一方水土养一方人，自然环境潜移默化地在塑造着人的心理。自然环境因素包括温度、湿度、季节、噪声等。

二、什么是健康

一个体弱多病的学者是世界上不幸的人。健康是人赖以生存和发展的基础，是人实现理想和幸福生活的保障。古希腊哲学家赫拉克利特指出："如果没有健康，智慧就难以表现，文化就无从施展，力量就不能战斗，财富就会变成废铁，知识也将无法应用。"拥有健康，才能拥有一切。

（一）单维健康观

单维的健康观指的是生物医学模式。该模式认为，心理与身体是相互独立的，疾病可能对心理有影响，但疾病并非由心理引起的，疾病起因于自身无法控制的生物变化，是由遗传、细菌、病毒、化学失衡等因素共同引起的。

（二）二维健康观

二维健康观是针对生物医学模式的质疑和挑战而提出的。二维健康观强调心理与身体的关联性，重视心理因素在健康概念的地位，认为心理因素在健康内涵理解中成为重要的组成成分。

（三）三维健康观

三维健康观指的是生物—心理—社会模式。1948 年，世界卫生组织（WTO）给健康下的定义是："健康不仅仅是没有疾病或虚弱的状态，而是一种生理上、心理上和社会上的完好状态。”

（四）四维健康观

1989 年，世界健康组织又将健康的定义修改为：“健康不仅仅是身体没有疾病，而且还要具备心理健康、社会适应良好和道德健康。”把道德纳入健康范畴是有科学依据的——巴西著名医学家马丁斯研究发现，屡犯贪污受贿的人易患癌症、脑出血、心脏病和神经过敏症。

（五）五维健康观

2000 年，世界卫生组织将健康概念做了进一步的深化，提出了全面的健康观，指出当今的健康包含了五个层面的含义：生理健康、心理健康、良好的社会适应性、道德健康和生殖健康。

三、心理健康的概念

（一）心理健康的含义

心理健康是一种良好的、持续的心理状态与过程，表现为个体具有生命力、积极的内心体验以及良好的社会适应能力。

由于每位学者所处的文化背景不同，研究的出发点、侧重点及研究方法的差异性，因而说法各异。

1. 1948 年第三届国际心理卫生大会定义心理健康为：“心理健康是指在身体、智能以及情感上与他人心理不相矛盾的范围内，将个人的心境发展到最佳的状态。”

2. 心理学家英格里希认为：“心理健康是一种持续的心理状态，当事者在那种状态下能作出良好的适应，具有生命的活力，且能充分发展其身心的潜能。这乃一种积极的丰富的状况，不只是免于心理疾病而已。”

3. 精神病学者麦宁格认为：“心理健康是人们与环境相互之间具有最高效率及快乐的适应情况。不只是有效率，也不只是能有满意之感，或是愉快地接受生活水平规范，而是三者具备。心理健康的人应能保持平静的情绪，敏锐的智能，适应社会环境的行为和愉快的气质。”

4. 社会学家波蒙指出：“心理健康就是合乎某一水准的社会行为，一方面能为社会所接受，另一方面能为本身带来快乐。”

5. 苏联心理学家卡兹那切夫等人主张从身心功能角度来界定心理健康。他们提出，心理健康是保持和发展生理与心理功能的过程，也是在积极的创造生活中持久地保持劳动和社会积极性的条件。

6.《英国大不列颠百科全书》中指出：“心理健康是指个人心理在本身及环境条件许可范围内所能达到的最佳功能状态，但不是十全十美的绝对状态。”

7. 日本学者松田岩男主张从环境适应角度来界定心理健康。他指出：“所谓心理健康，是指人对内部环境具有安定感，对外部环境能以社会认可的形式适应这样一种心理状况。”

8. 斯科特考察了文化心理之后，从自我感觉良好的角度提出了心理健康的诸多特征，主要有十个方面：一般的适应能力、自我满足的能力、人际交往中各种角色的扮演、智慧能力、对他人的积极态度、创造性、自主性、完全成熟、对自己的有益态度、情绪与动机的控制。

9. 台湾学者钱苹认为：“心理健康应有满意的心境，和谐的人际关系，人格完整，人与社会协调，情绪稳定。”

10. 王极盛教授指出“心理健康指的是个人的一种良好心理状态，即以积极的反应形式去适应自身环境、自然环境与社会环境，充分发挥个人的身心潜力。”

11. 张承芬教授认为：“心理健康乃指个体在各种环境中能保持一种良好的心理效能状态，并在与不断变化的外界环境的相互作用中，能不断地调整自己的内部心理结构，达到与环境的平稳与协调，并在其中渐次提高心理发展水平，完善人格特质。”

12. 王书荃教授认为：“心理健康是指人的一种较稳定持久的心理机能状态。它是个体与体会环境相互作用时，能使自己的心态保持平衡，使情绪、需要、认知保持稳定状态并表现出相对稳定的人格特征。”

13. 张潮教授认为：“心理健康是一种和谐，内外的和谐。所谓内在的和谐是指人的心理发展符合每一种心理发展的特点和规律，符合心理发展的年龄特征；所谓外在的和谐，是指和个体所生活的环境是和谐的，和环境中各种的人、事、物是和谐的，包括：我与我的和谐、我与他人的和谐、我与环境的和谐、我与事的和谐、我与物的和谐。”

（二）心理健康的特点

1. 相对性。一个人的心理健康不是一个绝对的状态，而是针对文化、环境和时间而不断变化的状态。偶尔出现一些不健康的心理和行为不能说就是心理不健康，更不等于已患心理疾病。不能仅从一时一事，或一种偶然的行为就判断他人或自己心理不健康。

2. 连续性。“心理健康”与“心理不健康”是一种连续或交叉的状态，从良好的心理健康状态到严重的心理疾病之间有一个广阔的过渡带，二者之间是渐进的、连续的。在许多情况下，异常心理与常态心理之间没有绝对的界限，只是程度的差异。

3. 可逆性。如果心理有了困扰或出现失衡时，能够及时自我调整和寻求心理咨询的帮助，就会很快解除烦恼，恢复健康的心理；如果不注意心理保健，经常出现不良的心理状态，心理健康水平就会下降，甚至会出现心理变态或心理疾病。

4. 动态性。心理健康状态不是静止不变的，而是一个动态发展过程。心理健康的水平会随个人的成长、经验的积累、环境的改变，以及自我保健意识的发展而发展变化。

四、心理健康的标准

（一）心理健康的标准观

由于心理活动的复杂性，心理健康的相对性，不同的学者提出了不同的心理健康的标准。

1. 国外的心理健康标准

（1）1946 年第三届国际心理卫生大会曾为心理健康下过这样的定义：“所谓心理健康是指在身体、智能以及情感上与他人的心理健康不相矛盾的范围内，将个人心境发展成最佳的状态。”还具体地指明心理健康的标志是：“①身体、智力、情绪十分调和；②适应环境，人际关系中彼此能谦让；③有幸福感；④在工作和职业中，能充分发挥自己的能力，过有效率的生活。”

（2）弗洛姆是最早对“健康人格”做研究的心理学家之一。在 20 世纪 40 年代，他率先提出社会性格理论，将社会性格分为健康社会性格（生产性倾向）与病态社会性格（非生产性倾向）两大类。以“自信、独立自主、现实、完整、自发、爱和创造，以给予和分享为乐，感受对生活的热爱和尊重，脱离幻想，认识自我，不贪婪，不想入非非，有能力克服自卑，不骗人，也不受骗，不幼稚，沉着稳重，无论命运如何，在生命过程中都要轻松愉快”为主要特征的生产性人格，便是后来许多“健康人格”的原型描述。他的以《爱的艺术》为代表的一系列著作，奠定了“健康心理学”的理论基础。

（3）美国心理健康协会关于心理健康的标准比较全面、复杂，也比较具体、细致，共有26条。

①经常感到快慰、舒适。

②不为恐惧、愤怒、爱、妒忌、罪恶或者忧愁等情绪所“捆绑”。

③坦然接受不如意的事。

④以容忍、开放的心胸，面对自己、面对他人，必要时，还能自我解嘲。

⑤不高估或低估自己的能力。

⑥能接受自己的缺失。

⑦保持高度的自尊心。

⑧善于处理所面临的各种情境。

⑨能从每日生活的点点滴滴中汲取生活的乐趣。

⑩经常感受人际关系的乐趣。

⑪经常关怀他人，热爱他人。

⑫拥有永久的、非常良好的友谊。

⑬相信别人，由衷地喜欢别人，也渴望人家爱自己、信任自己。

⑭尊重别人的思想与意念，尽管这些思想和意念和自己有些分歧。

⑮不强迫他人接受自己的意见，也不随便接受别人的看法。

⑯乐于参与各种团体的活动。

⑰对左邻右舍，甚至所接触的任何人，都具有高度的责任心。

⑱胜任并愉快地面对生活中的各种需求。

⑲能自行处理所有的问题。

⑳勇于负责。

㉑尽可能谋求与环境的良好相处。

㉒乐于接受新经验与新观念。

㉓能充分运用自己的天赋。

㉔能确立合理的人生目标。

㉕能自我思索、自我抉择。

㉖能全力投入工作，从而寻求乐趣。

（4）美国心理学家杰霍塔的心理健康的理论观点是目前在心理学理论中影响很大的，他提出了心理健康的6条标准。

①自我认知的态度。

②成长发展和自我实现。

③整合的人格。

④ 自主性或独立性。

⑤ 对现实的感知能力。

⑥ 对环境的适应能力。

（5）人本主义心理学家罗杰斯认为心理健康的标准包括 5 项内容。

① 经验的开放性。

② 时刻保持生活充实。

③ 对自身机体高度信任。

④ 有较强的自由感。

⑤ 有高度的创造性。

（6）人本主义心理学家马斯洛和米特尔曼提出了心理健康列出的 10 条标准，得到了较为广泛的认可。

① 充分的安全感。

② 充分了解自己，并对自己的能力能做适当的估计。

③ 生活的目标能切合实际。

④ 能与现实环境保持接触。

⑤ 能保护人格的完整与和谐。

⑥ 具有从经验中学习的能力。

⑦ 能保持良好的人际关系。

⑧ 适度的情绪控制与表达。

⑨ 在不违背集体利益的前提下能最大限度地发挥个性。

⑩ 在不违背社会规范的情况下能恰如其分地满足个人的基本需要。

（7）人格心理学家奥尔波特提出了心理健康的 7 条标准。

① 自我意识广延。

② 良好的人际关系。

③ 情绪上的安全性。

④ 知觉客观。

⑤ 具备各种技能，并专注于工作。

⑥ 现实的自我形象。

⑦ 内在统一的人生观。

（8）美国学者库布斯认为一个心理健康、人格健全的人应有 4 种特征。

① 具有积极的自我观念。能悦纳自己，也能为他人所容纳；能体验到自己的存在价值，能面对并处理好日常生活中遇到的各种挑战；虽然有时也可能会觉得不顺意，也并非总为他人所喜爱，但是，肯定的、积极的自我观念总是占优势。

② 恰当地认同他人。既能认同别人而又不依赖或强求别人，能体验自己在许多方面与大家是相同的、相通的，而且能和别人分享爱与恨、乐与忧，以及对未来美好的憧憬，且不会因此而失去自我。

③ 面对和接受现实。即使现实不符合自己的希望与信念，也能设身处地、实事求是地去面对和接受现实的考验，并能多方寻求信息，倾听不同的意见，把握事实真相，相信自己的力量，随时接受挑战。

④ 主观经验丰富，可供取用。能对自己、周围的事及环境有较清楚的知觉，不会迷惑和彷徨。在自己的主观经验世界里，储存着各种可用的信息、知识和技能，并能随时提取使用，以解决所遇到的问题，从而增进自己行为的效率。

2. 中国心理学家的观点

（1）严和骎（1980 年）提出 6 条心理健康的标准。

① 有积极向上、面对现实和环境的能力。

② 能避免由于过度紧张或焦虑而产生病态的症状。

③ 与人相处时，能保持发展融洽互助的能力。

④ 能将其精力转化为创造性和建设性活动的能力。

⑤ 有能力进行工作。

⑥ 能正常进行恋爱。

（2）王效道（1990 年）提出，正常心理应具备下列 8 项标准。

① 智力水平在正常范围以内，并能正确反映事物。

② 心理行为特点与生理年龄基本相符。

③ 情绪稳定，积极与情境适应。

④ 心理与行为协调一致。

⑤ 社会适应，主要是人际关系的心理适应协调。

⑥ 行为反应适度，不过敏，不迟钝，与刺激情景相应。

⑦ 不背离社会规范，在一定程度上能实现个人动机，并结合生理要求得到满足。

⑧ 自我要求与自我实际基本相符。他还认为心理水平可从适应能力、耐受力、控制力、意识水平、社会交往能力、康复力、道德愉快甚至于道德痛苦七个方面加以评量。

（3）王极盛等认为，人的心理健康标准应包括七个方面。

① 智力正常。

② 情绪稳定而愉快。

③ 意志健全。

④ 统一协调的行为。

⑤ 人际关系良好。

⑥ 行为反应适度。

⑦ 心理特点与年龄相符合。

（4）清华大学樊富珉教授提出了学生心理健康的 7 个标准。

① 能保持对学习较浓厚的兴趣和求知欲望。

② 能保持正确的自我意识，接纳自我。

③ 能协调与控制情绪，保持良好的心境。

④ 能保持和谐的人际关系，乐于交往。

⑤ 能保持完整统一的人格品质。

⑥ 能保持良好的环境适应能力。

⑦ 心理行为符合年龄特征。

（5）北京师范大学的伍新春教授认为，现代人和青少年学生的心理健康是：智力正常是基础，关系协调是关键，情绪状态是表现，人格完善是结果。也就是说，心理健康有一个内在的层次结构。他针对心理健康提出了 7 条标准。

① 智力水平正常。

② 自我意识正确。

③ 人际关系和谐。

④ 生活平衡积极。

⑤ 社会适应良好。

⑥ 情绪乐观向上。

⑦ 人格统一完整。

（6）我国学者黄坚厚提出了衡量心理健康的 4 条标准。

① 心理健康者有工作，能够把本身的智慧和能力，从其工作中发挥出来，以获取成就，且乐于工作，能够从工作中得到满足。

② 心理健康者有朋友，乐于与人交往，能和他人建立良好的关系，而且在与人相处时，正面的态度（如尊敬、信任、喜悦等）常多于反面的态度（如仇恨、嫉妒、怀疑、畏惧、憎恶等）。

③ 心理健康的人对于自己应有适当的了解，并进而能悦纳自己，愿意努力发展其身心的潜能，对于无法补救的缺陷，也能安然接受，而不做无谓的怨尤。

④ 心理健康者能和现实环境保持良好的接触，对环境能做正确、客观的观察，并能够做健全、有效地适应，且对生活中各项问题能以切实的方法处理，而不企图逃避。虽然心理健康者未必能够解决他们碰到的所有问题，但他们采取的

方法却总是积极的，而且适应方式是成熟健全的。

（二）中小学生心理健康的标准

综合国内外学者的观点和中学生心理发展特点和心理健康的特征，中学生心理健康的标准包括以下八个方面。

1. 智力正常。智力正常是中小学生学习与生活的基本心理条件，也是适应周围环境变化所必需的心理保证。衡量中小学生的智力是否正常，关键在于其是否能正常地、充分地发挥自我效能；是否具有强烈的求知欲，乐于学习；是否对新问题和新事物充满了兴趣和探索精神。

2. 情绪健康。中小学生的情绪健康主要体现在四个方面：愉快情绪多于不愉快情绪（一般表现为：乐观开朗，充满热情，富有朝气，满怀自信，善于自得其乐，对生活充满希望）；情绪稳定性好，善于控制和调节自己的情绪，既能克制约束，又能适度宣泄，不过分压抑，使情绪的表达既符合社会的要求，也符合自身的需要，在不同的时间和场合有恰如其分的情绪表达；情绪反应是由适当的原因引起的，反应的强度和引起这种情绪的情境相符合；能建设性地处理情绪，做好情绪的管理。

3. 意志健康。意志是人在完成一种有目的的活动时进行的选择、决定与执行的心理过程。意志健全者在行动的自觉性、果断性、顽强性和自制力等方面都表现出较高的水平。意志健全的中小学生在各种活动中都有自觉的目的性，能适时地做出决定并运用切实有效的方式解决所遇到的问题，在困难和挫折面前，能采取合理的反应方式，能在行动中控制情绪和言而有信，而不是行动盲目、畏惧困难、顽固执拗。

4. 人格健全完整。人格在心理学上指个体比较稳定的心理特征的总和。人格完整就是指有健全统一的人格，即个人的所想、所说、所做都是协调一致的。中小学生人格完整的标志是：人格结构的各要素完整统一；具有正确的自我意识，不产生自我同一性混乱；以积极进取的人生观作为人格的核心，并以此为中心把自己的需要、愿望、目标和行为统一起来。

5. 人际关系和谐。人际关系和谐是中小学生心理健康的重要标准，也是维持心理健康的重要条件之一。中小学生人际和谐的表现是：在对待人际关系问题上，中小学生应乐于与人交往，有稳定而广泛的人际关系，有稳定而知心的朋友；与人交往时不卑不亢，保持独立完整的人格，能客观地评价别人，悦纳别人，取人之长；能尊重他人，待人热情、真诚，富有同情心；有合作意识，既能适当地听取他人的意见又具有独立思考问题的意识和能力，不随意附和他人；与异性同学交往时态度热情，举止大方得体。

6. 良好的自我意识。中小学生良好的自我意识的表现是：能正确认识自己，包括自己的机体状态、认知水平、行为表现，了解自己的气质、性格和能力；能实事求是地看待自己的学业和成就，有切合自己实际的人生目标；能悦纳自己、关心自己、尊重自己，大胆恰当地表现自己；能恰如其分地评价自己，正确地对待自己的长处和不足，对自己的优点感到欣慰，但又不至于狂妄自大，对自己的缺点不回避。

7. 社会适应良好。中小学生社会适应良好的表现是：能与社会保持良好的接触，与社会的进步与发展协调一致，当与社会的进步及发展产生矛盾和冲突的时候，能及时调节，修正或放弃自己的计划和行动，不逃避现实，不悲观失望，不妄自尊大，不一意孤行。

8. 心理特点符合年龄特征。每一个年龄阶段个体的心理发展都有这个年龄特征的个体具有的典型的、一般的特征。如果一个人的认知、情感和言谈举止等心理行为表现基本符合他的年龄特征，说明其心理是健康的；如果一个人的心理行为严重偏离自己的年龄特征，心理发展严重滞后和超前，则都是行为异常、心理不健康的表现。

学校心理辅导

一、心理辅导的概念

（一）心理辅导的概念

心理辅导的概念见仁见智。

1. 史密斯认为，心理辅导是一种关系。

2. 泰勒强调辅导涉及的内容，他认为心理辅导是一个过程，是一种从心理上进行帮助的活动，它集中于自我同一感的成长以及按照个人意愿进行选择和做出行动的问题。

3. 罗杰斯强调辅导的过程与辅导的关系，他认为心理辅导是一个过程，其间心理辅导教师可以给学生提供安全感，使其充分地开放自我，正视自己过去的不快经验，将它们融合于已经转变了的自我中去，做出新的统合。

4. 帕特森认为，心理辅导是一个帮助人的过程。

5. 美国《哲学百科全书》认为心理辅导有六个方面的特征：主要着重于正常人；对人的一生提供有效的帮助；强调个人的力量和价值；强调认知因素，尤其是理性在选择和决定中的作用；研究个人在制定总目标、计划以及扮演社会角色方面的个性差异；充分考虑情境和环境的因素，强调人对于环境资源的利用以及必要时改变环境。

6. 台湾学者吴武典强调辅导的性质，他认为辅导乃一种助人的历程或方法，由辅导人员根据某种信念，提供某种经验，以协助学生自我了解与充分发展。在教育体系中，它是一种思想（信念），是一种情操（精神），也是一种行动（服务）。

7. 香港的林孟平则强调辅导的作用，他认为辅导是一个过程，在这个过程中，一位受过专业训练的辅导教师，努力与当事人建立一种具有治疗功能的关系，来协助对方认识自己、接纳自己，进而欣赏自己，以至可以克服成长的障碍，充分发挥个人的潜能，使人生有统合并丰富的发展，迈向自我实现。

8. 国际心理科学联合会编辑的《心理学百科全书》中肯定了心理辅导的两种定义模式：教育模式和发展模式。

心理辅导工作具有以下特征：心理辅导是建立在一种特殊的人际关系基础上的工作，这种人际关系是平等、尊重、理解和信任；心理辅导工作是运用心理学知识、方法和技术的一种专门工作；心理辅导工作是辅导人员通过言语等手段对当事人给予指导帮助的过程。

9. 美国《哲学百科全书》从心理辅导的特征上来界定心理辅导的内涵，认为心理辅导有六个方面的特征：主要着重于正常人；对人的一生提供有效的帮助；强调个人的力量和价值；强调认知因素，尤其是理性在选择和决定中的作用；研究个人在制定总目标、计划以及扮演社会角色方面的个性差异；充分考虑情境和环境的因素，强调人对环境资源的利用以及必要时改变环境。

在心理辅导中有若干误区，需要清楚。

1. 心理辅导不等于提供资料和信息。

2. 心理辅导不等于社交谈话。

3. 心理辅导不等于教导或说教。

4. 心理辅导不等于忠告或建议。

5. 心理辅导不等于恐吓、批评、指责、冷嘲热讽。

（二）学校心理辅导的概念

1. 彭小虎主编的《小学生心理辅导》中的概念

学校心理辅导是辅导教师运用其专业知识技能，给受导者学生以合乎其需要的协助与服务，帮助学生正确认识自己，悦纳自己，根据自身条件确立有益于个人和社会的生活目标，提高心理机能，消除成长中的烦恼与障碍，充分发挥个人的潜能，并较好地适应学习、工作及人际关系。

理解学校心理辅导的概念，必须明确以下特质。

（1）心理辅导是一种民主式的助人自助的过程，辅导者只是协助学生解决问题，而不是替代学生解决问题或作出某种决定。

（2）辅导是愉快的合作，辅导员要以诚恳、信任的态度接纳学生，使学生获得受到尊重的体验，进而开放自我。

（3）辅导有自己独特的功能，即发展性功能、预防性功能和治疗性功能。

（4）心理辅导是以咨询心理学为主的多学科综合的教育方法与技术。

（5）心理辅导是一种服务。

（6）心理辅导有其特殊的专业知识、技能要求。

2. 何艳茹《心理卫生与心理辅导》中的概念

学校心理辅导有广义和狭义之分。

广义的学校心理辅导是指在各级各类学校中刚开展的各类成员的心理辅导。它的对象包括教师、学生、职员、领导等。

狭义的学校心理辅导专指面向学生开展的心理辅导，是指学校内的心理辅导人员对前来求助的学生从心理上进行指导和帮助的活动。

3. 郑日昌《学生心理辅导》中的概念

学生心理辅导是指受过心理学专业训练的人员，运用心理学的理论、方法和技术，对学生的学习、生活、交往、择业等问题提供心理学的帮助和引导，并对轻微心理障碍进行诊断、干预和预防，以促进学生适应和发展的过程。

在理解心理辅导的实质时，应该注意以下四点。

（1）心理辅导是一种新型的人际关系，其特点是真诚、亲密，教师持非批评态度，鼓励学生自主探索。

（2）心理辅导是一种合作式、民主式的协助过程，辅导教师只是协助学生解决问题，而不是代替学生解决问题。

（3）心理辅导是专业知识技能的运用，辅导应由专门的辅导人员，运用专业知识和技能（有时需要运用各种特殊的方法）来开展活动。

（4）心理辅导有自己独特的目标。心理辅导以正常学生为主要对象，更强调正常学生的教育与发展。

4. 刘春雷《青少年心理咨询与辅导》中的概念

心理辅导是学校教育者根据学生心理发展的特征与规律，在一种新型的建设性的人际关系中，有关专业人员运用心理学等专业知识与技能，设计与组织各种教育性活动，帮助学生形成良好的心理素质，充分发挥个人潜能，进一步提高心理健康水平的过程。

5. 张潮的概念

学校心理辅导是学校心理教师以心理健康教育理论为指导，运用专业的心理健康教育技术，对不同年龄阶段的学生进行的专业化的心理指导，以帮助学生解决心理困惑和心理冲突，帮助学生心理成长的过程。

二、心理辅导的目标和功能

（一）心理辅导的目标

1. 考瑞的观点

考瑞主张将不同的目标放在一条连续线上，次序的排列上是从一般的、世界性的和长远的目标到特别的、具体和短期的目标。在这个维度上，辅导的目标分为三个层次：终极目标、中程目标和直接目标。

（1）终极目标是帮助来访者成长，自强自立。

（2）中程目标是在辅导过程中与来访者共同商定的目标，通常是在与来访者初次会见后达成的一个辅导契约。

（3）直接目标是达成中程目标的每一个步骤，包括辅导过程中此时此地出现的情况所带来的教师即时的应对策略。

2. 岳晓东和祝新华的观点

岳晓东与祝新华的心理辅导旨在帮助学生了解其心智成长，排除学习、生活与人际关系中的问题与情感困扰，增强自信心。其目标有三个：心理辅导的成长目标、心理辅导的学习目标和心理辅导的自我完善目标。

3. 何艳茹的观点

心理辅导是一种有意识地对学生的心理施加影响，提高其心理健康水平、全面发展其个性的过程。学校心理辅导的基本目标是：通过学校有意识的指导和帮助，使每个学生都具有良好的心理品质和社会适应能力，提高其心理健康水平。

4. 香港地区中小学心理辅导的目标

香港心理辅导专家认为心理辅导的最终目标是培养身心健全、自我实现的人。具体到中小学心理辅导的目标包括四点：一是了解自我，接纳自我；二是培养理想的学习和社交习惯；三是促进健全人格的发展；四是推行发展性及预防性工作。

5.《中小学心理健康教育指导纲要》的观点

《中小学心理健康教育指导纲要》（2012 年修订）中明确规定了学校心理健康教育的总目标和具体目标。

心理健康教育的总目标是：提高全体学生的心理素质，培养他们积极乐观、健康向上的心理品质，充分开发他们的心理潜能，促进他们身心和谐可持续发展，为他们的健康成长和幸福生活奠定基础。

心理健康教育的具体目标是：使学生学会学习和生活，正确认识自我，提高自主自助和自我教育能力，增强调控情绪、承受挫折、适应环境的能力，培养学生健全的人格和良好的个性心理品质；对有心理困扰或心理问题的学生，进行科学有效的心理辅导，及时给予必要的危机干预，提高其心理健康水平。

6. 教师资格证的心理辅导观

学校心理辅导的目标有两个：一是学会调适，二是寻求发展。学会调适是基础目标，以此为主要目标的心理辅导称为适应性辅导；寻求发展是高级目标，以此为主要目标的心理辅导称为发展性辅导。

（1）学会调适

学会调适包括调节和适应两个方面。调节处理的是学生个人内部精神生活的各个方面及其相互关系，调整的重点是学生的内心体验。学会调节的目的在于保持学生精神生活的内部和谐，让学生学会正确看待自己，接纳自己，化解自身的情绪冲突，确立适合自己的志向水平。

适应处理的是学生个人与周围环境关系问题，调整的重点是学生自身的行为。学会适应包括两方面的内容，即消除学生遇到的人际交往问题，提高他们的人际交往质量；矫正学生的错误行为，帮助他们养成正确的适应性行为，使学生的自身行为符合社会规范。

（2）寻求发展

寻求发展是指要引导学生认清自己的特长与潜力，确立有价值的生活目标，担负起生活的责任，扩展生活方式，发展建设性的人际关系，发挥主动性、创造性以及作为社会一员的良好社会功能，过积极而有效率的生活。

（二）心理辅导的功能

1. 发展性功能。旨在培养学生的自主性与应变能力，以帮助他们积极适应其成长过程中所遇到的种种困扰和问题，增强心理承受能力。例如：耐挫折教育就是具有发展性功能的心理辅导。

2. 预防性功能。力图通过实施各种心理辅导活动来提高学生对自我成长的认识，以避免由于愚昧无知而造成的失误与不必要的焦虑，并懂得主动寻求辅导帮助。例如：性教育就是具有预防性功能的心理辅导。

3. 补救性功能。针对学生学习、生活及人际关系中已出现的具体问题给予直接的心理辅导。可以采取个别辅导的方式，也可以采取团体辅导的方式。

传统的心理辅导以补救性功能为主，以发展性功能和预防性功能为辅的模式。

当代的心理辅导以发展型与预防性功能为主，以补救性功能为辅的模式，以使更多的学生享受到心理辅导的帮助。

三、学校心理辅导的原则

学校心理辅导的原则，是指在学校开展心理辅导工作时应该遵循的指导思想与基本要求，它既是心理辅导工作的规律概括和经验总结，也是对学校心理辅导的一般要求，同时也是学校心理辅导工作顺利开展，并与学校的整体工作有机结合、共同为学生健康成长服务的基本保证。学校心理辅导应遵循的基本原则包括：

（一）发展性原则

发展性原则是学校心理辅导的首要原则。这一原则主张：

1. 学校心理辅导的核心是成长问题而不是健康问题，我们不能把学生在学习、生活及人际关系中出现的种种问题看作个体心理上的变态与疾患，而是把它们看作个人成长道路中的障碍。也就是说，我们在审视学生的行为与情绪问题时，采用的是心理学与教育学的认识方法，而不是医学或精神病学的认识方法。总之，学校辅导教师在学生面前不是充当医生的角色。

2. 对学生的心理问题要以预防为主、辅导为辅，不要消极被动地等待学生上门求助，而是采取主动出击的方法。学校心理辅导不应满足于对学生心理障碍的产生原因、危害性加以了解和说明，而是要尽可能地向学生提供克服心理障碍和压力的建议和自助方法。

3. 学校心理辅导应对学生中普遍存在的心理问题进行集体的指导，并把辅导工作推展到与学生有关的学校管理人员、家长和社会部门，让他们也积极配合学生的心理辅导工作。

（二）全体性原则

全体性原则是指学校心理辅导的服务对象是全体学生，而不仅仅是问题学生或有障碍的学生。面向全体学生原则是学校心理辅导的基本原则。这一原则主张：

1. 学校心理辅导的功能在于通过对学生引导、指导、协助和服务，来促进每一个学生的成长和发展。它不像心理咨询和心理治疗，以少数有心理问题的个别学生为服务对象，而是以正常学生为主的全体学生为辅导对象。

2. 学校心理辅导的终极目标是提高全体学生的心理健康水平、促进每一个学生潜能的充分发展。

3. 学校心理辅导追求学生人格的整体性发展。从社会价值取向看，应重视学生德、智、体、美、劳的全面发展；从满足学生的自我完善需求看，应注重学生知、情、意、行的全面协调发展。

（三）主体性原则

主体性原则是指在学校心理辅导工作中把学生作为辅导活动的主体。这一原则主张：

1. 对学生施以的各种指导帮助并不是把学生作为一个被动接受影响的客体，而是通过学生的“自助”，即学生的自我理解、自我指导能力的提高，积极地投入到心理辅导过程，实现辅导目标。

2. 学校心理教师要尊重学生的主体地位，从学生的自身需要出发，采取有效的方法并且用鼓励、商量性的语气让学生发表看法，宣泄情感，研究解决问题的途径与办法。

（四）系统性原则

系统性原则是指从事学校心理辅导工作不是一个独立的工作，应该从系统的角度来思考和分析学生的心理发展。

1. 从心理本身来看，人的心理具有系统性，人们心理的各种活动之交互作用，构成了一个有机的整体，牵一发而动全身。因此，不能孤立、静止地看待心理问题，头疼医头，脚疼医脚。

2. 从心理健康教育与其他教育的关系来看，心理健康教育是教育系统的一部分，应同学校的其他教育相结合，应渗透到各种教育之中，寓于学科教学之中。

3. 从学校与社会的联系上看，学校、家庭和社会对学生的心理健康的影响相互制约，必须协调三方面的力量，形成一种合力，多角度、多层次地培养和促进学生的心理健康。

（五）保密性原则

保密性原则是心理辅导工作的基本职业准则之一。这一原则主张：

1. 心理辅导老师为来访学生提供的所有个人资料要严守秘密。如果心理辅导老师不能严格遵守保密性原则，不仅是对来访学生的不尊重，是对双方良好的信任关系的致命破坏，而且这种危害涉及的不仅仅是当事人，还会影响到对当事人十分重要的其他人，比如他的任课老师、家庭成员、同学等，甚至会使问题变得更加复杂和迅速恶化。

2. 保密性的范围包括为当事人的谈话内容保密，不随便公开当事人的姓名，拒绝关于对当事人的情况的调查，尊重当事人的合理要求，当事人的资料需要用于科研、教学时或其他正当工作时应事先征求当事人的同意等。

需要注意的是，以下情况是可以突破保密性原则的：

（1）来访者有伤害自身或伤害他人的严重危险时。

（2）来访者有致命的传染性疾病等且可能危及他人时。

（3）未成年人在受到性侵犯或虐待时。

（4）法律规定需要披露时。

四、学校心理辅导的内容

1. 郑日昌等认为，学生的心理辅导内容主要包括四个方面的内容：以心理健康为中心的辅导，以身心发展为中心的辅导，以升学就业为中心的辅导，以心理干预为中心的辅导。

2. 何艳茹认为，学校心理辅导的内容包括八个方面的内容：认知发展辅导，情绪稳定辅导，意志优化辅导，个性完善辅导，学习适应辅导，人际和谐辅导，职业适应辅导，心理障碍辅导。

3. 刘春雷认为，学校心理辅导的内容包括四个方面的内容：学习辅导，生活辅导，性格修养辅导，择业辅导。

4. 张潮认为，根据全面的问题观，学生的心理问题可以分为三类：发展性心理问题，适应性心理问题，障碍性心理问题。相应的心理疏导就分为了三种类型：发展性心理辅导、适应性心理辅导和障碍性心理辅导。

（1）发展性心理辅导。发展性心理辅导主要是遵循着发展的原则，指导学生确立正确的自我认知，特别是自我能力、素质方面的认知，帮助他们认识和开拓自身的潜能，不断突破自我的种种局限，增强学生承受挫折的能力，提高学生的心理素质，使学生实现全面而充分的发展。

（2）适应性心理辅导。适应性心理辅导主要是遵循着教育的原则，针对各个年龄阶段以及相应阶段的生活和学习中遇到的各种问题，结合他们的认知特点和行为特征，给他们提供必要的指导，帮助他们提高学习效率，处理好人际关系，学会自我心理调适，更好地处理因环境变化带来的各类问题，增强对环境和自我的适应能力，从而能够很好地解决面临的现实生活问题，很好地完成各个时期的学习任务。

（3）障碍性心理辅导。障碍性心理问题也称心理障碍或心理疾病，是由不良刺激引起的心理异常现象，应当通过系统的心理治疗来予以矫治。因此，障碍性心理辅导主要是遵循着矫治的原则进行。在心理健康欠佳的学生中，有相当多的人表现出的是轻微的心理失调而不是心理障碍。

学校心理辅导遵循着发展和教育的原则，因此学校的心理辅导落脚在了发展性心理辅导和适应性的心理辅导上。从内容上来看，发展性心理辅导解决的是学生发展性的心理问题，包括发展性的认知问题、发展性的学习问题、发展性的情绪问题、发展性的人际关系问题等。适应性心理辅导解决的是学生适应性的心理问题，包括适应性的认知问题、适应性的情绪问题、适应性的学习问题、适应性的人际关系问题、适应性的个性问题和适应性的青春期教育问题等。

心理辅导的发展历史

一、国外心理辅导的发展

心理辅导的形式最早出现于美国，它的起源可追溯到1900年。当时，由于工业革命的影响，美国的大城市，如底特律、波士顿、纽约和芝加哥等工商业的迅速发展，加上各地移民大量涌入，使社会问题与日俱增，给人们的生活带来了许多忧虑和困难。为了适应这种社会现状，心理辅导工作便应运而生。

1908年，心理学家帕森斯在波士顿成立了一个辅导中心，专门辅导青年去认识自己的能力和志趣以便寻求合适的工作。这项服务在美国大受欢迎，帕森斯为此而获得“辅导之父”的美称。除此以外，当时心理卫生运动的兴起也促进了辅导的发展。

心理卫生运动的产生与一位美国大学生比尔斯有关。1908年，比尔斯根据自己患躁郁症住进精神医院的亲身经历和体验，出版了一本名为《我找回我自己》的书。这本书的问世，引起美国大众对心理卫生工作的注意和重视。1909年，由比尔斯发起成立了美国的全国心理卫生委员会，其宗旨是防止人们心理异常和精神疾病的产生，增进人的心理健康。当辅导运动在美国各地兴起的同时，作为学校教育也为适应社会发展的要求而设立了心理辅导这一科目。辅导员由一般教师兼任，辅导内容主要有心理健康辅导与职业辅导，辅导方法主要是利用一对一的面谈，提供经验性的帮助。那时缺少辅导的理论指导，也不掌握谈话的技巧以及评定手段等技术。

第二次世界大战后，心理辅导逐渐成为一门学术性的学科，心理测验和辅导技巧也日益受到重视。这时学校的心理辅导内容不仅限于职业或适应问题，而且对个人的全面发展问题给予了更多的关注。所以在后来逐渐产生的各种辅导模式中，注重个性和人的整体发展的辅导模式，以情感交流为基础的新的辅导方法越来越受到重视。心理学家卡尔·罗杰斯在1942年出版的著作《辅导与心理治疗》中，提出受导者在辅导过程中应改变以往的被动地位，自由决定辅导的方向和进展。这种理论受到人们的认可和赞同。20世纪四五十年代，关于辅导理论与实践的刊物、著作和心理测验等大量涌现，使得心理辅导的经验、技术得到进一步的推广和提高，辅导的模式也日渐见多。

进入20世纪70年代后，世界各国都十分重视学校心理辅导，每年由政府拨出大量资金资助学校辅导工作的开展。1957年在苏联人造卫星上天这一重大新闻的震动下，美国联邦政府就有针对性地颁布《国防教育法》，指定学校要推行辅导及评估计划，识别天才及迟缓的学生并因材施教，而大学也不断增设辅导训练课程，并给辅导工作提供专门的经费。由于各国政府重视扶持和投资，加上辅导的价值和功能日益得到社会人士的认可，学校心理辅导工作发展很快，建立了由小学至大学的完整的辅导体系。在欧美各国的中小学均设置“心理辅导中心”，大学则普遍设置“学生人事服务处”与“心理辅导中心”，由受过心理辅导专业训练的人员提供各项咨询、辅导与测验服务。另外，辅导的专业性日益增强，有一批经过严格训练的辅导队伍，有一套行之有效的辅导理论和技巧，可以为各种不同层次的学生提供服务。

二、国外学校心理辅导的现状和发展趋向

如今，世界各国学校的心理辅导都进入了空前发展的阶段，并且都在原有的基础上不同程度地发生了变化，出现了如下的趋势。

（一）心理辅导的工作取向将由矫治性转向发展性

心理辅导的矫治性，是针对一些有情绪障碍、行为偏差以及学习和适应有困难的学生，帮助他们适应环境，消除各种异常心理和行为的产生；心理辅导的发展性则体现在促进学生身心的健全发展，其中包括促进学生健全人格与心理适应能力的发展（比如提高自尊，强化承受挫折的能力，发展社交能力等），使他们的各种潜能得到充分的发挥。

学校传统的心理辅导侧重于矫治这一层面，只为少数有问题和适应有困难的学生提供服务，补救性工作占主导地位，忽视对正常学生的辅导。现在，矫治性工作虽是辅导工作不可缺少的一部分，但强调提高学生的心理素质水平、发挥学生潜能的发展性工作却日益受到重视。美国学校辅导主任协会在所制定的“小学辅导主任的工作”中就强调对儿童的发展性工作，提出“和教育哲学相一致，小学辅导主任必须能够最大限度地挖掘和发挥儿童的潜能，并使其得到充分的发展”；对高中辅导主任也提出明确任务，指明“发展性的指导是指导工作的组成部分，这个指导是对学生成长有计划地积极干预，从而推动学生各方面（个人的、社会的、情感的、生计的、道德的、认识的、审美的）都得到发展，并促进这些方面综合统一到个人的生活方式之中”。（转摘强海燕、花永泰《今日美国中小学》，第 99 页、第 102 页）。辅导的工作取向向发展性倾斜，使得辅导的对象、内容、目标也相应地出现了变化。辅导对象由过去单纯面向心理障碍的学生扩及全体学生；辅导内容由心理治疗、职业指导扩展为生活辅导、学生辅导和职业辅导，其中生活辅导是对学生整个人生、整个人格的辅导，故这些内容具有涵盖面宽、适应范围大、针对性强的特点；辅导的目标也由单一的变成多层次的目标。为解决学生存在的心理问题或纠正偏差行为只是辅导工作中的短期目标；培养学生具有正确的自我观，能对学习和人际关系作出适应，具有独立自主的能力，建立正确的人生观和适当的生活方式等是辅导的中期目标；辅导的终极目标是自我完善，使个人潜能得到充分发挥。矫治、适应、发展分别体现了三个不同层次的目标指向。

（二）日益重视对心理辅导人员的专业培训

第二次世界大战以前，学校心理辅导人员的专业培训很少，职务也无资格标准。辅导主任都是由教师兼任，兼任辅导主任的教师每日半天教学，半天从事辅导工作，主要任务是给学生职业信息，并不懂得运用心理辅导的理论、方法、技巧以及评定手段等。美国 20 世纪 60 年代开始出现了专业辅导人员的培养标准和作用的全国性文件。现在对心理辅导人员的要求越来越严格，辅导的专业化日趋明显。

1. 在大学院校开设辅导咨询的专业课程

如美国心理辅导专业课程内容比较广泛，心理学、教育学、社会学、政治学是基础知识课，学生在掌握上述课程的基础上，还要学习“辅导与指导原理”“辅导与指导方法”“心理及行为测验法”“辅导关系”“变态心理学”“鉴定、测验和评估”等专业知识和技能。另外，专业实习和见习也是不可缺少的环节。

2. 开始为心理辅导和咨询人员颁发证书，并对其资格和标准提出明确要求

如“美国人事和指导协会”制定了各类辅导人员的培养标准。一般来说，要求辅导主任要具有硕士甚至是博士学位，即在本科学习的基础上，继续进修指导或辅导专业的研究生课程。该专业通常设在综合大学的教育学院中。在法国，辅导员需要在被认可的大学里受过两年以上的专业训练，或是具有五年的教学经验，而且在获得辅导员证书考试资格以前，还得接受两年专业的训练。此外，证书要在试用一年以后才能获得。

3. 对心理辅导员的要求出现高水平、高学位的趋势

在美国，咨询心理专业是攻读人数众多的一个专业。由于攻读人数众多，就业竞争自然很激烈，这就促进部分人要争取高学位以取得择业的相对优势。另外，心理辅导工作本身的发展也要求有一批高素质的人才。早在 20 世纪 70 年代中期，在美国各大学校，每年暑假可毕业的心理辅导学硕士 96 030 人，博士 907 人。如今，随着心理辅导工作的推广，辅导学的硕士和博士人数已远远地超出 70 年代的数量。不仅美国，其他各国也有类似情况，普遍重视提高辅导专业人员的素质。

（三）形成学校、家庭、社区相结合的辅导网络

在国外学校，心理辅导工作一般由辅导主任、辅导教师和社会工作者去分工负责。

由于辅导人员与学生人数的比例悬殊，造成辅导只能为少数有心理障碍的学

生提供服务。为了满足学生的心理辅导的迫切需要以及解决供不应求的矛盾，现在国外学校都相应地采取措施，充实辅导力量，扩大辅导范畴。首先在校内形成辅导员、专业辅助人员、教师、学生辅导干部相结合的辅导网络。除了发挥辅导主任、辅导教师和社会工作者这些前线工作人员的作用，还利用一般教师的力量，主要通过辅导员为教师提供学生成长和发展方面的专业知识以及辅导方法、技术等，使他们参与一般性的辅导工作，形成一个“辅导学生，人人有责”的良好氛围。还有就是雇用专业辅助人员。如美国中小学为了在预算有限的情况下扩大服务对象的数量，普遍雇用专业辅助人员在辅导中做辅助性工作。专业辅导人员来自社区，可以是有文凭的大学生，也可以是学生家长或退休人员，任务是给辅导主任做秘书工作和与社区做联系工作。做这些工作可以计报酬，也可以是义务参加，这要视个人需要而定。

使用学生辅导干部，让学生帮助学生，也是学校心理辅导新兴的一种做法。辅导主任通过社会能力测验和其他方式，挑选适合担任辅导干部的学生，然后通过对他们进行 1–2 周的短期培训，帮助他们端正对辅导的认识和态度，掌握辅导的方法和技能，然后按辅导主任所交代的任务去进行工作。

其次，学校辅导的范畴已由学校领域延伸至家庭与社区。要求辅导员要密切与家长保持联系，经常对青少年成长过程的一些问题进行磋商，并结合校外支援单位，如心理卫生中心、家长委员、管区警察、少年警察队以及其他社区热心人士，共同为学生提供辅导服务。

（四）对心理辅导的评估逐渐增加

20 世纪 70 年代以前，国外学校的教育预测只考虑到辅导人员数量的增长趋势，但忽视了评估其工作效果问题。现在这方面的情况发生了变化。由于经济条件缩减了预算，效能责任的要求也被推到突出的地位，凡使用了经费的辅导项目，都要用一定的标准去评估，以测量出该项目完成的效果。虽然目前对辅导工作的评估有一些不好把握的因素，如在定量评估方面，心理辅导员花在工作上的时间是很难作精确的计算的，除了正规的工作时间，他们还得利用下班之后以及晚间、周末和假日时间工作。在定性评估方面，辅导员无论是进行个案辅导或是小组辅导，都较难确定多长时间才可以获得预期的效果。尽管如此，国外学校心理辅导领域已重视辅导工作的评估，并建立了工作评估模式。通过评估，促使辅导工作尽可能地采用最经济的方式来进行，并力争创造工作的实绩来证明辅导是实在的、必要的。

（五）利用电脑技术为学生提供服务

传统心理辅导的手段主要靠面谈，而现在辅导已突破这种旧的方法，不断采用新的技术，连电脑也经常使用在辅导之中（作为提供诊断资料和选择治疗方式的工具）。心理辅导员只要将有关学生的资料和辅导过程所出现的问题输入电脑，就可获得一份印好的治疗方式。电脑不可能为心理辅导的所有项目服务，下列方面比较适合于运用电脑的程式来处理：肯定性训练、沮丧与冲突的解决、沟通、儿童与父母离婚辅导、求职技巧、生活习惯的养成、学习技巧、职业辅导等。

（六）对各种心理辅导理论采用兼容并蓄的态度

目前，国外的辅导咨询理论及学派已超过250种，可谓学派林立，其中以行为矫正理论、以人为中心理论、精神分析治疗理论、理性情绪治疗、现实治疗理论最负盛名。这些理论最初产生是分立的，各执一端，互不通融，各自带着自身的长处与不足。如行为矫正理论以其明确的概念、清晰的过程、具体的目标以及可操作性强等优势而备受重视，但它忽视了对人的内心世界的探讨又是明显的不足；以人为中心理论强调个性、人格和情感，重视建立良好的辅导关系，这些都是区别于其他理论的高明之见，但由于没有指明辅导的方法，缺乏可操作性而对付诸实施带来麻烦。随着社会的变迁，心理辅导日趋多样化，促进整个人格的发展的主题也日益被推到突出的位置。在这种情况下，单独运用任何一种理论，都可能使辅导陷入得此失彼的境地而影响整体功能的发挥。故此，现在世界各国的学校的辅导纷纷出现对各家理论采取广采博取、兼容并蓄的态度。如有的辅导员在辅导过程中往往综合运用几家理论。在辅导初期，要与学生建立良好的关系，就采用以人为中心理论中所强调的尊重、关怀和接纳的原则；在辅导中期要分析学生的问题及归因时，就运用理性情绪治疗理论和人际沟通分析理论；在实施阶段，则运用现实治疗理论和行为矫正理论。这些表明，心理辅导已走出死抱某种理论方法不放的狭小胡同而步入更开阔的、自由选择组合的新天地。

从上述情况来看，国外学校心理辅导的理论、手段、方法、经验、资料以及师资队伍比较完备。

三、我国学校心理辅导的发展历程

（一）早期的心理辅导发展状况

我国学校心理辅导的产生和发展一般认为开始于20世纪80年代。通过30多年的发展，目前呈现出如下特点。

1. 党和政府对学校心理辅导的高度重视

党和政府的高度重视集中体现在中共中央和国务院颁发的学校心理辅导（文件上统称学校心理健康教育）相关条例的制定和颁布上。

1994年中共中央和国务院颁发的《中共中央关于进一步加强和改进学校德育工作的若干意见》，明确指出："通过多种方式对不同年龄层次的学生进行心理健康教育和指导。"

1999年《中共中央国务院关于深化教育改革全面推进素质教育的决定》，再一次指出："针对新形势下青少年成长的特点，加强学生的心理健康教育。"

1999年8月，教育部第一次就学校心理健康教育问题专门颁发了《关于加强中小学心理健康教育的若干意见》，对中小学心理健康教育做了非常具体的要求和规定。

2001年年初，中共中央、国务院再次颁发了《关于适应新形势进一步加强和改进中小学德育工作的意见》，又一次指出："中小学都要加强心理健康教育。"

2001年3月15日，全国人民代表大会人大九届四次会议通过的《中华人民共和国国民经济和社会发展第十个五年计划纲要》中也明确要求："特别是加强青少年的思想政治、道德品质、心理健康和法制教育。"这是我国第一次把青少年的心理健康教育列入国民经济和社会发展的五年规划。

2001年4月，教育部又颁发了《关于加强普通高等学校大学生心理健康教育工作的意见》，这是继1999年8月教育部就中小学生心理健康教育问题专门颁发文件后，又针对大学生再一次颁发文件。这两个文件对全国大、中、小学开展心理健康教育起到了十分重要的指导作用。

2001年6月14日颁发的《国务院关于基础教育改革和发展的决定》中又十分明确地指出："加强中小学生的心理健康教育。"

由于党和政府高度重视，教育部成立了中小学心理健康教育咨询委员会，加大对全国学校心理健康教育工作的宏观指导。与此相应，大部分省、市、地区都成立了由领导、专家和富有实践经验的一线教师组成的学校心理健康教育研究与指导委员会，开展组织协调、政策制定、科研、培训、评估检查等工作，推进心理健康教育广泛深入开展。例如，北京市由市教委德育处牵头，成立了由市教科院基础教育研究所。中科院心理所、北京师大、清华大学等有关科研人员参加实验区和实验校组成的三结合队伍，并要求有条件的区县都要成立心理健康教育研究中心，充分发挥心理健康教育机构在学校心理辅导工作中的作用。除此之外，上海、天津、成都、石家庄、辽宁、浙江、江苏等省（市）也成立了中小学心理健康教育领导或指导小组，并制定和颁布了相应的规划和指导纲要，负责本地区学校心理健康教育工作规划、指导、协调和研究等工作。

2. 全国各地积极开展了形式多样的学校心理辅导活动

我国中小学心理辅导工作在20世纪80年代中期开始迅速发展，其中大城市的心理辅导工作走在全国的前列。上海市教科院普教所1986年就开展了“初中毕业生升学与择业指导的研究”的课题，通过边实验、边研究、边推广的发展模式，使中小学心理辅导得到了很快的发展。1989年，上海市成立了中小学心理辅导协会。该协会成了全国最早以推广、研究、普及、提高中小学、幼儿园心理辅导工作为宗旨的专业性团体，积极培训上海市的心理辅导人员，率先在全市建立了一批心理辅导实验学校，并积极尝试心理辅导研究，取得了较好的辅导效果。广州市1987年开通了“广州市中小学心声热线电话”，是国内第一家以电话咨询为手段的中学生心理辅导机构，由一些具有青少年教育工作经验的人和专家、社会知名学者对学生提出的问题进行解答和指导，热线电话的内容包括校园生活、学习方法、青春期卫生、心理卫生、交友艺术、毕业就业、家庭伦理、权益义务八个方面。到20世纪90年代，心理辅导在我国进一步深入发展，由大城市向中小城市发展，热线电话、心理咨询室、心理老师在许多城市的学校里已不再是陌生的名词，开展心理辅导的实验不断增多，心理辅导的课程化尝试开始出现，心理辅导人员培训班层出不穷，心理辅导研究成了学校开展教育科学研究的重要课题。从1994–1996年，全国学校心理辅导与教育研究会连续召开了三次学术研讨会，对学校心理辅导进行了总结和研究，就今后的心理辅导工作努力方向达成了共识。

3. 学校心理辅导的理论和实验研究得以广泛开展

近20年来，我国有一批学者、专家和广大教师认真开展学校心理辅导的理论研究和实证研究。仅“九五”期间，向全国教育科学规划领导小组申报的心理健康教育、学校心理辅导等方面的课题就达70多项，每个省（市）各级各类教育科研立项的相关课题更是不计其数。此间学生心理辅导的实验研究，成为教育科学、心理科学最为热门的一个领域，而且成效显著。仅“九五”期间全国教育科学规划重点课题中影响大、成果显著的就有：北京师大郑日昌教授主持的“学生心理健康教育研究问题”，上海市教科院吴增强研究员主持的“中小学心理健康运行系统的研究”，北京师大沃建中博士主持的“中小学心理素质建构与培养研究”，湖北省武汉市教科所研究员徐学俊主持的“中小学心理健康教育与心理辅导体系研究”，湖南师大郑和钧教授主持的“中小学生协同教学与心理发展研究”，安徽师大张履祥教授主持的“优化学生心理素质结构，全面提高基础教育质量”等等，这些研究课题内容涉及面广，参与研究人员多，持续时间长，整体效率高，为推进学校心理辅导工作发挥了很大的作用。

4. 加强了学校心理健康教育师资队伍的建设

近年来，全国各省市都开始认真抓好学校心理健康教育的师资培训工作，举办各级各类心理健康教育的长、短期培训班，有关高校还积极配合地方教育发展需要，调整专业或课程，培养专业的心理健康教育专业人才。这些措施对建立一支学校心理辅导的基本队伍起到了积极的作用。例如，北京市 2000 年就对 1500 名专兼职教师进行了培训；上海市从 1999 年起，就开始了学校心理辅导教师的上岗培训工作，并核发“资格证书”，还组织了学校心理健康教育讲师团；天津市规定每校必须有 1–3 名心理辅导教师持证上岗，目前已培训 12000 名教师。其他如吉林、辽宁、四川、河北、江苏、湖北等地也都采用不同方式培训了一批专兼职教师。除了教育行政部门、高等院校、科研机构组织的各种教师培训外，中国心理学会、中国心理卫生协会、中国社会心理学会、中国教育学会等一些国家级群众学术团体以及各省市相关群众学术团体也开展了大量的培训工作，为学校心理辅导的师资队伍建设做出了较大的贡献。

5. 出版了一批学校心理辅导专著和教材

目前有关大中小学心理健康教育的出版物，如专著、教材（包括教师用书、学生用书、家长用书）和科普读物层出不穷，其中质量较高，影响较大的当数一些重大研究课题组编写的理论专著、教材及参考书。例如，从立新主编《小学心理健康教育》和《中学心理健康教育》（人民教育出版社），吴增强主编《现代学校心理辅导》（上海科学技术文献出版社）、《现代学校心理辅导丛书》（4 册，上海教育出版社）、《学校心理辅导活动指南》（高、初小学生和教师用书共 6 册，上海科技教育出版社），江海燕主编《中小学心理健康教育丛书》（4 册，暨南大学出版社），张履祥主编《学生心理素质结构优化指导丛书》（2 辑约 20 本，安徽大学出版社），沃建中主编《中小学生心理导向丛书》（约 50 册，每年级 2 册，每本有教师用书，科学出版社）。另外，还有林崇德、郑日昌、刘华山、陈家麟等人撰写的学术专著，等等。这些专著和教材，发行量大，影响范围广，对推动学校心理健康教育的普及起到了积极的作用。

（二）目前我国学校心理辅导存在的问题

1. 师资培养问题。联合国教科文组织曾建议：每 3000 名儿童应不少于一名学校心理学家为他们提供服务，而按这一标准，中国至少需要 2 万名以上的学校心理学专家，但国内现有的培养机构无法从质和量上保证这一需求。另外，当前从事学校心理辅导的教师大多数是半路出家，有团队干部、班主任、校医、政治课教师等，对心理学知识尤其是心理辅导的基本知识缺乏必要的了解和掌握，因此这项工作的科学性和严肃性受到了损害，使得学校心理辅导的质量难以很快提高，极个别教师甚至误导了这项工作的发展方向。

2. 信息与技术缺乏的问题。心理辅导不仅需要提高辅导人员的水平，提高“软件”的质量，同时也要在信息与技术等“硬件”方面下功夫。心理辅导要建立在正确的评估、诊断的基础上，但中小学中往往缺乏必要的评估手段，测量工具落后，许多修订的量表因不合国情而不能发挥评价作用，对心理辅导的发展极为不利。而且由于部分从业人员的专业化水平较低，特别是缺乏相应行为规范的约束和指导，在实际教育过程中失控现象时常发生，并造成了一些极为负面的影响，如滥用测验量表或其他测验手段，随意解释测验结果，缺乏对测验结果及学生心理问题的保密等。还有，未经加工处理和改造，直接将西方的有关心理咨询与辅导的原理、方法、技术和手段等照搬到文化背景截然不同的我国学校教育活动中，显得弊大于利。

3. 流于形式的问题。时至今日，仍有相当数量的学校和教育工作者错误地认为，素质教育、心理辅导仅仅是形式而已，升学、“应试教育”才是根本。因此，有些学校虽然名义上开展了心理辅导的实验和研究，也开设了心理教育的课程，配备了教师，设置了心理咨询与辅导室，建立了学生心理档案等，但是由于忽视教育者自身思想观念的转变和更新，最终使学生心理辅导流于形式，难以达到预期目标；或者是为满足一时之需，如应付检查、评比、达标等活动而开展一些名不副实，甚至虚假的心理健康教育工作。这种形式化倾向使学校的心理辅导工作不能切实开展，成为当前影响心理辅导真正全面开展最为有害的因素。

4. 地区间的差异问题。当前，学校心理辅导在我国如上海、北京等地区已进行了近 20 年的研究与实践，积累了许多成功的经验，取得了很好的成效。但是就我国内地而言，发展极不平衡，悬殊很大。有相当多的地区对此还很陌生，连最基本的常识和观念也很少了解，违背心理健康教育的行为和事件常常发生。总体看来，大中城市、经济发达地区、东南沿海等地区重视程度高，普及面广，发展速度快。而小城镇、中西部经济不发达地区，特别是广大农村的中小学，无论是重视程度、普及面还是发展水平都很不理想，两者差距十分显著，特别是占人口多数的农村中小学几乎还是空白。这样，就我国内地来说，学校心理辅导的整体水平就显得偏低。

（三）我国学校心理辅导的发展趋势

1. 普及化。随着我国教育改革的不断深入和素质教育的全面推进，特别是教育观念的更新和对学校心理辅导重视程度的提高，学校心理辅导将全面实施，获得普遍发展。普及化的发展方向还包括心理健康教育将从学校逐步推广到社区、社会，心理健康教育的对象不限于学校学生，还包括其他青少年、学生家长及社会大众。

2. 专业化。学校心理辅导是一项专业性很强的工作，要推进这项工作向科学化和规范化发展，必须建立一支训练有素、掌握相关专业知识和技能的师资队伍。但是当前我国学校心理辅导工作者多由非专业人员兼任，知识、经验的不足和角色的混乱，使得心理健康教育质量与效果无法提高，有个别教师甚至误导了这项工作的发展方向。在未来的工作中，教育者的专业化程度将有所提高，培训时间和频次将延长和增加，有更多的省（市）地区将制定执教（从业）人员的专业标准，以保证执教人员的专业水平。除了通过继续教育来提高在职教师心理辅导专业水平外，一个重要的途径就是有更多的高等学校大力发展相关专业，为普通学校培养合格的专业人才。高等学校、科研机构、医疗部门和相关单位的有关心理辅导专业人员的积极介入，将对此项工作专业化发展方向有积极的意义。

3. 电子化。信息技术和互联网的高速发展，为未来学校心理辅导工作各方面的现代化提供了保障。学生各种心理档案资料的储存、管理、运用已不再是人工处理，互联网将提供更多的信息给学生，以增强心理辅导的层面；建立全国性学校心理辅导网络系统，成员间可以互通信息、相互合作，实现资源共享等；会出现学校心理咨询与治疗的专家系统，学生可根据自己的问题与需要直接在网页（站）上寻求指导，或与某些专家直接对话，等等。

4. 全员化。学校心理健康辅导的本位化是强调教师全员参与学校心理辅导工作，即全校教师在校长的带领下，针对全体学生当前存在的问题，制定一个共同的目标及工作重点，通过全校性的教育活动改善学生整体行为。这种全校教师参与全体学生心理健康教育的方式，可最大限度地集中教育的人力资源，给学生施以更全面的影响。此外，它还有利于提高每个教师的责任感和自觉意识，易于形成最大的教育合力。随着素质教育的全面推进和心理健康教育观念的深入人心，本位化将成为我国学校心理辅导的重要发展方向。

5. 本土化。学校心理辅导的本土化，就是学校心理辅导的理论与技术要更适合本国、本民族、本地区的具体情况，更能反映与适合自己国家、民族及民众的心理特征，形成自己的风格和特色。具体到我国来说，就是中国化的问题。目前，学校心理辅导所运用的理论、方法、技术、手段多数移植甚至完全照搬欧美国家。以测验为例，引进的国外量表远远超过我们自编的，有些量表引进后甚至未经修订就开始应用，可信度很低，不适合我国国情，不适合我国学生的心理发展和特点。今后学校心理辅导更适合我国国情，更注重实际教育效果，更注重将国外先进的理论与我国的国情和学生心理发展的特点相结合，并努力建立具有中国特色的学校心理辅导的体系和方法。这既是一个发展方向，也是一项必须为之奋斗的目标。

心理辅导与相关概念的关系

一、心理辅导与心理咨询、心理治疗

心理辅导与心理咨询、心理治疗和心理健康教育之间既有一致性，又有各自的分工和功能。

（一）区别

心理辅导是心理教师根据学生心理的发展特征与规律，运用心理学的专业知识和技能，帮助学生形成良好的心理素质的过程。在中国内地，心理辅导实际上就是指心理健康教育。

心理咨询是依据心理学的理论与技术，借助语言、文字等媒介，与当事人建立一定的人际关系，进行信息交流，帮助当事人消除心理问题与障碍，增进心理健康，发挥自身潜能，有效地适应社会生活环境的过程。

心理治疗是由心理医生运用心理学的有关理论与技术，对当事人进行帮助，以消除和缓解当事人较严重的心理问题和障碍，促进人格向健康协调发展，恢复心理健康的过程。

从服务对象来看：心理辅导的对象是正常的个体，心理咨询的对象是有心理困扰或者强烈心理冲突与矛盾的正常人，心理治疗的对象是心理障碍者。

从功能上来看：心理辅导的功能是发展，心理咨询的功能是预防，心理治疗的功能是矫治与重建。

从内容上来看：心理辅导和心理咨询重在认识、情感和人格而心理治疗则重在人格。

从方法上来看：心理辅导和心理咨询有更多结构化、预先设定的成分，则心理治疗则有很大的弹性。

从时间上来看：心理辅导和心理咨询是终身的，而心理治疗是有时限的。

从关注的时间点来看：心理辅导关注未来，心理咨询关注现在，心理治疗关注过去。

从问题解决的深度来看：心理辅导处理一般情境中的表层问题—意识问题，心理咨询解决通往深层的中间层面问题，也关注表层与深层问题，而心理治疗则解决人格结构的深层—潜意识层面的问题。

从工作模式上来看：心理辅导遵循发展的模式，心理咨询遵循教育的模式，心理治疗遵循医学的模式。

从实施方式来看：心理辅导的心理教师的工作是主动的，心理咨询中的心理咨询师既可以是主动的，也可以是被动的，而心理治疗中的心理医生则是被动的。

在实际工作中，心理辅导、心理咨询和心理治疗有很大程度的交叉和重叠，它们是一条线的两个端点之间的移动。

（二）一致性

1. 三者的目标是一致的。
2. 三者所遵循的原则是一致的。
3. 三者所遵循的理论基础是一致的。
4. 三者所建立的关系是一致的（都需要建立一种民主、信任、合作、平等、和谐的关系。

二、心理辅导与思想政治教育

学校心理辅导与思想政治教育的对象都是在校学生，二者之间既有区别又有联系。

（一）区别

二者之间在教育目标、教育取向、教育内容、工作角度、工作方法上都存在着很大的差异性。

从教育目标上来看：思想政治教育是为了帮助学生树立正确的世界观、人生观和价值观；心理辅导的目标主要是防止心理障碍，培养健全人格，开发心理潜能，发展和完善个性，提高学生的心理素质，增进学生的心理健康。

从教育取向上来看：思想政治教育以社会和国家为出发点，注重集体和社会的价值，一般是从集体和社会取向方面制定统一标准、统一要求，要求学生适应。而心理辅导则以个人为出发点，注重个人价值和个别差异，强调人格尊严和平等，使每个学生都有无限发展的可能性，使每个学生的优点和特点都充分地显示出来。

从教育内容上来看：思想政治教育偏重于认识社会、认识他人、学习规则、学习榜样，而心理辅导则侧重于认识自我，认识别人眼中的自我，以及这些众多自我的相互关系，也认识环境、认识自我和环境的差距。

从工作方法上来看：思想政治教育采用的是报告法、课堂讲授法、个别谈话法、批评表扬法、树立典型等，而心理辅导则采用的是心理健康教育课、心理测量、会谈、角色扮演、沟通分析、行为矫正等方法。

从工作角度来看：思想政治教育工作者处于主导地位，思想政治工作是一个教导的过程，而心理辅导中辅导人员和学生基本上是平等的地位，是一个交流的过程，接受不接受辅导人员的意见和建议，主要在个人。

（二）一致性

1. 二者的基本目标和任务是一致的。二者都服从于社会主义新型学校培养人才的总体目标，为学生的全面和健康发展服务。思想政治教育侧重于思想品德的塑造，心理辅导侧重于学生心理品质的塑造，二者在育人的总任务下有机统一在一起。

2. 二者在职能上是互相衔接的。心理健康是学生成长和发展的最基本的条件，也是对学生进行思想政治教育的前提，心理辅导为之提供良好的精神状态，为他们接受思想政治教育和其他教育创造条件，而思想政治教育又会反过来对学生的心理状况的稳定和改善发挥影响。

3. 二者在实际操作过程中是融合在一起、密不可分的。学校心理辅导适当扩充和完善思想政治教育的目标和内容，使思想政治教育的内容更加贴近学生的生活，有利于学生完整人格的发展。学校心理辅导为有效地实施德育奠定了基础，学生要形成优良的道德品质，必须有健康的心理作为基础。学校心理辅导为落实思想政治教育提供了新途径，有利于提高思想政治教育工作的成效。

第二章

精神分析取向的理论与方法

弗洛伊德的古典精神分析

一、人物简介

西格蒙德·弗洛伊德，奥地利精神病医生、心理学家，精神分析学派的创始人，被誉为精神分析之父。

弗洛伊德 1856 年出生于奥地利摩拉维亚（Moravia，现属捷克）的弗莱堡市的一个犹太家庭。他四岁时，全家移居到维也纳。

1873 年入维也纳大学医学院学习，在校期间，兴趣广泛，曾研究过鳝鱼的性腺结构。

1881 年获医学博士学位。

1882–1885 年在维也纳综合医院担任医师，从事脑解剖和病理学研究。于 1885 年秋，赴法国巴黎留学，师从著名的神经病学家沙可，对癔症的研究和催眠术产生了浓厚的兴趣。

1886 年在维也纳开设私人诊所，开始运用催眠术治疗癔症患者。

1895 年弗洛伊德与布洛伊尔合著出版了《癔症的研究》，正式提出精神分析的概念。这本书被认为是精神分析的开始。

1899 年出版《梦的解析》，被认为是精神分析心理学的正式形成。该书被认为是弗洛伊德一生中最重要的著作之一，大大推动了精神分析运动，并构建起了精神分析的理论框架。

1908 年在奥地利召开了第一次国际精神分析大会，会议决定出版关于精神分析的年鉴。

1908 年弗洛伊德组织的“心理学星期三讨论会”改为“维也纳精神分析协会”。这一年是精神分析学派形成的标志年。

1919 年成立国际精神分析学会，标志着精神分析学派最终形成。

1930 年被授予歌德奖。

1936 年成为英国皇家学会会员。

1938 年奥地利被德国侵占，赴英国避难。

1939 年 84 岁的弗洛伊德因口腔癌逝世于英国伦敦。

2002 年依据其著作被学术期刊引用的次数，美国心理学家对心理学史上的重要学习进行了排名，排在第一位的是弗洛伊德。

在 20 世纪影响世界的 100 位心理学家中弗洛伊德排名第三。

二、理论基础

（一）潜意识理论

弗洛伊德第一次提出人存在潜意识的观点，并认为潜意识在很大程度上支配和影响着人的意识和行为，而且是人心理问题发生的重要原因。

潜意识理论也叫作精神层次理论。弗洛伊德认为，人的精神活动存在着层次上的区分，包括意识、潜意识和前意识。

1. 意识。意识即自觉，是个体能够主动知觉的心理状态，它属于人的心理结构的表层，直接与外部世界联系，感知着外界现实环境和刺激，用语言来反映和概括事物的理性内容。正常成人的思维和行为属于意识的范畴。在弗洛伊德的理论中，意识的作用是微乎其微的，在人类的心理领域中只占极小的部分。

2. 潜意识。潜意识是精神分析的核心，是个体心理活动的底层，是个体不能觉知的精神活动，是由各种最原始的、未经丝毫雕琢掩饰的、赤裸裸的本能和欲望构成，是人类一切活动的动力源泉。它代表着人类更深层、更隐秘、更原始、更根本的心理能量。潜意识是人类一切行为的内驱力，它包括人的原始冲动和各种本能（主要是性本能）以及同本能有关的各种欲望。由于潜意识具有原始性、动物性和野蛮性，不被社会通行的标准认同，所以被压抑在意识阈下，但并未被消灭。它无时不在暗中活动，要求直接或间接地满足。弗洛伊德认为，正是这些东西从深层支配着人的整个心理和行为，成为人的一切动机和意图的源泉。

3. 前意识。前意识又称下意识，是调节意识和潜意识的中介机制。前意识的作用是保持对欲望和需求的控制，以及按照现实要求和个人的道德标准来调节心理活动的。潜意识里的东西必须先进入前意识才能进入意识，因此，前意识既联系着意识，又联系着潜意识，使潜意识向意识转化成为可能。它起着稽查的作用，绝大部分充满本能冲动的潜意识被它控制，不可能变成前意识，更不可能进入意识。

意识、前意识和潜意识三者之间会相互制约，相互渗透和相互冲突，最终形成了我们复杂而动态的心理过程。

（二）人格结构理论

1923 年，弗洛伊德出版了《自我与本我》一书，进一步完善了他的潜意识理论。早期的意识、前意识、潜意识的心理结构被表述为本我、自我、超我组成的人格结构。三个部分共同控制着个体的心理与行为，其中，本我是生物成分，自我是心理成分，超我是社会成分。

1. 本我。人格结构的最基本的层次是本我，相当于弗洛伊德早期提出的潜意识。它处于心灵最底层，是一种与生俱来的动物性的本能冲动，特别是性冲动。它是混乱的、毫无理性的，只知道按照快乐原则行事，盲目地追求满足，如果受阻或延迟了就会出现烦恼和焦虑。弗洛伊德认为，自我和超我是在本我的基础上发展而来的，所以，本我是人格结构的最基本部分。

2. 自我。自我是个体在与环境的互动过程中，通过后天的学习从本我发展而来的，是意识的结构部分，是从婴儿期的本我开始发展的。自我充当本我与外部世界的联络者与仲裁者，并且在超我的指导下监管本我的活动，它是一种能根据周围环境的实际条件来调节本我和超我的矛盾、决定自己行为方式的意识，代表的就是通常所说的理性或正确的判断。它按照“现实原则”行动，既要获得满足，又要避免痛苦。

3. 超我。超我是从自我中分化出来的，是道德化了的自我，居于人格结构的最高层，是在幼儿期开始发展的。超我主要包括两个方面：一方面是平常人们所说的良心，代表着社会道德对个人的惩罚和规范作用；另一方面是理想自我，确定道德行为的标准。超我的主要职责是按照至善的原则指导自我以道德良心自居，去限制、压抑本我的本能冲动。

本我追求快乐，自我追求现实，超我追求完美，三者之间不是静止的，而是交互作用着的。自我既要满足本我的需求，又要遵循超我的价值观，还要满足本我、现实、超我的需求，但却常常不能使他们同时满足。弗洛伊德认为，如果本我、自我、超我三者的作用是平衡的，则人格是健康的；如果本我、自我、超我三种力量不能保持这种动态平衡，则将导致心理失常。

本我、自我和超我之间的矛盾冲突的性质和强度取决于儿童期的教养情况和父母的态度。

晚年，弗洛伊德又把本我修正为两类，即生存本能和死亡本能。前者是与维持个体生存及绵延种族有关的最广义的性本能，它是人类作为生命存在的创造力的基础。后者是一种回归无机状态的倾向，常常表现为破坏和毁灭的冲动，自虐或攻击的冲动。

（三）焦虑与自我防御理论

弗洛伊德认为，焦虑是一切神经症的基础。焦虑的根源是自我，当自我不能很好地协调本我、现实、超我之间的关系时，自我会表现得软弱无力，就会产生焦虑。所以，焦虑的功能就在于对自我发出警告信号，使自我可以采取措施来应对危机。虽然焦虑痛苦，但却必不可少，若没有焦虑的警告，危险会不断积累，直至最后出现人格结构严重失调，产生精神病症。

根据焦虑的不同来源，弗洛伊德认为焦虑分三种：真实性焦虑、神经性焦虑、道德性焦虑。这三种焦虑的根源分别是外部世界、本我和超我。真实性焦虑是由于害怕外部客观世界的危险造成的，是正常人的焦虑；神经性焦虑是因为害怕本我的冲动会致使个人去做些遭受惩罚的事情而产生的焦虑，是病态的焦虑；道德性焦虑是体验到的罪恶感和羞耻感，是正常人的焦虑。

弗洛伊德认为，焦虑是可以防御的。在正常情况下，自我可以以合理的方式来消除焦虑，而当自我不能以合理的方式处理时，就会以非理性的方法来达到这一目的，这种机能就是心理防御机制。

常见的心理防御机制包括以下形式。

1. 压抑。把不能为意识所接受的念头、情感和行动在不知不觉中抑制到潜意识里去。

2. 否认。把心理上或情感上不愿意接受的事物，当作没有发生的事，以减轻心理上的负担。

3. 退化。当人们遇到挫折和应激时，放弃已经习惯的成人方式，而恢复使用早期幼稚的方式去回避令人烦恼的现实，摆脱痛苦，或满足自己的欲望。

4. 幻想。幻想，是指个人遇到现实困难时，因无力处理这些问题，便以幻想的方法，使自己脱离现实，在幻想中处理心理上的困扰，让欲望得到满足。

5. 转移。当对某一对象的情绪、欲望和态度不可能被自己的理智和社会所接受时，便在潜意识之中把它转移到另一个可以替代者身上。

6. 固着。固着，指心理未完全成熟，停滞在过去的某一心理发展水平。

7. 合理化。合理化，指给自己的行为和处境寻找能为自我和社会认可的理由，以避免精神上的苦恼。

8. 投射。把自己真实存在的但若承认就会引起焦虑的愿望和动机转嫁于他人，断言他人有此动机、愿望。这些东西往往都是超我所不能容忍的。

9. 补偿。当一个人因具有某种生理、心理、人格缺陷而感到不适时，会竭力用种种方法来弥补这些缺陷，以减轻自己的不适感。

10. 同一化。一个人把自己钦佩或崇拜的人的特点当作是自己的特点，用以掩盖自己的短处。

11. 隔离。把部分的事实从意识境界中加以隔离而不让自己意识到，以免引起精神上的不愉快。

12. 幽默。以幽默的语言或行为来应付紧张的情境或表达潜意识的欲望。

13. 升华。把为社会、超我所不能接受、不能容许的冲动的能量转化为社会所能接受的、对社会和人类有益的建设性行为和活动。弗洛伊德认为科学创造、文学艺术创作都是本能升华的表现。

14. 反向形成。把潜意识中不能被接受的欲望和冲动转化为意识之中的相反的行为。

15. 抵消。用某种象征性的活动或事情来抵消已经发生的不愉快的事情。

心理防御机制主要在潜意识层面发生作用，因此每个人都可以在不知不觉之中加以运用。如果运用得当，可以减轻痛苦，帮助个体渡过心理难关，防止心理崩溃。而过度或不恰当地运用心理防御，则会使人表现出焦虑、抑郁等病态的心理症状。

（四）心理发展阶段理论

弗洛伊德强调心理活动的本能驱力，即内在驱力。他认为，人类最基本的本能有两类，即生的本能和死的本能。生的本能又包括两类，一是自我或与自我保护相关的驱动力，例如饥、渴等必须满足的生存需要；二是性的驱动力，其目的在于保持种族的繁衍。弗洛伊德所说的“性”与一般人所理解的性是不同的，大多数人认为“性”与“生殖器 ”的含义相近，而弗洛伊德认为“性”除了与生殖活动有关之外，还包括吮吸、大小便、皮肤触摸等凡是能直接或间接引起机体快感的一切活动。在他看来，个体的许多活动都是与性有关的，父母对子女的爱，朋友的情谊都来自性本能，而且强有力的欲望，比如吮吸、排便等也都是性的意味。当一个喂饱了的婴儿，愉快地吸吮着自己拇指和橡皮奶头时，他并不是由于饥饿所驱动，而是由于追求某种快乐的动机（基本性活动）所驱使的。因此，人们把弗洛伊德看成是泛性论者。他认为性生活的压抑或畸形是造成心理失常的重要原因。

弗洛伊德将个体出生后至性成熟的性心理发展划分为以下五个阶段。

1. 口唇期。自出生至 1 岁左右。该时期力比多贯注于口唇、口腔活动，婴儿从吮吸母乳中不但能获得必要的营养，而且能获得极大的快感。婴儿不仅能从吮吸乳汁中获得快感，而且他们也能从吹泡泡、咯咯发声、咀嚼东西等活动中取乐。弗洛伊德又将口唇期细分为前后两期：前期是0–6个月，此时期的儿童还没有现实的人和物的概念，世界仿佛是无对象的，只是渴望得到快乐和满足；后期是6–12个月，这一时期的儿童开始分化人和物，开始认识自己的母亲，母亲的到来会使他们感到快乐，母亲的离去会使他们感到焦虑。弗洛伊德强调儿童的早期经验对其人格发展的影响。他认为如果在这个时期性的满足不适当（太多或太少）就会产生口部类型的人格。例如吮吸、哺乳、哭叫过多就可能使他们发展成依赖人或纠缠别人的人格。若口欲满足太差，就可能形成一种紧张与不信任的人格。在弗洛伊德看来，成人乐观、开放、慷慨等积极的人格特点和悲观、被动、退缩、猜忌等消极的人格特点都可以从这个发展阶段偶然产生的事件中找到原因。

2. 肛门期。自1岁至2岁左右。该时期力比多下移，贯注于肛门、直肠区的活动，而此时期也是练习幼儿大小便习惯的时期。在这一时期弗洛伊德特别要求父母注意对儿童大小便训练不宜过早、过严。因为在父母训练婴儿排便时，婴儿总是反抗，如果父母与婴儿间的冲突总是很强烈，可能导致所谓的肛门人格。一种是肛门排泄的人格特征，如表现为邋遢、浪费、无条理和放肆；另一种则是肛门便秘的人格特征，如过分干净、过分注意条理和小节，固执小气，会形成洁癖。

3. 性器期。自2岁至4岁。该阶段力比多转移贯注于幼儿尚未发育的生殖器（阴茎或阴蒂），他们通过玩弄阴茎或刺激阴蒂（如夹腿摩擦或触碰椅脚）而获得快感。这种幼儿期自慰与成人自慰性质不一样，既无成人的性意识与意愿，也无成人的性生理反应（如射精），这不过是幼儿的一种性游戏而已。幼儿在此时期已能辨识男女性别，并以父母中之异性者为“性爱”的对象。于是出现了男童以父亲为竞争对手而爱母亲的现象（该现象即为恋母情结）；女童以母亲为竞争对手而爱恋父亲的现象（该现象被称为恋父情结）。

4. 潜伏期。自6岁至12岁。随着儿童年龄的增长，孩子逐渐地放弃了俄狄浦斯情结，男孩和女孩开始各自以同性父母为榜样来行事，弗洛伊德将这种现象称为“自居作用”。此时儿童进入潜伏期，其性的发展便呈现一种停滞的或退化的现象，也可能完全缺乏，也可能不完全缺乏。这个时期，口唇期、肛门期的感觉，前生殖期的恋母情结的各种记忆都逐渐被遗忘，被压抑的性感觉差不多一扫而光，因此，潜伏期是一个相当平静的时期。

在这一时期，虽然性力冲动默默无闻，但是它并没有消失，而是转移到另外的目的，例如学习、游戏、体育运动及同辈团体活动等社会允许的活动中。这是一种升华作用，是性力在发展过程中的一种更有目的的作用。

5. 生殖期。从 12 岁开始到 18 岁左右。个体在青春期进入人格发展的最后时期——生殖期，个人的兴趣转向异性关系的建立与满足。如果个体在这一过程中受到挫折就会产生问题。这个时期将持续一生。

弗洛伊德认为，以上发展过程如果不能顺利进行，就可能造成心理和行为的异常，成为精神疾病的根源。在强调生的本能，尤其是性本能的同时，弗洛伊德还提出了死亡本能。他认为死亡本能是促使人类返回非生命状态的力量。死亡本能会引发出攻击、伤害、战争等一系列侵犯性行为。

在弗洛伊德看来一个人的个性或人格在 5 岁左右就已经形成了，所以早期力比多的发展无论是固着还是倒退都是不正常的现象，其结果都会导致人格发展受到影响。

阿德勒的个体心理学

一、人物简介

阿尔弗雷德·阿德勒是奥地利心理学家和精神病医生，是人本主义心理学先驱，是个体心理学的创始人，曾追随弗洛伊德探讨神经症问题，但也是精神分析学派内部第一个反对弗洛伊德的心理学体系的心理学家。他在进一步接受了叔本华的生活意志论和尼采的权力意志论之后，对弗洛伊德的学说进行了改造，将精神分析由生物学定向的本我转向社会文化定向的自我心理学，对后来西方心理学的发展具有重要意义。

1870 年，阿尔弗雷德·阿德勒出生于奥地利维也纳近郊的一个犹太粮食商家庭。他自小身材矮小，患有佝偻病，4 岁才学会走路，5 岁患有严重肺炎。入校后，他成绩比较差，教师建议他父亲训练他当个鞋匠。

1895 年阿德勒获得维也纳大学医学博士学位。

1902 年他参与弗洛伊德领导的精神分析学派。

1910 年在弗洛伊德的支持下，阿德勒出任维也纳分析协会主席。

1911 年因反对弗洛伊德的泛性论二人关系破裂。这一年，阿德勒连续发表三篇文章，阐述他对精神分析性倾向的反对，随后成立了维也纳精神分析协会。

1912 年他把组织的名字改为“个体心理学学会”，从此时起，阿德勒便致力于发展和完善他的“个体心理学”理论体系。

1927 年他被聘为美国哥伦比亚大学教授。

1934 年他定居美国。

1937 年 5 月 28 日，他病逝于苏格兰的阿伯丁市，享年 67 岁。

二、理论基础

（一）自卑与优越

阿德勒认为，人追求优越的愿望来自人的自卑，即由于自卑而促使儿童进行补偿以取得优越。

因为人出生之后的弱小、无力，所以人天生自卑。这种自卑是生理上的自卑，必须通过发展有缺陷的器官或全力发展其他功能而使这种缺陷得到补偿。之后，阿德勒把自卑扩展到了精神或社会的障碍。阿德勒认为，自卑感不一定是坏事，实际上这种情感是个体取得成就背后的主要动力。一个人由于自卑才会去推动他完成某项事业。如果一个人被自卑感压垮，自卑成为个人发展的绊脚石，可以说这个人有自卑情结。

所谓“自卑情结”就是当有问题出现时，一个人无法恰当地适应或应对，并且坚信他一定没有办法解决。每一个神经病患者都有自卑情结。想要以自卑情结的有无来将某一个神经病患者和其他病患者分开，是绝对做不到的。

（二）生活风格

生活风格是在人生早期建立的有关自己、他人和现实的一系列特殊信念或结论。一个人的生活风格是影响其情感、思维与行为的总体模式，它决定着一个人应对生活障碍的方式，为实现目标而创造出问题解决的方案和手段。生活风格基于私人逻辑，缘于其生活规划，推动力是个人的虚构目标。

阿德勒相信，生活风格是在早期童年（4–5 岁）生活中克服一系列的自卑后发展起来的，它允许儿童以自己的方式努力实现完美与优越。4–5 岁时，大部分孩子的生活风格已建立起来，之后，难以改变。人一生中的生活风格表达只不过是早年生活风格的具体展开。我们可以通过对出生序列及家庭氛围、早期记忆、梦、基本错误等的考察来探察生活风格。

（三）虚构目标

虚构目标是个人为自己、他人构想出来的最终的归属目标，是个人信念体系中根深蒂固的生活方向定位。弗洛伊德认为人类行为由过去推动，阿德勒认为它由未来牵引。个人目标是作为潜能而不是作为现实而存在的，它是观念的产物，不是一个实体，是个人对自己虚构未来的一种信念作用。虽说是虚构，但它对个人的影响远超客观现实，因为一个人生活的依据是他对环境的主观体验。“虚构”是在别人看来如此，但对于来访者，这种虚构的世界就是他真实生活的世界，是他价值判断的依据。

虚构目标在心理生活发展过程中出现得很早。婴儿一出生就会进入一个复杂的人际环境，通过观察、试验，从环境的反馈中学会有效和无效行为，希望在家中有一席之地。也就是说，婴儿已经产生增强自我价值感的虚构目标。虚构目标的内容包括对现实自我的信念（我是什么样的）、对理想自我的信念（我该是什么样）、对外部世界的信念（世界是什么样）及对伦理标准的信念（如何判断事情好坏与对错）。

（四）社会兴趣

阿德勒认为人生来就关心他人的幸福，所有人都有一种与他人友好、合作、共建完美社会的需要，这被他称为合作感或社会兴趣。阿德勒的社会兴趣的概念包括了全部的人类活动、思维和情绪。起初，阿德勒认为社会兴趣和追求优越是相冲突的，但后来将两个概念结合起来，他认为人们追求优越的目标就是社会兴趣的提高。

阿德勒根据人们所具有的社会兴趣的程度，划分出四种类型的人。

1. 统治—支配型。这种人喜欢支配和统治别人。

2. 索取—依赖型。这种人喜欢依赖别人，向别人索取自己所需要的一切。

3. 回避型。这种人回避生活中的各种问题，企图以碌碌无为而避免失败。

4. 社会利益型。这种人能够正视问题，试图以某种有益于社会的方式来解决问题。

前三种是错误的生活风格，只有第四种是正确的。产生错误的生活风格的原因是童年的三种状态：身体残疾、纵容和忽视。身体器官缺陷会削弱或剥夺儿童与其他人进行交往和竞争的能力，使儿童断绝与外界的联系而退缩到自我的小天地里；纵容即父母过度保护、关注孩子，包办孩子应该做的事情，这会剥夺孩子的独立性和主动性，使孩子以自我为中心，自私自利，不知如何与他人合作；忽视即父母无法提供足够照顾、关注，孩子得不到爱，会认为别人不需要自己，感到自己毫无价值，与他人划清界限，产生世界冰冷无情的印象，不信任他人。因此，阿德勒提出要从增加儿童的社会兴趣入手，加强儿童的早期教育，使他们获得正确的生活意义。

荣格的分析心理学

一、人物简介

卡尔·荣格是瑞士心理学家和精神分析医师，是分析心理学的创立者。他曾任国际心理分析学会会长、国际心理治疗协会主席等，创立了荣格心理学学院。

1875 年荣格出生于瑞士凯斯维尔的一个宗教家庭。他的父亲是一位虔诚的牧师；他有两个哥哥，但都在他出生之前夭折了；他的母亲的性情反复无常，父母感情不和。这使荣格自小养成了对人缺乏信任的性格，是个奇怪而忧郁的小孩。他大都是和自己做伴，常常以一些幻想游戏自娱。

1881 年荣格开始上学，父亲同时开始教他拉丁文课。借着和同学们的相处，荣格慢慢发现家庭之外的另一面。

1887 年一个初夏的中午他被一男孩推倒，此后数月内荣格经常陷入昏厥的状态。其父母四处求医不得治愈。之后荣格通过自己的意志力治愈了自己的怪病。荣格将其称为经历了一次“精神官能症”。

1895 年荣格进入巴赛尔大学主修医学。在校期间他曾发表了关于神学和心理学的演说。大一时，他对论述精神现象的书产生兴趣。毕业后，他选择精神医学方面的课程和临床实习。

1900 年 12 月，他在苏黎世的伯戈尔茨利精神病院谋得了助理医师的执照，开始接触弗洛伊德的精神分析学说。

1903 年荣格发表毕业论文，题为《心理学与超自然》。

1904 年至 1905 年期间，荣格积极地参与由布雷勒（他的导师）领导的有关于早发性痴呆（后改为精神分裂症）的实验计划。在布雷勒的指导下，荣格进一步发展了“字词联想”的测验方式。

1905年荣格升任苏黎世大学的精神医学讲师，同年升格为精神科医院的资深医师，主讲精神心理学，也讲授弗洛伊德的精神分析以及原始人心理学。

1907年开始与弗洛伊德合作，发展及推广精神分析学说长达6年之久。

1910年荣格被推选为国际心理分析学会会长，也是该协会第一本心理分析期刊的主编。

1912年弗洛伊德到荣格所居附近访友没有顺便拜访荣格，荣格大为愤慨。此后不久荣格再次赴美在福德曼大学做了数次演讲，公开驳斥了弗洛伊德的性本能学说。同年11月两人在慕尼黑见面，商讨心理分析杂志事宜，讨论期间弗洛伊德突然昏倒。

1912年荣格出版了《无意识心理学研究》，这标志着他与弗洛伊德的彻底决裂。

1913年9月慕尼黑第四届国际心理分析学大会上荣格和弗洛伊德最后一次会面。

1921年荣格出版了《心理类型》一书，探讨意识头脑对于世界可能产生的态度，使荣格在心理学界的名声大振。

1961年6月6日，荣格安然病逝。

二、理论基础

（一）人格结构理论

人格结构理论是荣格分析心理学的核心理论。该理论认为人格由三个层次构成，即意识、个体潜意识、集体潜意识。

（1）意识是人格的最顶层，只占很小的一部分，是能够被人觉知的部分，它的功能是使个体能够适应周围的环境。

（2）个体潜意识是人格结构的第二层次，它包括被遗忘的或被压抑的经验，以及属于个体性质的梦等。荣格认为个体潜意识的内容主要是情结，它决定着我们的人格取向和发展动力。情结的作用是可以转化的：它既可以成为人的调节机制中的障碍，也可以成为灵感和创造力的源泉。

（3）集体潜意识包含的是那些难以带入意识层面的想法和形象，是人格结构中最有力、影响最大的部分，也是荣格理论中最引起争论的观点。集体潜意识是遗传下来的集体所共有的潜意识，它反映了人类在以往的历史进化过程中的集体经验。它不是个人习得的，而是包含人类祖先在内的各个世代遗传下来且没有在意识中出现过的经验。集体潜意识的主要内容是原型。原型主要有人格面具、阴影、阿尼玛和阿尼姆斯、自性等。

（二）人格动力理论

荣格认为心灵的能量来自外界或身体，但一旦外界能量转化为心灵的能量，就由心灵来决定其使用。心理能量是一种普遍的生命力，不是性本能。他借用物理学的能量守恒原则来解释心理，即能量在心理结构中可以转移，并且可以把某一结构的部分特征也转换过去。

荣格提出了人格发展的等量原则与熵原理、心理能量的前行与退行等。

等量原理和熵原理，荣格以此来说明能量在人格结构中的分布和移动情况。等量原理指用于某种心理活动的能量减少或消失，意味着另一种心理活动的能量增加和产生；熵原理是指人格动力（心理能量）总是倾向于从高能量的心理结构向低能量的心理结构转移，直至能量趋于均衡。荣格认为精神病人为了逃避无法对付的强烈刺激，便环绕自身建立一层外壳保护自己，而正常人则通过各种方式来保护自己，以达到接近“熵的状态”。

心理能量的前行与退行。前行指人利用日常生活经验来满足环境的需要；退行是指通过剥夺对立机能的能量，使对立机能的值逐渐丧失，最后用新的机能取代对立机能。人类就是这样不断地通过前行和退行使内心世界得到调整，使心理得到健康发展的。

（三）人格类型理论

荣格提出两种态度类型：外倾和内倾。人们的人格构成中都有这两种态度，占主导地位的态度通过意识心理表现出来，占次要地位的态度存在于无意识之中。他还描述了四种功能来进一步区分人格类型，这些功能包括思维、情感、感觉和直觉。态度类型和功能类型相结合就有了八种组合，分别是外倾感觉型、外倾直觉型、外倾思维型、外倾情感型、内倾感觉型、内倾直觉型、内倾思维型、内倾情感型。

（四）人格发展理论

荣格将人格发展分为四个时期，分别是童年期（出生到青春期）、青年期（青春期到中年）、中年期（女性从 35 岁、男性从 40 岁到老年）、老年期。

1. 童年期。童年期分为三个阶段：无序阶段，儿童只有零散、混乱的意识；君主阶段，儿童产生了自我，出现了抽象思维的萌芽，但缺乏内省思维；二元论阶段，儿童出现了内省思维，自我被分为主体和客体，儿童逐渐意识到自己是一个独立的个体。

2. 青年期。随着自我意识的发展，年轻人需要摆脱对父母的依赖，但是，心理发展还不成熟。荣格认为这一阶段是“心灵的诞生”阶段。要顺利度过这一时期，必须克服童年期的意识狭窄，努力培养意志力，使自己的心理和外部现实保持一致，以便在世界上生存和发展。

3. 中年期。这是荣格最为关注的时期。中年人往往在社会上和家庭生活中都已经扎下根基，取得了辉煌的胜利，但是，却面临着体力的衰退、青春的消逝、理想的暗淡，从而出现心理危机。荣格认为，要顺利度过这一时期，关键要把心理能量从外部转向内部，体验自己的内心，从而懂得个体生命和生活的意义。

4. 老年期。老年人易沉浸在潜意识中，喜欢回忆过去，惧怕死亡，并考虑来世的问题。荣格认为，老年人必须通过发现死亡的意义才能建立新的生活目标。

荣格反对弗洛伊德关于人格为童年早期经验所决定的看法。他认为，人格在后半生能由未来的希望引导而塑造和改变。

钟友彬的认知领悟疗法

一、人物简介

钟友彬，曾任心理卫生协会心理咨询与治疗学术委员会主任，北京大学首钢医院精神科主任医师。

1925 年 4 月 24 日钟友彬出生于山东省藤县（滕州市，隶属于枣庄市）。

1945 年他考入北京大学医学院。

1952 年他毕业留校，在北京大学精神卫生研究所（北京大学第六医院）从事精神病学医疗、教学和科研工作，对神经衰弱进行研究，提出了心理因素对心理疾病的影响，并开始用精神分析对神经症等心理疾病进行治疗和探讨。

1965 年他调至北京大学首钢医院，开展并建立了精神病人防治网，使精神病人得到了及时的治疗和迅速康复，复发率大大降低，减轻了病人的痛苦和家属、单位的负担，保证了社会的安定，使首钢职工和家属中的精神病人得到有效的管理。

1987 年他带领的团队被评为北京市精神病管理先进小组，他继续对神经症（如强迫症、恐惧症）及性变态等心理疾病的发病机制和治疗方法进行研究，创立了有中国特色的心理治疗方法——《认识领悟疗法》，接到哈佛大学的邀请，被同行誉为中国的弗洛伊德。

1982 年 8 月他与中国心理卫生协会合作开办了北京市最早的心理咨询门诊，接待来自全国各地患有心理疾病的疑难病人，开创了改革开放后中国心理治疗和心理咨询的先河。

2009 年 3 月 26 日，他在北京逝世。

二、理论基础

（一）人的发展历程

钟友彬认为，在人的发展过程中，人的生理、智力一般随着年龄的成长在不断成熟，而情绪和行为有时往往会落后于实际年龄，他将人发展中的情绪和行为分为儿童模式和成年人模式。

1. 儿童行为模式

幼儿期的孩子不能理解事物的本质和相互关系，不能分清幻想和现实，解释事物不考虑逻辑关系。例如，告诉他们口袋里有一只大灰狼要咬他们的鼻子，他们也会信以为真，赶快把鼻子捂起来。

幼儿的情感也没有明显的分化，看人只知道好人和坏人，不能控制自己的情绪表现。在行动上不会懂得哪些是社会允许的，哪些是社会禁止的，受到指责的，当然就不能自觉遵守社会道德，对某些违背社会道德规范的行为并不感到难堪和羞耻。例如，幼儿穿开裆裤，在人们面前大小便或裸体，并不感到难堪和羞耻，等等。

2. 成年人行为模式

一个正常发育的成年人的行为对事物的分析能以客观事实为依据，能分清幻想和现实，能以逻辑思维的方法来判断事物本质，解释事物因果关系，并用语言表达。成年人的感情已有细致的分化，通过调节自己的情绪活动在行动上能遵守社会行为规范。这些可以概括为成年人的行为模式。

3. 关键期

在人的生理和心理成长发育过程中，都有一个关键期，这个时期对某种功能的发育最为重要，过了这个时期，这种功能的缺陷就不易弥补。

心理分析的实践证明，幼年时期欲望的严重挫折、各种心理创伤、幼儿性欲的过分强烈或压抑都可在心灵深处留下痕迹，妨碍人的心理的正常发展，成为心理障碍的根源。

（二）人对环境的适应

1. 对自然环境的适应

人类一代代在适应自然环境的活动中，发展了各种防御和适应功能。

2. 对社会环境的适应

人的个人欲望与社会制约性之间常常产生矛盾而形成心理冲突。成年人最重要的适应手段就是对心理冲突体验的改造能力，这是人们在长期的社会生活实践中逐渐形成的，这种适应手段就是精神防御机制。在一般情况下，当挫折和心理冲突不十分严重，而这个人的适应能力不弱或善于表达宣泄时，大都能使心理冲突引起的烦恼减轻或消失，从而保持心理动态的平衡。

（三）认知领悟的病理心理观

认知领悟疗法属于心理分析系统，具有和心理分析相同的病理观。

1. 早年经验是致病的重要条件

早期经验是患病的内部原因，是患病必不可少的条件。固着、症结和初期焦虑是心理障碍的内部原因。

（1）固着。固着，就是在性欲发展到成熟的过程中，一部分幼稚的性冲动可以停滞在某一阶段。力比多的固着阶段也是它曾得到满足并感到快乐的阶段，弗洛伊德认为偶尔的快感经验也会产生固着。

（2）症结。症结，是幼儿性器期（3–5 岁）对异性父母的感情没有妥善解决，未把这种爱恋的对象逐渐转向父母以外的异性。那这种未满足地对异性父母的感情被压抑到无意识就成为俄狄浦斯症结。它也是成年后的神经症的患病根源。

（3）初期焦虑。初期焦虑，是不知原因的或不可理解的恐惧情绪。成年来访者的病态焦虑都有其幼年的根据或前例。

2. 性心理的退行和初期焦虑的再现是心理障碍的发病机制

成年人的性欲受到阻拦或剥夺，增强的性兴奋无法得到宣泄或满足，就会另寻出路，部分或全部地退回已经过了时的固着点，寻求过去的对象以幼年的方式来求得解决。这个机制就是退行。成年人性心理要求退行到幼年，表现儿童的性活动，就是性变态。

3. 神经症是性变态的否定

幼年的性活动直接在成年人身上表现出来，必然为成年人社会规范所不容，会受到社会指责甚至制裁。而对异性父母的性爱在意识上出现更是自己所不能容忍的。那么精神结构中代表理性和审慎的自我如果足够强大，就可以把幼稚的性冲动压抑在无意识中，使自己不能觉察。如果由于某种原因，如成年的心理困难，自我的力量被削弱，不足以完全压抑这些幼年的性冲动，就会形成两种力量的对峙状态，即神经性心理冲突，使人感到焦虑和痛苦。

4. 漂浮的焦虑

成年人神经症的表现并不是当前遇到的挫折和冲突的直接表达，而是面对这些困难无法应付时，幼年的初期焦虑被引发了出来。因此，其恐惧的对象并不是成年人遇到的困境本身，而是一些成年人看来不值得焦虑恐惧的事物，如热闹的街道或温驯的猫——这些都是成年人不怕甚至喜爱的东西。来访者自己也不知道为什么。幼年期的恐惧的对象已经被遗忘了，而留下来的漂浮的焦虑落到成年人并不会感到恐惧的事物上，这就是心理动力学对神经症发病机制的解释。

5. 无意识心理活动是症状形成的必要前提

早期经验在成年后多被遗忘。在心理障碍发生前遇到的挫折和困难都是意识到的，但这只是发病的诱因。真正的病因是早年经验。而这个病因和发病的过程是在无意识中进行的，来访者不能觉察。症状形成的原因在无意识中，症状形成的运转机制也是在无意识中。

弗洛伊德精神分析的方法

一、自由联想

自由联想是一种不给予任何思路限制或指引的联想。具体做法是：让来访者以全身心都放松的状态，躺在一个安静、舒适的沙发床上，进入一个自由联想的状态。辅导员站（或坐）在其后，让来访者打消顾虑，然后让来访者自由诉说心中想到的任何东西，无论它是多么荒谬、不合逻辑和令人痛苦。辅导员要以来访者为主，不随意打断他的话，对他所讲的内容不加以评论，鼓励其大胆地说。辅导员的工作在于帮助来访者回忆从童年期所遭遇到的一切经历或精神创伤与挫折，对其做报告的材料加以分析和解释，从中发现那些与病情有关的心理新因素。通过自由联想，来访者潜意识的大门不知不觉地打开了，潜意识的心理冲突可以被带入意识领域，辅导员从中找出来访者潜意识之中的矛盾冲突，并通过分析，促进来访者对此有所领悟，在现实原则的指导下得以纠正和消除，从而建立良好、健康的心理结构，达到心理健康。

自由联想的辅导时间较长，一般要进行几十次。每周进行 3–5 次，持续时间为数月到半年以上。

二、梦的分析

弗洛伊德认为，“梦乃做梦者潜意识冲突欲望的象征”。做梦的人为了避免被人家察觉，所以用象征性的方式以避免焦虑的产生，分析者对梦的内容加以分析，以期发现这些象征的真谛。所以，通过对梦的分析最终可以找到来访者被压抑的欲望。

梦可以分为“显梦”和“隐梦”两部分。“显梦”指人真实体验到的梦，“隐梦”指这些梦境的内容所代表的潜意识含义。梦的分析就是根据“梦的工作”的规律来发掘来访者潜意识中压抑的矛盾冲突。

梦的工作主要包括六种方式。

第一种，象征化。用无关或中性的事物来替代重要的、有所忌讳的事物，以通过超我的稽查，减少或避免引起梦中自我的痛苦或创伤。

第二种，移置。在梦中将对某个对象的情感转移到另一个对象上。

第三种，凝缩。在梦中将内心所爱或所恨的几个对象凝缩成一个形象表现出来。

第四种，投射。在梦中将自己某些不好的意念投射于他人，以减轻对自我的谴责。

第五种，变形或润饰。在梦中将潜意识的欲望或信念以其他甚至相反的方式表现出来。

第六种，“二次加工”。梦者在梦醒过程中，往往会无意识地对自己的梦进行修改加工，使它比较有次序、合乎逻辑，或将梦中最有意义的东西反而置于次要与不显著的地位。

精神分析学家会请求来访者谈及其梦的内容，并进行自由联想，从而揭开梦境背后的潜意识，有效地分析来访者存在的心理问题。

三、阻抗分析

阻抗又称“抗拒作用”，是来访者有意识或无意识地回避某些敏感话题，有意或无意地使辅导重心偏移，也可以看作阻滞那些使自我过分痛苦或引起焦虑的欲望、情绪或记忆进入意识的力量。有意识的阻抗可能是来访者对辅导员不信任或担心自己说错话造成的，经辅导员加以说明即可消除；无意识的阻抗则是对辅导的抵抗，而来访者自己意识不到，也不会承认，往往口头上表示迫切希望早日完成辅导，而行动上却并不积极。

（一）阻抗的原因分析

1. 阻抗来自成长的痛苦，旧行为的结束和新行为的开始都将使该来访者产生痛苦，进而产生防御与抵抗，形成阻抗。

2. 阻抗来自功能性的行为失调，阻抗的产生源于失调的行为弥补了某些心理需求的空白，而该来访者从中获益，也来自该来访者企图以失调的行为掩盖更深层次的心理矛盾与冲突。

3. 阻抗来自对抗咨询或咨询师的心理动机。其一，该来访者只具有想得到咨询师的某种赞同意见的动机；其二，该来访者具有想证实自己与众不同或咨询师对自己无能为力的动机；其三，该来访者并不具有发自内心的求治动机。

（二）阻抗的形式

1. 讲话程度上的阻抗（包括沉默、寡语和赘言等）。

2. 讲话内容上的阻抗（包括理论交谈、情绪发泄、谈论小事、假提问题等）。

3. 讲话方式上的阻抗（包括健忘、顺从、控制话题、最终暴露等）。

4. 咨询关系上的阻抗（包括不认真履行心理咨询的安排等）。

阻抗的表现是意识的，但根源却是无意识的。所以，阻抗的出现往往是问题发生的心理症结所在。因此，辅导员的任务就是不断辨认并帮助来访者克服各种形式的阻抗，将压抑在潜意识的情感发泄出来，减轻内心的痛苦。克服阻抗往往需要大量的时间和足够的耐心，辅导员必须尊重来访者的阻抗，以引导的方式来解决这种心理防御。

（三）阻抗的处理

一般心理咨询师会按如下的程序处理阻抗。

1. 努力同感来访者，积极建立咨访关系。良好的咨访关系有助于消除来访者对咨询师的戒备和不安，增进来访者对心理咨询师和心理咨询过程的信任，这对尽可能降低来访者的阻抗心理非常重要。

2. 评估阻抗。假如阻抗不影响咨询进程，暂时忽略它；假如阻抗明显影响咨询进程，着手处理阻抗。

3. 处理阻抗。一种方法是咨询师不提及来访者在“阻抗”，而是具体“面质”阻抗表现，以引导来访者做进一步的自我分析与自我认识；另一种方法是直接指出来访者对心理咨询存在“阻抗”态度，帮助来访者调整一下对心理咨询或心理咨询师的认识。通常在心理咨询的过程中，咨询师采取第一种方法的比较多。

4. 记录阻抗。心理咨询后，咨询师需要做一些记录。一般咨询师会把来访者在什么时候、什么问题上特别容易阻抗记录下来，以便在以后的咨询中注意这些问题。另外，这样的记录也便于咨询师在整个咨询过程的后期适当地处理一下来访者曾经发生过的阻抗现象，从而帮助来访者看清自身的一些人格特点，使其明确哪些特点导致了曾经有过的“阻抗”，哪些特点对来访者的正常生活是不合适的。

四、移情分析

在长期进行心理分析的过程中，来访者会把早期对自己父母、亲人的感情转移到辅导员身上，把辅导员当成自己的父母、亲人等，而这就是移情。

移情有正移情和负移情之分。正移情是指来访者将积极的情感转移到辅导员身上；负移情是指来访者将消极的情感转移到辅导员身上。辅导员通过进行移情分析，能够了解来访者对他人（尤其是童年时期）的情感态度，从而发掘其早年形成心理症结的诱因，并引导其释放和宣泄压抑已久的不快，达到治愈的目的。

五、解释

解释是将症状、自由联想、梦中的潜意识隐义和动机揭露出来，使其进入意识的一种方法。在辅导过程中辅导员的中心工作就是向来访者解释他所说的话中的潜意识含义，帮助来访者克服抗拒，而使其被压抑的心理资源得以源源不断地通过自由联想和梦的分析暴露出来。解释是逐步深入的，根据每次会谈的内容，用来访者所说过的话做依据，用来访者能理解的语言告诉来访者其心理症结所在。解释的程度随着长期的会谈和对来访者心理的全面了解而逐步加深和完善，而来访者也会通过长期的会谈在意识中逐渐培养起一个对人对事成熟的心理反应和处理态度。

阿德勒个体心理学的方法与技术

阿德勒的心理辅导过程分为四个阶段。

一、第一阶段：建立治疗关系

辅导员采用多种技术来建立积极、合作、鼓励、接纳、尊重、信任的关系。

1. 倾听。有效的倾听有助于相互信任与尊重。

2. 尊重。使来访者感到被尊重会促使他们投入心理辅导中。

3. 鼓励。通过关注来访者的优点、进步来鼓励来访者，激发其主动性，使来访者相信自己可以改变，恢复生活中的希望与活力。沃茨和彼得札克指出，阿德勒式的心理治疗实质上就是一个鼓励的过程。

二、进行评估与分析——探查生活风格

通过分析来访者的生活风格来探索来访者的早期生活经历是如何形成成年后的人格的。可以从以下方面来分析生活风格：观察来访者的表情、说话及走路姿势等，了解其出生序列及家庭结构、氛围及早期记忆、梦、基本错误和个人优点。

三、顿悟与解析

在分析和评估生活风格的过程中，辅导员会进行解析，帮助来访者认识到是错误的思维方式导致了非现实的目标，而指向获得这些目标的行为是自我挫败的，揭示出这么多年来访者以一种自欺的方式，运用症状维持其变态的生活风格。

在解析中，抵制是不可避免的，来访者会怀疑、沉默、提出特殊要求等，所以建议辅导员常以询问或陈述形式解释，并配合“有可能”“我感到似乎是”“我不明白”之类的说法以缓和语气。

四、再定位——重新设计生活风格

当来访者认识到态度、信念和他们的行为间的关系，意识到信念和行为的改变有益于自己时，他们会做出信念和行为的改变。为了实现治疗目标，来访者要冒险做出以前未曾做过的行动上的变化。要将信念、顿悟付诸实践，导致新行为出现的技术有：角色扮演、矛盾意向、令来访者扫兴、迈达斯术、按键、鼓励、家庭作业等。

荣格分析心理学的方法与技术

一、词语联想

词语联想的工具是一份写有 100 个词的一张纸，要求来访者在听到刺激词之后，尽快地说出由此词所联想到的词。辅导员用秒表记录来访者对每个刺激词反应所需要的时间。除了反应时间之外，反应词的词义、错误率及来访者对刺激词的面部表情等都是要分析的内容。

二、梦的分析

荣格认为，梦提供了能帮助人们在生活中恢复平衡的信息，它的功能主要是一种补偿性的，它通过制造梦的内容来重建整个精神的平衡和均势。梦的分析工作主要是探求无意识对于情结做了什么，探求集体无意识及原型的意义。在梦的分析中，主要使用联想分析、扩充分析和积极想象三种技术。

第一种，联想分析可以获得关于个人潜意识的内容。

第二种，扩充分析可以把梦的内容放到集体无意识及原型水平上进行工作。

第三种，积极想象则注重梦者对梦的内心体验与感受。

三、沙盘游戏

沙盘游戏是由卡尔夫命名的。卡尔夫是荣格的学生，沙盘游戏基本上属于荣格分析心理学的一种发展。来访者借助于意象的赋型，在沙盘里用沙石和其他材料体现其内心世界，将朦胧的、无法言传的精神体验诉诸有形的表现，从而激发无意识的愈合潜力。辅导员在游戏全程进行观察，游戏结束后进行解释分析，帮助来访者了解自己内心的真实想法，促进来访者的发展。

钟友彬认知领悟疗法的方法与技术

认知领悟疗法实施的步骤共分为五步。

第一步，采取面对面的直接交谈方式。每次会谈时间60–90分钟，每次会谈后，辅导员还可要求有书写能力的来访者结合自己的症状和有关情况，写出对辅导员做出的说明和解释的意见与体会，并提出自己可能想到的问题。

第二步，初次见面时，要求来访者或其家属叙述症状产生、发展的历史和具体表现。辅导员对此进行初步解释，告诉他问题是可以解决的，但必须主动合作和积极配合，对辅导员的提示、解释要联系自己的想法认真思考。然后，向来访者明确指出，其病态是由于过去的恐惧体验或幼稚的思维方式导致的结果。

第三步，在以后的会见中，可以继续补充询问来访者的生活史和可以回忆起来的种种有关经验，但不要求深挖过去，因为精神创伤已成为历史。同时，要建立来访者与辅导员之间相互信任的良好关系。

第四步，治疗中要用较多的时间引导来访者分析讨论症状的性质，说明其幼稚性与成熟的人是不相称的，着重指出不能用儿童的方式解决和处理成熟的人遇到的问题，要求来访者对此达到领悟。

第五步，在双方共同深入交谈的基础上，逐步引导来访者认识并最终相信：自己的症状是幼稚的、荒谬的，是不符合自己年龄发展水平的想法、情感或行为反应，它们对一名健康的个体来说是完全没有意义的，甚至是极为可笑的。在顿悟后，来访者就会抛弃原有的看法、内心体验和行为反应，更容易地接受对有关事物和情境应有的能适应生活的认知、情感和相应的行为反应。

案例分析

被教官处罚后无法上学的青少年

来访者是个15岁的初中男学生，被父亲从外地带来看病。主诉是怕东西脏、有毒，反复洗手，将近半年。根据患者叙述，发病的初始是跟被学校教官处罚的事件有关——军训的最后一天，不知何故被教官罚刷厕所。当时他心里很不服气，觉得肚子痛，想去看病，可是教官不让他去，还让同学踢他，后又拖着他走，去医疗室，并问医师他是否装病。医师检查后，说是胃肠炎，需要休息。回来的途中，教官怕他上告，威胁说："这是部队，要你今天死，你就活不过明天。"此后，他开始害怕，怕自己的同学会害他，怕手上沾上什么毒，于是他总是反复地洗手，而且他最怕被人打到脑袋。由于这样的害怕，他不敢上学，休学在家，认为家里最安全，学校不安全，军队是最可怕的地方。根据父亲的描述，个案自小怕别人碰他的脑袋，吃东西也担心吃坏了的东西，是比较小心谨慎的孩子。

【病情分析】来访者显然是个性内向而缺乏安全感的年轻人，无故被可怕的教官处罚，又受到无理的威胁而害怕，从而产生恐惧与强迫性症状。来访者很清楚地被权威者威胁而不敢反驳或反抗，由于内心的不满不敢发泄，他只能依靠强迫性的行为来保护自己，避免（按教官的威胁）被毒害的可能。这从内在精神的观点来说，是对权威者的不满的情感不敢发泄表达而转换出来的症状。虽然这跟他幼小时以来的软弱个性有关，但也跟受严重心理威胁与创伤有关。总之，针对患者的"主诉"（即被教官无理地威胁而深恐害怕），以及对"疾患"（强迫症）的既有学理（即依靠强迫的心理与行为来抵御内心里的负性情感），就可及时地建立对病情的了解，并且立定辅导的课题与去向（即改变或减轻对恐惧对象的心理，并且适当地处理内心里难于接受的负性情感）。

【辅导方向】根据这样的病情了解，辅导的课题是：帮助患者去处理内在的不满情感，特别是支持他去发泄对无理威胁的权威者的反感，减除害怕的心理。同时，也要帮助他考虑如何采取比较有效的途径去面对他的困境，利用父亲陪诊的机会，鼓励父亲供给所需的支持。由于患者是远道而来，不宜进行长久的辅导，就要利用一切机会给予所需的辅导。根据这样的考虑，就要施行短期的心理治疗。

【会谈经过】

医师： 听你说来，你好冤枉。做教官的，怎么可以这样无理?

注解：尽快表达治疗者能体会他的处境，并且是站在个案的立场来支持他，帮助他；扮演跟无理的教官相反的角色，企图抵消负性的打击。

患者： 脸上表情突然显得惊讶且高兴，但不知说什么好，就没开口。

医师： 当时教官为什么处罚你刷厕所呢?

患者： 并没有什么事，教官也没说明我做错了什么，只说我做错了事，就罚我去刷厕所。

医师： 当时你心里是怎样的感觉？是否感到很冤枉?

患者： 是呀！可是我又觉得很害怕，是教官的命令，只好去刷洗很臭的厕所。我那天早上本来胃口就不好，无法吃早饭就只好空着肚子上学。可是这样被处罚刷厕所，闻到臭味，就很恶心，吐出食物，胃也绞痛起来。可是教官说我是装病，还叫几个同学一起来踢我，踢我的肚子！

医师： 那一定很可怕。听起来，也很可怜！医师说你得了胃肠炎，可是教官为什么要恐吓你，说要你死，你就活不了呢?

患者： 他大概是害怕我去告他，所以恐吓我不要去告他。

医师： 那你怎么办呢？被这样威胁、恐吓?

患者： 我心里害怕极了，以后就怕教官会叫同学给我下毒，吃饭就特别害怕，也不敢随便碰东西，唯恐碰到毒物。

医师： 你现在想一想，为什么教官要那样很厉害地威胁你，说是："要你今天死，你就活不过明天"?

患者： 因为是在部队，他可以这样不讲理。

医师： 还有呢?

患者： 不知道。

医师： 你用心想一想，为什么做教官的，会对学生讲那种不好的话，做那种狠狠的威胁?

患者： 不知道。是不是怕我去告他?

医师： 因为他心里知道他自己做错了事，他害怕，所以他才恐吓你，让你不去告他。也就是说，是他做错了事。你说是不是?

患者： 嗯？我从没这么想过。

医师： 从现在起，你心里就想，做错了事的是教官，不是你。他应该怕你，你不用怕他。

（这样“改观重解”的解释，把教官说成是“坏”人，是个“败者”，患者就不用再害怕这样威风可怕的人。一般来说，小孩或青少年对老师或教官这类有权威的人，只会害怕与服从，不敢批评或反对。特别是在社会与文化的间接影响下，在幼稚的“超我”里，只会要求“自我”去顺从权威者。因此，治疗者要站在患者的一边，辅助弱小的“自我”，采用认知辅导的要领，帮助患者以不同的角度来看真相。而针对本案例，治疗者最主要的目的是消减患者对教官的无限恐惧感。也就是说，既然做错事的是教官，而不是他，他就不用总是害怕自己将变成被处罚的对象，而他跟教官的关系应该颠倒过来。当然，治疗者在治疗的过程中要考虑和遵守现实社会与文化的思想及价值观，不能过分地提议去反对或反抗权威者，要适可而止，否则会吓坏患者的“自我”，或者真的让患者采取反抗的行动，给患者惹来实际的麻烦。）

医师：你不用去告他，但你可以对自己说：教官是做错了事，他是不对的，我不用怕他。

患者：真的？

医师：真的，假如你能这样去想，就不会总是担心教官来害你。你也可以这样想，并不是每个人都是圣人，不会做错事，而教官也会做错事，我可以原谅他。

（患者只用他年幼的心理和想法来面对与接受事实，而治疗者现在乃帮助患者能以不同的层次，以成人的眼光和角度来看所发生的事情。通过成人眼光的看法，就可以脱离年幼时而不知所措、无法应对困难的情况。）

医师：你客观地想想，做教官的，就算是凶一点，也不会去叫人给学生下毒。你觉得他会犯这样严重的罪吗？

患者：大概不会。

医师：当然是不会的。所以你不要过分地担心害怕，你要调节你害怕的程度，否则就变成病了。

患者：怎样调节？

医师：要使用你健康的脑子去告诉过分害怕的脑子，自己的害怕太过分了，要少点害怕。特别是不要去担心有人会给你下毒这样的事情。因为一般人是不会去犯这种重罪的。

患者：若有所思的样子，没有开口。

医师：你父亲对你是怎么说的?

患者：他说对方是教官，不要惹麻烦，还骂我不该做错事，被教官处罚。

医师：你父亲有没有安慰你?

患者：没有。他还训我不该胡思乱想，重复去检查事情。

医师：今天既然是你父亲陪你来看病，我也请你父亲进来，一起谈谈好不好?

患者：好的。

医师：请父亲也来会谈室。你很关心你的孩子，还特别陪他来看病。根据医师的诊察，你的孩子是受了教官的威胁，心里很害怕，才变成这样的。你作为父亲是如何帮助他的?

父亲：我告诉他，不要胡思乱想，食物没有毒，是他的脑子有毛病了。

医师：你儿子是受了打击，失掉信心，才会乱想的。假如你跟那位很凶的教官一样，只会让你儿子更害怕。所以，你要做个慈父，多安慰他，鼓励他，这会对他有所帮助。你能做到吗?

父亲：好的。

医师：你们住得很远，不容易常来。我就开点药给你。可是你自己要随时想刚才跟医师所谈的：教官只不过是个人，也会犯错，不用害怕犯了错的教官，要原谅他。而你自己也要有信心，告诉自己没有理由去怕这个、怕那个。请你父亲多支持你，陪你练习培养信心。好吗？以后有机会时，再来看医师。再见！

这个会谈就这样停止，难免会令人觉得有点仓促。可是，这就是现实上的限制，只能做到这一步就结束。我们不知道为何这个患者从小就比较内向而谨慎小心，为何父亲对他只是采取训导而缺少鼓励与安慰，为何那么害怕像教官这样的权威者，等等。可最主要的是，要抓住要点，尽快地给予患者指导与解释，并给出适当的建议。针对本案例中的患者，治疗者应扮演一个跟教官或父亲完全不同的权威者，提供给支持与安慰，给他提供成人的看法，对创伤事件做出不同的解释，使患者在认知上发生改变。

第三章

行为主义取向的理论与方法

华生的行为主义心理学

一、人物简介

1878 年华生出生在美国南卡罗来纳州的格林维尔。

1891 年华生的父亲抛弃了家庭，选择和一个女人私奔。随后他的母亲卖掉了农场，带着孩子搬到城市居住。来到城市之后，经常被同学嘲弄的华生学习成绩非常糟糕，他整天情绪低落，不是不认真听课，就是与同学争斗，为此他曾经两次被捕。在中学阶段，他的成绩总是勉勉强强能够升级。

1894 年华生见到了福尔曼大学的校长，得以顺利升入大学。

1899 年他顺利拿到硕士学位。毕业后，他在一所只有一个班级的小学担任校长。一年后，华生进入芝加哥大学，跟随约翰·杜威学习哲学。

1903 年他在芝加哥大学获得博士学位。为了让自己的研究得到更多心理学家的注意，他向同事借款 350 美元，自费发表自己的论文《动物的教育：一项与神经系统发展相关的白鼠心理发展的实验研究》。该论文发表后，引起了强烈反响。

1908 年，华生被霍普金斯大学更丰厚的薪水和研究条件吸引，离开了芝加哥大学前往巴尔的摩市工作。在那里，华生慢慢走入学术生涯的顶峰，并且确立了自己“行为主义者”的身份。

1913 年，华生正式发布行为主义宣言，他反对内省、意识、感觉和想象，将心理学定义为行为的科学。

1915 年，年仅 37 岁的华生当选美国心理学会主席。

1920 年，一则轰动社会的桃色新闻结束了华生的学院生活。在与美丽的研究生助手罗莎莉·雷纳合作期间，两人日久生情，发展出了婚外情。按照当时的校规，教授发生这样的性丑闻是不被允许的。于是，在妻子玛丽·伊克斯将华生写给雷纳的露骨情书交给校长富兰克·古德劳后，华生随即被解除教职，离开了霍普金斯大学。

1925 年，华生出版了《行为主义》一书。在这本书里，他用通俗易懂的形式介绍了行为主义。

1947 年，华生从商界退休，在一个农庄中度过了生命中最后的日子。

1958 年华生去世，享年 80 岁。

二、理论基础

华生作为行为主义的创始人，他认为心理学的研究对象不是意识，而是人的行为，研究方法必须抛弃“内省法”，改用实验法和观察法。

（一）华生对行为的定义

华生所讲的行为首先是一种可观察到的机体反应。这种机体反应的本质是人和动物对于外界环境的适应。华生承认，“反应”一词是从生理学中转借到心理学的。但是，心理学扩大了它的用法。也就是心理学把一组简单的生理反应组合成为一套复杂的反应，把简单的肌肉骨骼动作联结为一种行为的方式。华生把反应分为四类。

第一类，外显的习惯反应，包括开门锁、打网球、拉提琴、盖房子、与人说话、与人交往。

第二类，内隐的习惯反应，包括条件反射所引起的腺体分泌、无声言语（即思维）、身体的定向或态度。

第三类，外显的遗传反应，包括人的各种可以观察到的本能和情绪反应，例如抓握、打喷嚏、眨眼等。

第四类，内隐的遗传反应，包括生理觉察所研究的内分泌系统和循环系统的各种变化。

在这里华生概括了有机体的全部行为，并且把这些行为区分出先天遗传的反应和后天习得的习惯反应。华生认为这种区分是很重要的，因为行为主义就是要发现后者的学习过程和方式，以掌握其形成的规律，实现预测行为、控制行为的目的。

（二）华生的环境决定论

华生明确指出：“在心理学中再不需要本能的概念了。”华生之所以否认行为遗传的作用，其理由有三个方面：首先，行为发生的公式是刺激—反应。从刺激可预测反应，从反应可预测刺激。行为的反应是由刺激所引起的，刺激来自客观而不是决定于遗传，因此行为不可能取决于遗传。其次，生理构造上的遗传作用并不会导致机能上的遗传作用。华生承认机体在构造上的差异来自遗传，但它认为，构造上的遗传并不能证明机能上的遗传。由遗传而来的构造，其未来的形式如何，要决定于所处的环境。最后，华生的心理学以控制行为作为研究目的，而遗传是不能控制的，所以遗传的作用越小，控制行为的可能性则越大。因此，华生否认了行为的遗传作用。

华生从刺激—反应的公式出发，认为环境和教育是行为发展的唯一条件。首先，华生提出了一个重要的论断，即构造上的差异及幼年时期训练上的差异足以说明后来行为上的差异。其次，华生认为，人的行为完全是由于环境造成的，他提出了教育万能论，提出了他闻名于世的一个论断："请给我十几个健康而没有缺陷的婴儿，让我在我的特殊世界里教养，那么我可以担保，在这十几个婴儿中，我随便拿出一个，都可以训练他成为任何一种专家——无论他的能力、嗜好、趋向、才能、职业及种族是怎样的，我都能把他训练成为一个医生，或律师，或艺术家，或商界领袖，甚至也可以训练他成为一个乞丐或小偷。"这段话一直被认为是环境决定论的经典表述。

（三）华生的情绪研究

华生对心理发展的研究，其主要的兴趣是在情绪发展的课题上。情绪发展的课题又分为两种：研究儿童在三种非习得性，即非学习性的情绪反应基础上形成的条件反射；研究儿童嫉妒和羞耻的情绪行为。华生认为，人有三种原始的或基本的情绪，即恐惧、愤怒和亲爱。华生用形成条件恐惧反应的事实，认为条件化是使情绪复杂化和发展的机制，人的各种复杂情绪都是在前述三种原始情绪的基础上，通过条件作用而逐渐形成的。

华生与雷纳（1920）进行了一项称为"小艾伯特"的实验：小艾伯特是日托中心的一个健康、正常的幼儿，当时他只有 11 个月零 5 天。条件刺激是一只小白鼠。小艾伯特最初的反应是好奇。他看着它，似乎想用手去触摸它。无条件刺激是用铁锤敲击一段钢轨发出的声音。这显然是一种令人生厌的声音，因为小艾伯特的无条件反应是惊怕、摔倒、哭闹和爬开。在白鼠与敲击钢轨的声音一起出现 3 次后，光是白鼠就会引起害怕和防御的行为反应。在 6 次条件作用后，小艾伯特见到白鼠时会产生强烈的情绪反应。在小艾伯特 1 岁零 21 天时，华生进行了一系列泛化测验，即在小艾伯特面前呈现小白兔、小白狗和白色裘皮大衣等。在每一种情况下，小艾伯特都表现出一种很强的情绪反应。因此，华生得出结论：条件化的情绪反应具有扩散或迁移的作用。而在适当的条件下，又可分化开来，形成分化的条件情绪反应。例如，除条件刺激白鼠外，其他刺激单独使用时都不以敲击声来强化，则扩散消失，只对白鼠保留反应。

（四）华生的思维研究

华生认为思维也是一种感觉运动的行为。他说，语言的习惯有两种，一种是外显的语言习惯，这就是言语；另一种是内隐的语言习惯，这就是思维。两种习惯动作在本质上是等值的，因此，言语是大声的思维，而思维则是无声的谈话。

华生提出了一个重要的思想，就是内隐的语言习惯是由外显的语言习惯逐渐演变而来的。开始是儿童独自一人不断地对自己讲话，以后在大人与社会的要求下，变为小声地讲话，最后又变为只在嘴唇之内出现。华生注意到了言语与思维的联系。

华生还对思维的创造作用进行了解释。对于各种思维的创造物，他说，我们之所以会得到它们，是由于玩弄词的反应的结果。人们将词的反应变来变去，最后得到一种新的反应模型，这便是各种思维的产物。

华生认为，人类除了语言形式的思维之外，还有非语言形式的思维。他提出，聋哑人说话时就是用肢体运动代替词汇的，他们的言语和思维都是以同样的，肢体反应进行的，甚至正常的人也并非总是用词汇来进行思维的——当一个人在思维的时候，他不仅发生着潜伏的语言活动，还在发生着潜伏的肢体活动和潜伏的内脏活动。而在后面这两种活动占据优势的时候，就发生了没有语言形成的思维。

斯金纳的行为主义心理学

一、人物简介

斯金纳 1904 年出生于宾夕法尼亚州的一个小镇，从小喜爱发明创造，富有冒险精神。

1922 年斯金纳进入汉密尔顿学院主修英国文学并开始从事写作。

1928 年他转入哈佛大学心理学系。

1930 年他获得硕士学位。

1931 年获得心理学博士学位。

1937–1945 年他在明尼苏达州大学教心理学。

1945–1947 年他任印第安大学心理系主任。

1947 年他重返哈佛大学，担任心理学系的终身教授，从事行为及其控制的实验研究。

1958 年美国心理学会授予他“卓越科学贡献奖”。

1968 年他荣获美国国家科学奖章，这是美国最高级别的科学奖励。

1971 年美国心理学基金会授予他一枚金质奖章。

1990 年 8 月 10 日美国心理学会授予他“心理学毕生贡献奖”荣誉证书。

1990 年 8 月 18 日斯金纳去世。

在 20 世纪影响世界的 100 位心理学家中斯金纳排名第一。

二、理论基础

（一）斯金纳的操作性条件反射

操作性条件反射这一概念，是斯金纳新行为主义学习理论的核心。斯金纳把行为分成两类：一类是应答性行为，这是由已知的刺激引起的反应；另一类是操作性行为，是有机体自身发出的反应，与任何已知刺激物无关。与这两类行为相应，斯金纳把条件反射也分为两类。与应答性行为相应的是应答性反射，称为 S（刺激）；与操作性行为相应的是操作性反射，称为 R（反应）。S 型条件反射是强化与刺激直接关联，R 型条件反射是强化与反应直接关联。斯金纳认为，人类行为主要是由操作性反射构成的操作性行为，操作性行为是作用于环境而产生结果的行为。在学习情境中，操作性行为更有代表性。斯金纳很重视 R 型条件反射，因为这种反射可以塑造新行为，在学习过程中尤为重要。

斯金纳关于操作性条件反射作用的实验，是在他设计的一种动物实验仪器，即著名的斯金纳箱中进行的。箱内放进一只白鼠或鸽子，并设一杠杆或键，箱子的构造尽可能排除一切外部刺激。动物在箱内可自由活动，当它压杠杆或啄键时，就会有一团食物掉进箱子下方的盘中，动物就能吃到食物。箱外有一装置记录动物的动作。斯金纳的实验与巴甫洛夫的条件反射实验的不同在于以下几点。

1. 在斯金纳箱中的被试动物可自由活动，而不是被绑在架子上。

2. 被试动物的反应不是由已知的某种刺激物引起的，操作性行为（压杠杆或啄键）是获得强化刺激（食物）的手段。

3. 反应不是唾液腺活动，而是骨骼肌活动。

4. 实验的目的不是揭示大脑皮层活动的规律，而是表明刺激与反应的关系，从而有效地控制有机体的行为。

斯金纳通过实验发现，动物的学习行为是随着一个起强化作用的刺激而发生的。

斯金纳把动物的学习行为推而广之到人类的学习行为上，他认为虽然人类学习行为的性质比动物复杂得多，但也要通过操作性条件反射。操作性条件反射的特点是：强化刺激既不与反应同时发生，也不先于反应，而是随着反应发生。有机体必须先做出所希望的反应，然后得到“报酬”，即强化刺激，使这种反应得到强化。学习的本质不是刺激的替代，而是反应的改变。斯金纳认为，人的一切行为几乎都是操作性强化的结果，人们有可能通过强化作用的影响去改变别人的反应。在教学方面教师充当学生行为的设计师和建筑师，把学习目标分解成很多小任务且一个一个地予以强化，学生通过操作性条件反射逐步完成学习任务。

（二）斯金纳的强化理论

斯金纳在对学习问题进行了大量研究的基础上提出了强化理论，十分强调强化在学习中的重要性。强化就是通过强化物增强某种行为的过程，而强化物就是增加反应可能性的任何刺激。斯金纳把强化分为正强化和负强化，他认为不能把消极强化与惩罚混为一谈。

1. 正强化。给予一个愉快刺激，从而增强其行为出现的概率。例如，班级里有个内向不爱发言的学生，某堂课上举手发言了，老师及时对该名学生进行了表扬，该名学生日后举手发言的次数不断增加。

2. 惩罚。当有机体做出某种反应以后，呈现一个厌恶刺激，以消除或抑制此类反应的过程。例如，班级里有个学生在课堂上扰乱课堂秩序，授课教师就对该名学生进行批评，目的就是减少或消除学生扰乱课堂秩序的行为。

3. 负强化。摆脱一个厌恶刺激，从而增强其行为出现的概率。例如，某位学生总是在课堂上调皮捣乱，教师总对该名学生进行批评；当该名学生不调皮捣乱时，教师就不再批评该名学生了。教师不再批评学生就是为了增加其良好行为（认真听课等）出现的概率。

4. 消退。有机体做出以前曾被强化过的反应，如果在这一反应之后不再有强化物相伴，那么，此类反应在将来发生的概率便会降低。例如，家里的小孩儿在同家长无理取闹，家长越注意孩子，孩子哭闹越厉害；如果对小孩儿不予理睬，稍过一段时间，小孩儿无理取闹的行为就停止了。

班杜拉的行为主义心理学

一、人物简介

班杜拉 1925 年出生于加拿大阿尔伯塔省的一个小镇，父母是欧洲移民，在家里的 6 个孩子中排名老末，早期没有接受过良好的教育，曾经的学校一度只有两个高中教师。

1949 年班杜拉于不列颠哥伦比亚大学毕业。在此期间，一个偶然的事件，班杜拉和心理学结缘。根据班杜拉的解释："一天早上，我在图书馆打发时间，有人忘记归还课程目录，我翻了翻，想找一门课来填补早上的空闲时间。我注意到有一门心理学课程的课时刚好合适。之后这门课程点燃了我的热情，而我也找到了自己的使命。"班杜拉选修学习了心理学课程，从此开始主修心理学。

1949 年班杜拉仅学习了三年，就获得了哥伦比亚大学的心理学学士学位。

1951 年他获得美国艾奥瓦大学心理学硕士学位，翌年获得博士学位。

1953 年班杜拉开始在斯坦福大学工作。之后他在研究青少年攻击时，对替代性学习和模仿产生了兴趣，并就此开启了社会学习理论之路。

1964 年他在斯坦福大学升任正教授。在这期间，受赫尔派学习理论家米勒、多拉德和西尔斯的影响，他把学习理论运用于社会行为的研究中。由于他的奠基性研究，导致了社会学习理论的诞生，从而也使他在西方心理学界获得较高的声望。此后，除了 1969 年任行为科学高级研究中心研究员一年外，一直在该校任教。

1972 年获得加州心理学会杰出科学成就奖。

1974 年当选为心理学会主席。

1976–1977 年间出任斯坦福大学心理学系系主任。

1977 年发表《社会学习理论》，标志着班杜拉社会学习理论体系的诞生。

1980 年获得攻击行为国际研究会杰出贡献奖和美国心理学会基础科学贡献奖，并担任美国西部心理学会主席。

1989 年当选美国科学院医学部院士。

2001 年获行为治疗发展学会终身成就奖。

2002 年获得西部心理学会终身成就奖。

2016年荣获美国国家科学奖章。

2021年7月28日去世，享年96岁。

在20世纪影响世界的100位心理学家中班杜拉排名第四。

二、理论基础

（一）社会学习理论

1. 观察学习的概念

社会学习理论的核心概念是观察学习。观察学习又被称为替代学习，班杜拉通过波波玩偶实验让儿童在电视上、电影里和游戏里看到的暴力，会不会导致他们形成攻击性行为，以确定孩子们是如何通过观看暴力影像而学会攻击的，从而验证了学习可以通过观察来习得，进而提出了观察学习的定义。该定义指学习者仅仅通过观察榜样的行为及其强化结果就能学会某种行为。

2. 观察学习的类型

直接的观察学习，也称行为的观察学习，指的是对示范行为的简单模仿。日常生活中大部分观察学习属于这种类型。例如，幼儿模仿老师做手指操。

抽象性观察学习，是指观察者从他人的行为中获得一定的行为规则或原理，以后在一定条件下观察者会表现出这些规则或原理的行为，却不需要模仿所观察到的那些特殊的反应方式。例如，小明看到小刚上课玩手机，被老师批评后，他明白上课时间不能玩手机，于是他再也没在课上玩手机。

创造性观察学习，是指观察者通过观察可将各个不同榜样行为的特点组合成不同于个别榜样特点的新的混合体，即从不同的示范行为中抽取不同的行为特点，从而形成一种新的行为方式。创造性表现，即观察者通过观察，受他人行为的启发，把自己原有的行为成分进行新的排列组合，从而形成一种新的反应方式。例如，酷爱舞蹈的张老师，自幼学舞，通晓各类舞蹈，创建了一种新的舞蹈。

3. 观察学习的过程

（1）注意过程：即观察者注意并知觉榜样情景的过程。

（2）保持过程：即观察者记住从榜样情景了解的行为，以表象和言语形式将他们在记忆中进行表征、编码以及存储。

（3）复制过程：即观察者将头脑中有关榜样情景的表象和符号概念转为外显的行为。

（4）动机过程：即观察者因表现所观察到的行为而受到奖励。

大家可以将这四个过程简单理解为：注意（看到了）、保持（记住了）、复制（做出来了）、动机（给予奖励）。比如：题目描述孩子看到别人扶老奶奶过马路，然后自己也去扶老奶奶过马路，从而得到了老师的表扬（这就是奖励，属于动机过程）。

4. 强化的分类

班杜拉将强化分为了直接强化、替代性强化以及自我强化三种。

直接强化指观察者因表现出观察行为而受到强化。这种强化主要是指观察者通过观察学习，学会某些行为，然后将这种行为做出来，我们就对这种行为进行强化。比如：小明看到同桌举手回答问题后也举手回答问题，老师直接表扬了小明，这就是直接强化。

替代性强化指观察者因看到榜样的行为被强化而受到强化。这种强化主要是指观察者自己没有做什么行为，主要是观察了榜样人物的行为以及这个行为所带来的后果，观察者受到了间接性质的强化，观察者本人并没有受到实质性的奖励或者惩罚。比如：小明看到同桌（榜样）举手回答问题，老师表扬了他同桌，并没有直接表扬小明，但是小明举手回答问题的可能性却增加了。

自我强化指人能观察自己的行为，并根据自己的标准进行判断，由此强化或处罚自己。这种强化主要是指观察者自己作为评判者，用自己制定的标准做出判断，做出符合自己标准的行为就奖励自己，以使这个行为以后更多地发生。没有达到自己标准的，就惩罚自己，以使不良行为减少。简单理解就是自己对自己强化，比如小明没有完成作业，然后自己惩罚自己不能看电视。

5. 观察学习的五种效应

班杜拉观察学习的五种效应包括习得效应、抑制效应与去抑制效应、反应促进效应、刺激指向效应和情绪唤醒效应。

（1）习得效应

习得效应是指通过观察习得新的技能和行为模式。例如，儿童的语言就是一种通过模仿习得的技能。父母使用文明语言，其子女习得文明语言；父母使用不文明语言，其子女经常使用不文明语言。

（2）抑制效应与去抑制效应

抑制效应是指观察者看到他人的行为受到社会谴责，观察者会暂时抑制受到谴责的行为；去抑制效应是指观察者看到他人的不良行为未受到应有的惩处，其原本受到抑制的不良行为重新发作。

例如，一名有不良行为习惯的学生进入一个班风很好、纪律严明的班级集体，在周围同学良好表现的耳濡目染之下，该生的不良行为方式很可能暂时受到抑制。由于他的恶习一时难以完全消除，他一离开班集体，进入他自己原先的小圈子，他的不良习气又会重新发作。这就是不良行为的抑制与去抑制现象。相反，一名表现很好的敢于批评不良习气的学生进入一个班风不好、纪律很差的班级，其原先的良好行为方式也可能暂时被抑制。久而久之，由于受到不良行为的耳濡目染，其好的行为习惯就会消退，继而习得不良行为的方式。

（3）反应促进效应

反应促进效应是指通过观察促进新的学习或加强原先习得的行为。例如，在体育课上有些学生胆小，不敢做一些危险的动作。这时教师让某个胆大的学生先示范。胆小的学生看到该动作他人能做，胆子也大起来，认为自己也能做，从而促进新的行为的学习。反应促进也指原先习得行为的加强。例如，见人打招呼原本是某儿童已习得的行为，但有时却不能表现出来。若看到其他儿童和成人都能表现这样的行为并受到赞扬时，该儿童见人打招呼的礼貌行为方式就会得到加强并重新表现出来。

（4）刺激指向效应

刺激指向效应是指通过观察榜样行为，观察者将自己的注意指向特定的刺激。在班杜拉的实验中，看到榜样用木槌击打布娃娃的儿童与未看到这种行为的儿童相比，不但模仿这种攻击行为，而且更多地将木槌用到其他情境。

（5）情绪唤醒效应

情绪唤醒效应是指看到榜样表达的情感，在观察者身上容易唤起类似的情感。例如，在语文课上教师通过表情朗读表达对英雄人物的崇敬感，在学生身上可以唤起类似的情感。人们在观察电影、电视剧或舞台戏剧时，看到剧情中人物的不同命运，自己常常情不自禁地表现出与剧中人物相同的喜怒哀乐的情感。

（二）三元交互决定论

20世纪60年代以后，班杜拉在勒温模型研究的基础上，提出人的行为是三元（三向）交互作用形成理论。班杜拉的“交互决定论”是建立在吸收了行为主义、人本主义和认知心理学的有关部分的优点并批判地指出它们各自不足的基础上，具有自己鲜明的特色。班杜拉指出：“行为、人的因素、环境因素实际上是作为相互连接、相互作用的决定因素产生作用的。”班杜拉把交互这一概念定义为“事物之间的相互作用”，把决定论定义为“事物影响的产物”。

班杜拉在交互决定论中批驳了行为主义者的环境决定论，他们认为行为（B）是受作用于有机体的环境刺激（E）控制的，因此公式为：B=f（E）；同时他也反对人本主义者的个人决定论，他们认为本能、驱力和特质等内部事件，驱使有机体按照某些固定的方式行事，即环境取决于个体如何对其发生作用，公式为：E=f（B）。他认为这些都是单向决定论。

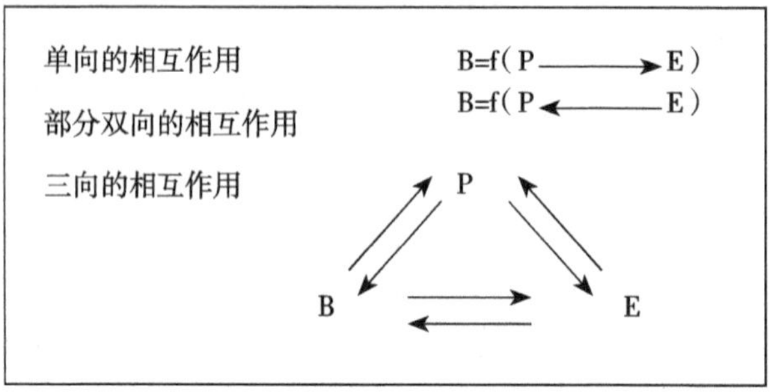

相互作用的三种模式

B 指行为；P 指个体；E 指环境

图 3–1　班杜拉的三元交互作用论

1. 环境是决定行为的潜在因素

一是环境确实对行为有影响，甚至产生决定作用的影响；二是这种作用是潜在的，只有环境和人的因素相结合，并且被适当的行为激活时，环境才能发挥这种作用。这种潜在因素包含在行为发生之前，或行为发生之后，要具体分析。在行为发生之前，是因为发生在个体周围包含在环境中的事物往往有一定的规律。人们可以根据他们和环境交往的经验归纳出这些规律，并预期在什么情况下会产生什么结果，借此来调节人们的行为。由于人类能认识环境中事物的规律，所以不一定要直接和事物接触才可以获得经验，他们可以观察别人的行为结果，来调节自己的行为。

2. 人和环境交互决定行为

班杜拉指出："人既不是完全受环境控制的被动反应者，也不是可以为所欲为的完全自由的实体，人与环境是交互决定的。"环境中各种外部因素是通过三种主要方式影响自我调节过程的。环境有利于建立自我调节功能，从而建立和发展自我反应的能力。

3. 行为是三者交互的相互作用

环境、人和行为的相互关系和作用，是一种交互决定的过程。在行为内部，人的因素和环境影响是以彼此相连的决定因素产生作用的。这个过程是三者交互的相交作用，不是两者的连接或两者之间双向的相互作用。

班杜拉的交互决定论是在众多的行为因果观中独具特色，它的独到之处就在于把人的行为与认知因素区别开来，指出了认知因素在决定行为中的作用，在行为主义的框架内确立了认知的地位。此外，这种观点视环境、行为、人的认知因素为相互决定的因素，注意到了人的行为及其认知因素对环境的影响，避免了行为主义的机械环境论的倾向。

（三）自我效能感理论

班杜拉从社会学习的观点出发，在1982年提出了自我效能理论，用以解释在特殊情景下动机产生的原因。自我效能感是个人对自己完成某方面工作能力的主观评估。评估的结果如何，将直接影响到一个人的行为动机。自我效能感理论一经提出，就引起了动机心理学家们的极大兴趣。

1. 自我效能感概念

班杜拉认为，人类的行为不仅受行为结果的影响，而且受通过人的认知形成的对自我行为能力与行为结果的期望的影响。他发现，即使个体知道某种行为会导致何种结果，但也不一定去从事这种行为或开展某项活动，而是首先要推测一下自己行不行？有没有实施这一行为的能力与信心？这种推测和估计的过程，实际上就是自我效能的表现。所以，人的行为既受结果期望的影响，更受自我效能期望的左右（自我效能是人类行为的决定性因素）。通过区别效能期望和结果期望，班杜拉创造了自我效能概念。结果期望，属于传统期望的概念范畴，是人们对自己的某一行为会导致什么样结果的推测；效能期望是个体对自己实施某一行为的能力的主观判断，即对自身行为能力的推测。

2. 自我效能感的功能

自我效能的功能主要是调节和控制行为，并通过行为调控影响行为结果。

自我效能对行为的调控主要表现在以下几个方面。

（1）影响人们对行为的选择与行为坚持性

自我效能感高的人，常常倾向于选择适合于自己能力水平又富有挑战性的任务，而自我效能感低的人却恰恰相反。一个人在某一方面的自我效能感越强，预测到的成功可能性越大，他就越会努力尝试去从事这些方面的活动，新行为持续的时间也越长；反之，就会逃避那些自己认为不能胜任的活动，行为的坚持性也就越差。

（2）影响人们的努力程度和对困难的态度

态度是人们对事物所持的一种肯定或否定的心理倾向。作为实施行为的心理准备状态，它支配着人们在实施行为过程中的记忆、判断、思考与选择。

具有高度自我效能感的人，多富有自信，勇于面对困难和挑战，相信自己可以通过努力克服困难，因此，会竭力去追寻和实现自己的目标；自我效能感水平低的人，会因为怀疑自己的能力而在困难面前犹豫不决、不知所措，甚至对能够行使的行为和完成的任务也不敢问津。

（3）影响人们的思维方式和行为效率

研究发现，自我效能感水平低的人，总是担心自己会失败，把思想纠缠在个人缺陷和潜在困难上，导致紧张、自卑、注意力涣散、记忆力下降，甚至产生无助和无所适从感，从而影响他们采取行动以及新行为的形成和习得行为的表现，导致行为能力和行为效率低下；有强烈自我效能感的人却把注意力集中在积极分析问题和解决困难上，他们知难而上、执着追求，在困难面前常常使得自己的思维与解决问题的能力得以超常发挥，表现出优质的行为能力和行为效率。

（4）影响人们的归因方式

归因是个体解释和预测他人和自己行为结果的原因。据美国维纳的研究，人们通常把成败结果归因于努力、能力、运气和任务难度等四大因素。自我效能感高的人，常常把失败归因于自己努力不够；自我效能感低的人，却往往将失败归因于自己能力不足、天资不够。

3. 自我效能感的影响因素

班杜拉通过大量研究发现，自我效能感的形成与变化受以下四种信息源的影响，它们分别传递着一定的效能信息，影响人的效能水平。

（1）直接性经验 。如行为成败经验，来自个人的亲身体验，对自我效能影响力度最大。成功的经验可提高个体的自我效能感，失败的经验则会降低个体的自我效能感，而不断地成功与失败会使人建立起或高或低的稳固的自我效能感，使之不会因一时的挫折而降低，也不会因一时的成功而提高，还会泛化到类似的情景中去。

（2）替代性经验 。这是人们通过观察他人的行为而获得的间接经验。人类的许多效能信息都是从替代性经验中获得的。一个学生看到某个和自己水平差不多的学生完成了某项操作，会认为自己也能完成同样的操作，从而增强自我效能感。反之，目睹同伴的失败，又会降低其自我效能感，觉得自己也可能失败。替代性经验对自我效能感影响的关键之一是学习者与被观察者的一致性问题。通常，学习者是通过与被观察者的比较来评价自身效能的。

（3）言语劝说。这是凭借说服性的建议、劝告、解释、引导，通过改变人们的知识与态度来改变人们自我效能的一种方法。言语劝说简便易行，然而由于没有经验基础，形成的自我效能常缺乏牢固性。

（4）其他因素 。班杜拉在其“脱敏”研究中发现，心理状态是影响自我效能的重要因素之一。成功的喜悦、失败的悲伤都会导致个体自我效能感发生变化。平和、中等强度的情绪有助于自我效能的形成，而过度强烈的情绪会削弱自我效能的功效发挥。另外，个人性格、自控能力与类型、拥有的知识和技能、自尊水平、自信心、意志力、环境、他人的期望与支持等也可影响个体的自我效能。一般来说，充满自信与自尊的人以及内控型的人自我效能感水平较高；气氛融洽、环境愉悦可促进个体自我效能的建立与发挥。

4. 自我效能感的作用机制

自我效能感是个体在行动前对自身完成该活动有效性的一种主观评估，这种预先的估计对后续的行为会多方面地发生影响。

（1）影响人对行为的选择

当个体面对一个新的任务时，他首先会对该任务的价值进行估计，确定是有价值的任务才会产生下一步的行为。那么是不是任何有价值的行为个体都会采取行动呢？这还会有另一个选择过程。当个体对自己完成该任务的能力评价很低时，他可能不会采取行动或者选择一个较容易的目标。正如在高考时填报考志愿一样，当一个学生感到报考清华大学成功的可能性很低时，他是不会报考的，他会换一所容易考上的大学。

自我效能感不仅会影响到个体目标的选择，还会影响到个体的行为方式。我们在做事情时都会选择一种最有成功可能性的方式。在生活中，人都有自己做事情的方式，而且很难改变，原因之一可能是由于熟悉的行为方式最具有自我效能感。在行动的过程中，人会根据行为结果的反馈，相应地改变自我效能感，从而不断地调整自己的行为目标与行为方式。

（2）影响面对困难时的坚持性和努力程度

在行动的过程中，总会遇到困难，自我效能感的高低会影响到人克服困难的毅力和决心，影响人行为的坚持性。与此相关的一个很好的例子就是习得性无助。人一旦形成习得性无助，再次遇到相似的情况，便会放弃努力。分析其作用机制可以发现，只有当人把失败归结为不可控制的因素时，才会形成这种无助感。而不可控制的原因意味着自我效能感的低下。一个学生如果认为自己没有数学细胞，数学方面的自我效能感很低时，就很容易向困难屈服；自我效能感高的学生，就会想出各种办法去解决问题，而不会轻易放弃。高自我效能感者所付出的努力与任务难度成正比，低自我效能感者则相反。

（3）影响人的情绪状态

当我们认为做某件事成功的可能性很大时，往往会有一个乐观积极的心态，情绪饱满，主动性也更高。能力与兴趣是可以相互影响的一对概念，在某一方面能力强的人，往往也会表现出更大的兴趣，这在学习方面表现得很突出。学生对某一学科感兴趣，十有八九是因为在这一学科上取得了很好的成绩。而兴趣又可以使人更加投入，获得更好的成绩，从而促进能力的增长。这便形成了一个良性循环。与此相似，自我效能感高的人，会更有兴趣从事某一活动。在行动的过程中他们会更加主动地去寻找解决问题的方式，对外界的信息会更加积极地进行加工，从而更有可能获得好的结果，而好的结果又能起到强化作用，提高个体的自我效能感。高自我效能感的人在解决问题之前，往往会从积极的方面去考虑问题，形成正向预期。而当遇到问题时，也会以一个乐观的心态看待它，较少产生焦虑。

5. 自我效能感的培养

（1）增加个体对成功的体验

自我效能感作为个体对自己与环境发生相互作用的效能的主观判断，不是凭空做出的，而是以个体多次亲身经历某一同类工作而获得的直接经验为依据的。它是获得自我效能感最重要的途径，并且是对个体已形成的自我效能感进行验证的基本途径。多次的失败会降低个体的自我效能感，而多次成功的体验则会提高个体的自我效能感。

（2）增加替代性经验

替代性经验指个体通过观察能力水平相当者的活动，获得的对自己能力的一种间接评估。它是一种间接经验，会使观察者相信，当自己处于类似的活动情境中时，也能获得同样的成就水平。

（3）语言说服

语言说服指通过他人的指导、建议、解释及鼓励等来改变人们的自我效能感。当个体总能获得外界的关心和支持时，他的自我效能感就会增强。人们对自身能力的知觉在很大程度上受周围人评价的影响，尤其当评价来自有威信或对个体来说比较重要的人。班杜拉认为对个体的“无条件的积极关注”会增强个体的自我效能感。但是如果说服者的言语劝导与个体的实际能力不相一致时，一开始可能会增强个体的自我效能感，但经过验证后，反而会加剧降低个体的自我效能感。

（4）培养和调节情绪及生理状态

对生理反应的知觉会影响人的情绪，从而影响人的认知。高度的生理唤起水平比平静的反应使人更不镇定、更不自信，如紧张、焦虑的情绪使人对自己的能力产生怀疑，降低自我效能感。

近期的研究表明，自我效能感不仅仅是由当前的活动结果和他人的评价被动决定的，在很大程度上，它是由人们对先前活动结果的归因决定的。同样是失败的经验，它可能降低一个人的自我效能感，而不一定降低另一个人的自我效能感。只有把失败归因于自己的能力不足这种内部的、稳定的因素时，个体才会产生较低的自我效能感。而当个体把失败归因于运气、机遇之类的外部的、不稳定的因素时，则他的自我效能感不一定会下降。成功的经验能否提高个体的自我效能感，也取决于个体的归因方式。只有当成功被归因于自己的能力出众这种内部的、稳定的因素时，个体才会产生较高的自我效能感；当把它归因于运气、机遇之类的外部原因时并不一定能提高个体的自我效能感。归因对自我效能感的重要影响作用已经得到了广泛的认同，也进行了大量的研究。人的一切行为都是主客观相互作用的产物，外部的经验与主观的认知对自我效能感的形成都有很大的影响作用。

（四）班杜拉的自我调节理论

1. 自我调节理论

20 世纪 80 年代以来，班杜拉对社会学习理论的又一贡献在于他丰富和发展了自我调节概念，并从社会认知的角度，建立了相应的理论。

自我调节有广义和狭义之分。广义的自我调节，指人们给自己制定行为标准，用自己能够控制向奖赏或惩罚来加强、维护或改变自己行为的过程；狭义的自我调节，实际上指自我强化，即当人们达到了自己制定的标准时，用自己能够控制的奖赏来加强和维持自己的行为的过程。

2. 自我调节的相关实验

为了证实自己的理论设想，班杜拉和他的同事做了一系列自我调节的实验。

实验一：班杜拉和克波做了一个“自我奖励标准”的实验。榜样从事某一活动时采用较高或较低的自我奖励标准。采用较高的自我奖励标准者，只有在达到或超过自己满意的成绩时，才大声地称赞自己，给自己物质奖励。而在没有达到自己提出的标准时，他们则不让自己随意拿取奖励，反而进行自我批评。采用较低的自我评价标准者，在没有完全达到自己的标准时，大声地称赞自己，给自己物质奖励。让儿童观察上述两种榜样的行为，并在观察之后单独做其中一种行为，同时记录他们给自己奖赏或惩罚的行为水平。结果发现，儿童倾向于采用被示范了的评价标准，并根据那个标准判断他们自己的行为和给予自己强化。看到榜样采用高标准的儿童，只是在他们取得好成绩时才给自己奖赏；看到榜样采用低标准的儿童，在低水平的时候就给自己强化。这个实验说明，通过榜样的示范，可以建立起儿童相应的行为，同时也说明，儿童的行为是受他们已经形成的自我奖励标准调节的。这种自我调节，决定着他们自我奖赏的水平。

实验二：班杜拉把儿童分为四组。分组之后，他让儿童做手工劳动，做得越多，则得分越多。第一组为自我强化组。这一组儿童自己选择行为的标准，在达到标准时，给自己一种可换来奖品的奖励。第二组为外来强化组。这一组的儿童在其他地方与自我奖赏的儿童是一致的，但他们的标准是由别人设立的。他们达到那一种水平所得的奖赏也是由别人给予的。另外两组儿童也做同一课题，不过，一组得到奖赏但没有标准，另一组则没有奖赏。各组儿童分别进行，直到他们不想继续干为止。实验结果表明，受到自我强化和他人强化的两组儿童所完成的课题量，是无标准奖赏和无奖励两组儿童的两倍。这揭示了社会学习理论的一个原理——强化对人的行为调节有重要影响，但强化不仅仅是外在的，也有内部的。内部强化就是自我强化，即自我调节。人可以通过自我调节来加强、维持或中止自己的行为。

3. 自我调节的过程

班杜拉认为，自我调节包括三个基本过程，即自我观察、自我判断和自我反应。

（1）自我观察。自我观察指人们根据不同的活动中存在的不同衡量标准，对行为表现进行观察的过程。行为可能在广泛的范围内发生变化，例如质量、速度、创造性、重要性、变异性和伦理性等。人们对自己行为的观察也会有不同的侧重点。人们会有选择地注意他们行为的某些方面，而忽视另一些方面。如在田径场上，人们注意的是他们的工作质量、数量或创造性等。

班杜拉认为，自我观察至少有两个重要功能：一是提供必要的信息，以确定符合现实的行为标准和评价正在进行变化的行为；二是通过对一个人的思维模式和行为的加倍注意，促进自我指导的发展。

影响自我观察的因素有以下五种。

第一，时间上的近似性。及时的自我观察可以提供大量的信息。因此，当行为正在进行时，这是通过自我观察，进行自我评价以影响行为的最好机会。周期性的自我观察，因为它提供的只是部分的信息，所以同对一个人的行为进行持续的注意相比，仅能产生微弱效果的自我调节。

第二，反馈信息。如果一个人不清楚他是怎样行动时，评价性的自我反应不能被唤醒。当行为进步的证据明显时，自我观察便可加强行为反应；当行为进步的标志在某种程度上含糊时，自我观察几乎没有效果；当行为进步并不特别显著或行为时常发生变化时，除非得到特别重视，否则对他们的较好注意并不具有较大的益处。

第三，动机水平。那些渴望改变他们正在观察的行为的人，更易于为自己树立目标，将注意力集中于他们取得的进步并进行自我评价，低的动机几乎使人们不能观察。有动机的个体比没有动机的个体更可能提高自我观察的行为。

第四，行为的价值。行为的价值也影响自我观察。一些研究显示，同样的行为若被随意地指定为一个积极的、消极的和中性的价值，然后监控被试者的行为表现，结果是，自我观察产生了有关行为期望的不同的模式：有价值行为增加了，无价值行为减少了，中性价值的行为没有变化。

第五，观察到的成功和失败。行为变化程度部分地依赖于成功和失败能否观察到，观察到的成功，能提高需求的行为；观察到的失败，不能引起行为的任何变化。

自我观察不是简单的机械记录过程，它时常受自我判断和自我反应的影响。自我观察与自我调节的其他过程是不可分离的。

（2）自我判断。自我判断，指人们为自己的行为确立某个目标，以此来判断自己的行为与标准间差距并引起肯定的或否定的自我评价的过程。自我判断的核心是自我标准的建立。对大多数的行为来讲，评价其行为的适应性并没有绝对的标准。跑一公里所需要的时间，做某一课题所得到的分数，这些内容并不能传递有关自我评价的充分信息。当评价行为的适应性相对地受到限制时，评价是通过与他人的比较来进行的，一个想得到较前名次的学生，考试中得到115分，如果他不知道别人的成绩，就不能进行肯定的或否定的自我评价。

班杜拉认为，自己要想评价由社会标准衡量的行为，至少需要相对的比较来自三个方面的信息：绝对的行为操作标准、个人标准和社会参照标准。参考的标准因课题不同会有不同的形式。在某些常规活动中，基于代表集团利益的一般标准被用于决定个人的相对价值，然而，最为常见的则是人们与在同一环境中的特定的同伴的比较。因此，对同伴的判断实质上受制于比较他人的能力水平的影响。与能力较低的人进行比较会提高自我评价，与高能力的人比较则会降低自我评价。社会学习训练不是让人们把自己与他人比较，而是让人们参考自己的能力和标准去判断自己。

但是，在竞争的社会里，某人的成功意味着他人的失败，因此，社会的比较也必然要反映到自我评价中来。在以集团主义的伦理为基础的社会里，自我评价主要在个人为了共同的目标所做出的相对贡献和集团的成绩水平的基础上进行。自己以前的行为一直用作现在行为的参考标准。过去的行为主要通过影响判断标准来决定自我评价。某一行为的标准达到后，它不再具有挑战性，人们将寻找新的自我满足。人们在成功之后倾向于提高行为标准，而在遭到连续失败时则倾向于把行为标准降到更现实的水平。

班杜拉认为活动的价值和人如何归因也是影响自我判断的因素。人们并不关心那些对他们几乎没有意义的活动，而且对没有价值的活动他们从不付出努力。自我评价造成个人结果的只是那些影响个人幸福和自尊的领域。在行为归因过程中，人们在把成功归结为自己的能力和努力时，他们会为成绩而自豪。但当他们把成功归结为外部因素时，就不会为此产生多大的满足。此外，人们对自己负有责任的不适当行为会感到自责。但是，若是由于不可控制的环境，或由于自己不具备那种能力，所造成不适当的行为时，人们不会感烈自卑。

（3）自我反应。自我反应，指个人评价自我行为后产生的自我满足、自豪、自怨和自我批评等内心体验。自我反应是个人满足兴趣和自尊的发展的重要和持久的基础。完全符合行为标准的工作会形成个人有效感，增强对活动的兴趣并引起自我满足。没有活动标准和对活动不进行评价，人们会没有积极性，感到无聊和仅仅满足于一时的外部刺激。过于严格的自我评价也会成为个人不断烦恼的原因，引起一些精神病理症状，造成各种异常行为，甚至导致自残。

班杜拉认为，行为标准的建立既可以通过教诲，也可以通过示范。人们在观察他人如何评价自己行为的基础上，部分地学会了如何评价自己的行为。成人提供了有价值的行为标准。他们在孩子达到和超过标准时总是很高兴，而在孩子的行为达不到标准水平时，则会表现得很失望。其结果是，儿童变得能够以自我认可和自我批判的方式来反映自己的行为。

从大量的示范影响中选择哪种自我评价标准，受一系列因素的影响。榜样与观察者的能力是否一致就是因素之一。一般来讲，人们更喜欢选择与自己能力相仿的榜样作为标准。当自我满足以高成就为条件时，要想达到能给予奖赏的行为水平需要付出大量的时间和努力，因此，人们不愿意设立太高的标准是可以理解的。尽管如此，高标准仍被广泛地采用着，这是因为人们在追求高标准时会受到社会的称赞和夸奖，而自我满足于无足轻重的行为则会受到责备。看到他人因追求高尚的行为受到公众的称赞，这会促使观察者效仿。

社会环境中有很多互不一致或相互矛盾的示范影响。面对这种情况，儿童往往选择同龄伙伴的标准，因为成人的标准相对地高些，选择成人标准的儿童由于看到自己的成绩总是低于标准会感到失望。如果不同的标准或同一榜样在不同的场合所表现的自我标准不一致，那么学习榜样的过程就会发生混乱。因为观察者必须处理矛盾的信息，最终形成一个衡量自己行为的标准。

最容易产生矛盾的是观察者知道自己所期望的榜样与他人坚持的标准不同。班杜拉认为，最严格的行为标准的建立需满足三个条件。第一，要观察到成人榜样由于坚持高标准而受到社会称赞；第二，儿童们没有接受与之相矛盾的同龄榜样的标准；第三，儿童没有受到成人榜样的很不严格的要求。他指出：“由于使用的标准不同，使某一个人满足的成绩会使另外一个人不满足。”评价标准因活动而异，不同领域的行为易于形成不同的自我评价。一个人的自我概念甚至会因同一活动领域的不同侧面而有所不同。因此，某一特殊领域中自有评价的测量比综合的测量更有意义。

班杜拉认为，自我调节系统存在的原因有四点。

第一，社会的影响。人们若不坚持自我的标准并为之努力，可能会受到他人的“负面浸染”。

第二，对现实情景的预测。人们能估计到，如果自己不努力达到目标，会得到什么境遇。

第三，个人的得益。一个人可能从自我对不良行为的改变中得到实际的好处。

第四，示范者的影响。看到他人的成功，会直接影响个人自律的动机和方法。

方法与技术

一、系统脱敏法

系统脱敏法，也叫交互抑制法，是精神病学家沃尔普在 1958 年创立。沃尔普认为恐惧或焦虑不可能与松弛同时并存，它们相互抑制或排斥，而克制焦虑（或恐惧）最有效的方法是肌肉放松，故以逐步肌肉松弛来对抗焦虑（恐惧）情绪，建立系统脱敏技术。该方法主要是诱导来访者缓慢地暴露与导致其神经症焦虑的情境，并通过放松的心理状态来对抗这种焦虑情绪，从而达到消除精神焦虑或恐惧状态习惯的目的。

值得一提的是，系统脱敏有助于治疗学生的考试焦虑和社交恐惧。

（一）系统脱敏法的程序

系统脱敏法包括三个步骤：放松、建立恐怖（焦虑）事件等级、分级脱敏练习。

1. 放松

在放松状态下，大脑皮层的唤醒水平下降，全身肌肉放松，紧张情绪得以缓解。根据症状的不同采用不同的放松训练。一般应用肌肉放松训练的方法来对抗恐惧症中的焦虑情绪。

肌肉放松法：找到一个放松的姿势，使自己处于放松、不紧张的状态。可以靠在沙发上，也可以躺在床上。环境要保持安静，光线不要太亮，尽量减少其他无关的刺激。

放松的顺序：手臂部—头部—躯干部—腿部。

（1）手臂部的放松。伸出右手，握紧拳，紧张右前臂；伸出左手，握紧拳，紧张左前臂；双臂伸直，两手同时紧拳，紧张手和臂部。

（2）头部放松。皱起前额部肌肉，皱起眉头；皱起鼻子和脸颊（可咬紧牙关，使嘴角尽量向两边咧，鼓起两腮，仿佛在极痛苦的状态下使劲一样）。

（3）躯干部位的放松。耸起双肩，紧张肩部肌肉；挺起胸部，紧张胸部肌肉；拱起背部，紧张背部肌肉；屏住呼吸，紧张腹部肌肉。

（4）腿部的放松。伸出右腿，右腿向前用力像在蹬一堵墙，紧张右腿；伸出左腿，左腿向前用力像在蹬一堵墙，紧张左腿。

2. 建立恐怖（焦虑）事件等级

这一环节分为两步：

第一步：找出所有使来访者感到恐怖或焦虑的事件，并报告出对每一事件他感到恐怖或焦虑的主观程度，这种主观程度可用主观感觉尺度来度量。这种尺度为 0–100，一般分为 10 个等级，单位为 Suds。

第二步：将来访者报告出的恐怖或焦虑事件按等级程度由小到大的顺序排列。下表是一位害怕考试的学生的主观等级的最后排列示例。

表 3–1　考试焦虑等级

序列	事件	Suds
1	考前一周想到考试时	20
2	考试前一个晚上想到考试时	25
3	走在去考场的路上时	30
4	在考场外等候时	50
5	进入考场	60
6	第一遍看考试卷子时	70
7	和其他人一起坐在考场中想着不能不进行考试时	80

3. 分级脱敏练习

来访者根据焦虑等级排序的结果，从最小的焦虑情境开始，逐步体验焦虑情境。当来访者完成了等级量表中最后情境的体验时，他对该事物的焦虑感也就消失了，系统脱敏的过程也就结束了。

（二）系统脱敏法的变式

1. 快速脱敏法（或称真实生活脱敏法）

此脱敏法是用造成恐惧反应的实际刺激物代替对它的想象。辅导员陪伴着来访者通过一系列令来访者感到恐惧的情景，直到抵达原先最害怕的情景而不再紧张为止。这种方法比较适用于广场恐怖症和社交恐怖症来访者。

2. 接触脱敏法

这种脱敏方法特别适用于特殊物体恐怖症，例如对蛇和蜘蛛的恐怖。接触脱敏法与其他脱敏方法的不同之处是增加了两项技术：示范和接触。让来访者首先观看辅导员或其他人处理引起来访者恐惧的情境或东西，而后让来访者一步一步地照着做。如果来访者害怕的是一种东西，如蛇，那就让来访者观看辅导员触摸、拿起和放下蛇（模型）的示范后，先从事一些与接近、触摸蛇有关的活动，而后逐渐接近蛇、触摸蛇，直到敢于拿起蛇而无紧张感为止。

3. 自动化脱敏法

根据与来访者的一系列交谈，辅导员将所识别出的来访者的焦虑情境（如喧闹嘈杂的声音、拥挤的人群或爬行中的蛇）录音、录像，而后利用这些制备好了的录音、录像对来访者进行治疗。

这种脱敏方法的突出优点是：来访者可以在家里独立使用，而不必花费辅导员太多的时间；来访者可以依据自己的情况自己决定脱敏的速度和进度，这有助于减少脱敏治疗中的一些不良反应；录言和录像中可加入辅导员的指导和有关的治愈范例，从而起到指导与示范的作用。

二、满灌疗法

满灌疗法，又称“冲击疗法”。它是鼓励来访者直接接触引起恐怖焦虑的情景，坚持到恐怖焦虑感觉消失的一种快速行为治疗法。著名行为治疗专家马克斯在谈到满灌疗法的基本原理时指出：“对来访者冲击越突然，时间持续得越长，来访者的情绪反应越强烈，这样才能称之为满灌。迅速向来访者呈现让他害怕的刺激，并坚持到他对此刺激习以为常为止，是不同形式的满灌技术的共同特征。”

满灌疗法强调快速地、长时间地暴露于来访者感到恐惧的刺激物，此时常伴有强烈的情绪反应。而系统脱敏法则强调依照事先拟定的焦虑层次逐级暴露，与此同时使心身完全放松。当然，两种方法的区分是相对的，它们之间并没有严格的界限。因为满灌疗法也可逐渐暴露，而系统脱敏法的变式中也有事先不进行放松训练的。

（一）满灌疗法的基本程序

以下是满灌疗法的辅导步骤。

1. 确立主要治疗目标。要认真找出引起来访者恐怖焦虑的事物、人物或场景，以便安排系统的主攻方向。

2. 向来访者讲明治疗的意义、目的、方法和注意事项，要求高度配合，树立坚强的信心和决心。尤其要求来访者暴露在恐怖情景中不能有丝毫回避意向和行为，且最好取得家属配合。治疗期间应布置“家庭作业”，不断训练，巩固治疗效果。

3. 辅导员可采用示范法，必要时随来访者共同进行治疗训练，鼓励来访者建立自信，大胆治疗，促进暴露。

4. 学会系统肌肉放松法等训练方法，在做好充分思想准备的情况下进行满灌治疗。

（二）注意事项

在具体运用满灌疗法时，要考虑来访者的文化水平、需要暗示的程度、发病原因和身体状况等因素。对体质虚弱、有心脏病、高血压和承受力低的来访者，不能应用此法，以防发生意外。以下是使用满灌疗法时的注意事项。

1. 要向来访者说明满灌疗法带来的焦虑是无害的。只有让来访者体验到紧张，产生害怕情绪，并且忍耐 1–2 小时以上，其恐惧焦虑情绪才会逐渐消失。经过一系列先易后难的渐进的满灌暴露作业后，就会起到控制病情的作用。

2. 不允许有回避行为，否则会加重恐怖，导致失败。

3. 使用此法，必须对来访者的身心状况有深入的了解。否则，不仅会影响疗效，而且有可能发生意外。

三、厌恶疗法

厌恶疗法又叫“对抗性条件反射疗法”“回避学习法”。

（一）基本原理

利用回避学习的原理，把令人厌恶的刺激，如电击、催吐、语言责备、想象等，与来访者的不良行为相结合，形成一种新的条件反射，以对抗原有的不良行为，进而消除这种不良行为。

（二）厌恶疗法的类型

1. 电击厌恶疗法。电击厌恶疗法，即将来访者习惯性的不良行为反应与电击连在一起，一旦这一行为反应在想象中出现就予以电击。电击一次后休息几分钟，然后进行第二次。每次治疗时间为 20–30 分钟，反复电击多次。治疗次数可从每日 6 次到每两个星期一次。电击强度的选择应征得来访者的同意。

2. 药物厌恶疗法。药物厌恶疗法，即在来访者出现贪恋的刺激时，让其服用呕吐药，产生呕吐反应，从而使该行为反应逐渐消失。药物厌恶疗法多用于矫治与吃有关的行为障碍，如酗酒、饮食过度等，其缺点是耗时太长，且易弄脏环境。

3. 想象厌恶疗法。想象厌恶疗法，即将辅导员口头描述的某些厌恶情境与来访者想象中的刺激联系在一起，从而使其产生厌恶反应，以达到治疗目的。此法操作简便，适应性广，对各种行为障碍治疗疗效较好。

近年来用作厌恶性的刺激一般采用随身携带的袖珍电刺激盒，或套在就诊者手腕上，随时可自弹致痛的橡皮圈。治疗中采用的厌恶刺激还包括巨声、恶臭、烟熏、针刺等。

（三）注意事项

运用厌恶疗法进行治疗时，厌恶性刺激应该达到足够的强度，通过刺激确保能使来访者产生痛苦或厌恶的反应，持续的时间直到不良行为消失为止。

由于此法是给来访者带来不愉快的体验，甚至是痛苦的体验，因而应将此疗法作为其他疗法无效后的选择。应用前务必向来访者解释清楚，要征得来访者的同意及配合。

在使用厌恶疗法的同时，应努力帮助来访者建立辨别性条件反应。例如，对一位同性恋者使用厌恶疗法，辅导员应将呈现厌恶刺激限制在来访者的同性间性行为表现的范围内。同时，让来访者形成对正常的异性间性活动的愉快反应。只有这样才能在消除非适应性行为的同时，建立适应性行为。

四、消退法

消退法，是根据经典条件反射当中如果条件反射不加强，便会自然消退的原理发展出来的一种行为疗法。它是通过削弱或撤除某种不良行为的强化因素来减少该项不良行为的发生率。一般常用漠视、不理睬等方式，达到减少和消除不良行为的目的。辅导前，要找出导致不良行为或情绪问题的强化因素，然后消退这种强化因素。

使用消退法时要注意以下事项。

1. 消退不良行为的同时，如能对良好行为进行强化，可以取得较好的消退效果。

2. 应当严格控制要消退行为的强化物。换言之，在使用消退法时，必须确保在被消退的该项行为之后，不呈现任何正性强化物，否则消退法多数会宣告失败。

3. 执行消退程序时，物质环境、有关人物的角色扮演以及言语等都必须妥善安排，使各种强化物对消退的不良影响降至最低限度，以利于良好行为的形成。

4. 消退需要较长的时间，因此对某一个不良行为需要连续采取消退法，该行为方能消退。

五、代币制

代币制又称标记奖酬法，是在来访者出现目标行为（期望行为）时，立刻给予一种“标记”或代币加以强化，然后再将“标记”或代币换取对来访者有价值或有兴趣事物的一种行为矫正方法。

（一）基本原理

1. 条件反射的形成和建立。这说的是条件刺激取代无条件刺激，形成特定的“刺激—反应”关系的获得过程。

2. 强化。这里主要是指阳性强化，也就是鼓励法。强化是使一个人积极寻求目标行为或活动的原因，每次完成所指定的行为或没有发生规定禁止的行为，就可以得到相应的奖励。

3. 行为自控。人的行为可以自己调控自己，不一定被外界左右。心理学家认为，个体既然可以通过社会学习形成那些不良或不适应行为，也可以通过社会学习获得这些行为。反之亦然。人的主观能动性起了很大的作用。

4. 消退训练。根据条件反射的原理，当某种行为不得到强化或不被引起重视时，行为就会消退。这种强化是指没有过多地受到重视和批评。如小孩子在班级里调皮捣蛋若不受到老师的过多批评和注意，行为可能就会消退。

代币法是结合奖励法、行为塑造法、行为契约法、自我调控于一体的方法。其主要目标是目标行为的出现或某种不良行为的减少或消退，采用循序渐进的方法，对于提高一个人的持之以恒的能力和对某方面的兴趣产生很大的帮助。在共同协商下，制定了行为契约，只有严格按照契约上的规定来执行，在孩子的自我调控下，才能塑造新的行为，从而得到奖励。这种奖励又会对行为的改变以及自身的意志力进行强化，从而最终得到目标行为。

（二）代币制的基本程序

1. 确认目标行为在实际生活中，选择有价值、希望被矫正儿童所要增加的一个或一个以上的良好行为作为目标行为。

2. 建立行为基线。矫治前，取得目标行为出现的基线数据，以便为矫正程序开始后的行为变化提供一个比较的基础。

3. 确认代币或“标记”。如五角星、彩色纸块、小红旗、印花、代价券、金属或塑料筹码等，一些马上可以利用的实物或象征性的东西，可以随时方便地发放且不易被复制，不具有其他实用功能，只能在行为矫正交换系统中使用。

4. 选择支持代币的强化物。所谓代币的强化物就是以代币换取的物品或服务，如食物、娱乐权利等。选择时，既要考虑其强化价值，又要考虑其经济价值。

5. 建立兑换规则。如完成何种动作和目标行为可以得到多少代币，出现某种不良行为罚多少代币，多少代币换取某一种物品或服务等。代币兑换必须订得合理，并指定交换的时间和地点等。

6. 当儿童出现目标行为时，要立即以代币强化，且要适时兑换其需要的奖赏，否则代币奖酬价值将很快失效。

（三）代币制应该遵循的原则

1. 必须有明确的目标行为，使辅导员与来访者都明确在治疗方案内要改进的行为是什么。

2. 必须有一种媒介，媒介只有在来访者达到了期望目的时才能获得（如五角星、小红花等）。

3. 必须有支持代币的强化物，即用代币可换取到货物或服务，如食物、娱乐权利、玩具等。

4. 必须建立兑换的规则，如完成何种和多少目标行为可得多少代币，某种货物或服务需要用多少代币来兑换。

（四）注意事项

1. 可在目标行为出现时立即发放，适当时间兑换，在反应与强化物间建立一个较长时间的延缓桥梁。

2. 在任何场合均可根据行为表现增减代币。

3. 可奖励一连串行为动作，不因给奖励而终止。

4. 可选取最喜欢的增强物，避免对增强物失去兴趣。

5. 对不良行为则扣回其一定数量的代币作为惩罚，此法较体罚或暂时隔离优越。

六、生物反馈法

（一）基本原理

生物反馈法是利用现代生理科学仪器，通过人体内生理或病理信息的自身反馈，使来访者经过特殊训练后，进行有意识的“意念”控制和心理训练，从而消除病理过程、恢复身心健康的新型心理治疗方法。

生物反馈疗法，即将来访者体内的生理机能用现代电子仪器予以描记，并转换为声、光等反馈信号，因而使其根据反馈信号，学习调节自己体内不随意的内脏机能及其他躯体机能，达到防治身心疾病的目的。此疗法训练目的明确，直观有效，指标精确，来访者无任何痛苦和副作用。运用于生物反馈治疗的设备有：肌电反馈仪、皮肤湿度反馈仪、脑电反馈仪、脉搏反馈仪等。仪器的操作者需经过专业训练，以保证结果的可靠性和科学性。

（二）生物反馈法的基本程序

生物反馈法的具体方法是让来访者在安静的诊疗室里，躺在生物反馈仪旁，接上仪器的电极就可以进行治疗。

首先，进行肌感练习，以达到消除紧张的目的。来访者一边注意听仪器发出的声调变化，一边注意训练部位的肌肉系统，逐步让来访者建立起肌感。同时，在进行训练时，要采取被动注意的态度，来访者利用反馈仪会很快掌握这种技巧，迅速打破长期紧张的疾病模式而进入放松状态。

其次，为了逐步扩大放松的成果，将仪器的灵敏度减低，使来访者的适应性提高。这就是所谓的塑造技术，此技术能将放松水平提高到一个新的水平上。

最后，来访者学会在没有反馈仪的帮助下，也能运用放松技术来得心应手地处理所遇到的各种事件。这就是将技能转换成完全适应日常生活的技术，可以使来访者完全自觉地运用放松技术，就达到治疗的目的。

以下是治疗步骤。

1. 让来访者在安静、光线柔和、温度适宜（一般是26℃）的治疗室内坐在一张有扶手的靠椅、沙发或是呈45度角的躺椅上，解松紧束的领扣、腰带，穿换拖鞋或便鞋，坐时双腿不要交叉，以免受压。软垫宽椅使感觉较舒服，头后有依托物更好。

2. 每次治疗前的5分钟记录安装电极所获基线数据或检查来访者上次家庭作业所获成绩。

3. 训练来访者收缩与放松前臂肌肉，训练面部肌肉活动，让来访者抬额、皱眉、咬牙、张嘴，然后一一放松。告诉来访者观察肌表面电位仪器上指针的变化及其转向，与此同时，倾听反馈音调变化并理解其信号的含义。

4. 给来访者增加精神负荷，观察其肌电、皮肤电、指端皮湿、脉搏血压等的变化，找到最敏感的反应指标，作为下一步训练的选择指标。在精神负荷下无显著变化的生物反应指标，以后训练中亦无法判定疗效，故不宜选择。

5. 全身肌肉放松程序。依次为上肢、下肢、躯干（腹部、腰部、肩背部）、颈部、面部肌肉。首先做收缩与放松交替的练习，最后做全身肌肉放松的练习。

6. 保持自然清静。呼吸自然、缓慢、均匀，尽量保持头脑清静，排除杂念，不考虑任何问题。

7. 辅导员注意调节反馈信号，调节阳性强化的阈值，阈值上下的两种信息用红绿灯光或不同频率的音调反馈，务必使阈值调整恰当，使来访者获得自控生物指标的阳性信号占70%，阴性信号占30%左右。当阳性信号达90%以上甚至100%时，即提高阈值的标准要求；当阳性信号只在50%左右时，降低阈值标准的要求，使训练循序渐进。

每次练习完毕，指出所获成绩，布置家庭作业并提出下次实验室的练习任务。每一次练习的20–30分钟内，反馈信息亦可中途关闭，只在开始与结束时检查肌电指标。每次治疗结束后，让来访者做几次肢体屈伸运动，使来访者感到轻松愉快，再离开治疗室。

8. 在没有仪器监测的情况下，要求来访者自己练习，每天选合适的时间（如中午、晚上睡觉前或清晨）做“家庭作业”，每次10–30分钟，每日1–2次，并持之以恒。治疗的一个疗程约十次，可以每周两次，其余5天都在家里练习，亦可在开始治疗时每周四次，以后每周一次，巩固并随访疗效。

9. 多次练习反应指标无变动另择反馈性生物指标。如果通过多次练习每种反馈性生物反应指标，并无明显变动，应该与来访者交谈是否已了解练习的目的与方法，如果不是理解与技术中的问题，应考虑另择反馈性生物指标。还有一种情况是通过治疗，生物反应指标有明显变动，自我调节良好，但临床症状仍无明显进步。例如，肌肉松弛甚好，而焦虑依然如故，亦可另择其他生物性指标进行训练，或改用其他治疗方法。但应注意有求全责备性格的来访者，以及对现实生活有许多不满或歉疚者，他们常常低估了疗效，这并非治疗无效。

10. 治疗前、治疗过程中与治疗结束后，由观察者填写记录单，来访者自己填写症状变化量表，这样可做出对比，确定有无疗效。

（三）生物反馈法

1. 神经系统功能性病变与某些器质性病变所引起的局部肌肉痉挛、抽动、麻痹，如嚼肌痉挛、痉挛性斜颈、磨牙、面肌抽动与瘫痪、口吃、职业性肌痉挛、遗尿症、大便失禁等。

2. 焦虑症、恐怖症及与精神紧张有关的一些身心疾病。

3. 紧张性头痛。

4. 高血压、心律不齐。

5. 偏头痛。

6. 其他，如消化性溃疡、哮喘病、性功能障碍等。

案例分析

学校恐怖症的应对

华某，女，汉族，未婚，16岁，高中，在校学生。

半年前，来访者被班主任当众点名批评后，因害怕见到他，开始不愿意上学。不久，因时常下腹疼痛多次求医未果而休学。休学期间来访者待在家里读读书、看看电视，下腹疼痛不治自愈，一切正常。临近新学期开学，来访者情绪开始低落，希望能继续休学，被家长拒绝。开学后不久，她不仅疼痛症状再次出现，还出现了食欲不佳、失眠等现象，求医问药仍无好转，症状不断加重，影响了正常的学习和生活，家人对其状态很担心，由其父陪同前来咨询。

本案例咨询过程具体分为三个阶段。

1. 第一阶段：诊断阶段（共 2 次）

第一次，与华某建立良好的咨询关系：初次与华某见面，认真倾听她的诉说，收集相关信息，探讨问题的原因并初步进行诊断为学校恐怖症。考虑咨访关系是否匹配，让华某了解自己的现状并决定是否前来咨询。

第二次，一周后华某主动打电话前来咨询，说睡眠情况有了一定的改善，已认识到积极的倾诉能帮助她舒缓情绪。继续澄清其问题及原因，做心理测验，并共同协商确定咨询目标，制订具体咨询方案，反馈心理测验结果。回家作业：主动询问家人对自己的感受。

2. 第二阶段：咨询阶段（共 7 次）

第三次，反馈作业后并予以鼓励，指导华某进行放松训练，制定《学校恐怖等级层次表》，进行想象脱敏，当恐怖再现时使用放松技术进行应对。回家作业：进行想象脱敏，记录自己的心理感受。

表 3–2　学校恐怖等级层次表

事件	等级
1. 在家中做好上学前的准备	10
2. 不上学，到校园走走，不与任何人交流	20
3. 不上学，到校园走走，与熟悉的同学交流	30
4. 不上学，到校园走走，与熟悉的老师交流	40
5. 不上学，到教室坐坐，与熟悉的同学交流	50
6. 不上学，到教室坐坐，与熟悉的老师交流	60
7. 上学，到教室坐坐，与熟悉的同学交流	70
8. 上学，课间与熟悉的老师交流	80
9. 上学，课间与班主任交流	90
10. 上学，认真听课，完成作业，敢于面对老师和同学	100

第四次，反馈作业并予以鼓励后，先进行想象脱敏训练，然后采用合理情绪疗法，帮助华某分析其不合理的信念，然后引导她与自己的不合理信念进行辩论，运用合理情绪想象技术改变其恐惧、焦虑的情绪。回家作业：继续使用

想象脱敏、合理情绪想象技术，记录自己的心理感受。

第五次，华某来咨询时情绪平和，有了笑容，精神面貌有较大改观。反馈作业并予以鼓励，使用想象脱敏、合理情绪想象技术进行训练后，与华某探讨其家庭、学校在其心理发展中所起的作用，调整她对家庭、学校的不合理认知。结束后拜访其家长、老师等，请他们参与咨询活动。回家作业：在现实中使用系统脱敏、合理情绪想象技术，记录自己的心理感受。

第六、第七次，反馈作业并予以鼓励，华某自诉在现实中使用系统脱敏感到紧张、焦虑，但程度有所减低。继续相关训练，帮助华某消除其心理恐惧，改变其不良认知、情绪或行为，用理性的观念替代非理性观念等。回家作业：在现实中使用系统脱敏、合理情绪想象技术，记录自己的心理感受。

第八、第九次，反馈作业并予以鼓励，华某自诉在现实中使用系统脱敏稍感紧张，焦虑程度明显减低。继续相关训练，并告知咨询将要结束。回家作业：在现实中使用系统脱敏、合理情绪想象技术，记录自己的心理感受。

3. 第三阶段：巩固阶段（共 1 次）

第十次，华某反馈作业完成情况良好，自我评定可以去上学，情绪明显改善，心态平和。SCL-90 复测，咨询师对其进行评定并告知结果，咨询效果基本达到预期目标，咨询可以结束，并鼓励她继续训练巩固咨询效果，不断完善自己，提高心理健康水平。

第四章

人本主义取向的理论与方法

马斯洛的人本主义心理学

一、人物简介

亚伯拉罕·哈洛德·马斯洛于1908年4月1日出生于纽约市布鲁克林区一个犹太家庭。美国著名哲学家、社会心理学家、人格理论家和比较心理学家，人本主义心理学的主要发起者和理论家，心理学第三势力的领导人。

1926年马斯洛进入康奈尔大学就读，三年后转至威斯康星大学攻读心理学，在著名心理学家哈洛的指导下，1934年获得博士学位。之后，留校任教。

1935年在哥伦比亚大学任桑代克学习心理研究工作助理。

1937年任纽约布鲁克林学院副教授。

1951年被聘为布兰戴斯大学心理学教授兼系主任。

1967年任美国人格与社会心理学会主席和美国心理学会主席。

1969年离开布兰戴斯大学，成为加利福尼亚劳格林慈善基金会第一任常驻评议员。

1970年6月8日因心力衰竭去世。

1970年8月国际人本主义心理学会成立，并在荷兰首都阿姆斯特丹举行首届国际人本主义心理学会议。

1971年美国心理学会通过设置人本主义心理学专业委员会，这两件事标志了人本主义心理学思想获得美国及国际心理学界的正式承认。

《纽约时报》评论说："马斯洛心理学是人类了解自己过程中的一块里程碑。"还有人这样评价他："正是由于马斯洛的存在，做人才被看成是一件有希望的好事情。在这个纷乱动荡的世界里，他看到了光明与前途，他把这一切与我们一起分享。"的确，弗洛伊德为我们提供了心理学病态的一半，而马斯洛则将健康的那一半补充完整。

二、理论基础

（一）需要层次论的基本假设

马斯洛在 1943 年出版的《人类动机的理论》一书中提出了需要层次论。这种理论是根据 3 个基本假设构成的。

第一，人要生存，他的需要能够影响他的行为。只有未满足的需要能够影响行为，满足了的需要不能充当激励工具。

第二，人的需要按重要性和层次性排成一定的次序，从基本的（如食物和住房）到复杂的（如自我实现）。

第三，当人的某一级的需要得到最低限度的满足后，才会追求高一级的需要，如此逐级上升，成为推动继续努力的内在动力。

在马斯洛看来，人类价值体系存在两类不同的需要，一类是沿生物谱系上升方向逐渐变弱的本能或冲动，称为低级需要和生理需要；一类是随生物进化而逐渐显现的潜能或需要，称为高级需要。

人都潜藏着这五种不同层次的需要，但在不同的时期表现出来的各种需要的迫切程度是不同的。人的最迫切的需要才是激励人行动的主要原因和动力。人的需要是从外部得来的满足逐渐向内在得到的满足转化。低层次的需要基本得到满足以后，它的激励作用就会降低，其优势地位将不再保持下去，高层次的需要会取代它成为推动行为的主要原因。有的需要一经满足，便不能成为激发人们行为的起因，于是被其他需要取而代之。高层次的需要比低层次的需要具有更大的价值。热情是由高层次的需要激发。人的最高需要，即自我实现就是以最有效和最完整的方式表现他自己的潜力，唯此才能使人得到高峰体验。

（二）需要层次论的基本内容

马斯洛理论把需求依次由较低层次到较高层次分成生理需求、安全需求、社会需求、尊重需求和自我实现需求五类。

1. 生理需求。这是人类维持自身生存的最基本要求，包括饥、渴、衣、住、行方面的要求。如果这些需要得不到满足，人类的生存就成了问题。在这个意义上说，生理需要是推动人们行动的最强大的动力。马斯洛认为，只有这些最基本的需要满足到维持生存所必需的程度后，其他的需要才能成为新的激励因素，而到了此时，这些已相对满足的需要也就不再成为激励因素了。

2. 安全需求。这是人类要求保障自身安全、摆脱事业和丧失财产威胁、避免职业病的侵袭、接触严酷的监督等方面的需要。马斯洛认为，整个有机体是一个追求安全的机制，人的感受器官、效应器官、智能和其他能量主要是寻求安全的工具，甚至可以把科学和人生观都看成是满足安全需要的一部分。当然，当这种需要一旦相对满足后，也就不再成为激励因素了。

3. 社会需求。这一层次的需要包括两个方面的内容。一是友爱的需要，即人人都需要伙伴之间、同事之间的关系融洽或保持友谊和忠诚；人人都希望得到爱情，希望爱别人，也渴望接受别人的爱。二是归属的需要，即人都有一种归属于一个群体的感情，希望成为群体中的一员，并相互关心和照顾。感情上的需要比生理上的需要来得细致，它和一个人的生理特性、经历、教育、宗教信仰都有关系。

4. 尊重需求。人人都希望自己有稳定的社会地位，要求个人的能力和成就得到社会的承认。尊重的需要又可分为内部尊重和外部尊重。内部尊重是指一个人希望在各种不同情境中有实力、能胜任、充满信心、能独立自主。总之，内部尊重就是人的自尊。外部尊重是指一个人希望有地位、有威信，受到别人的尊重、信赖和高度评价。马斯洛认为，尊重需要得到满足，能使人对自己充满信心，对社会满腔热情，体验到自己活着的用处和价值。

5. 自我实现需求。这是最高层次的需要，它是指实现个人理想、抱负，发挥个人的能力到最大程度，完成与自己的能力相称的一切事情的需要。也就是说，人必须干称职的工作，这样才会使他们感到最大的快乐。马斯洛提出，为满足自我实现需要所采取的途径是因人而异的。自我实现的需要是在努力实现自己的潜力，使自己越来越成为自己所期望的人物。

人的五种基本需要在一般人身上往往是无意识的。对于个体来说，无意识的动机比有意识的动机更重要。对于有丰富经验的人，通过适当的技巧，可以把无意识的需要转变为有意识的需要。

马斯洛和其他的行为科学家都认为，一个国家多数人的需要层次结构，是同这个国家的经济发展水平、科技发展水平、文化和人民受教育的程度直接相关的。在不发达国家，生理需要和安全需要占主导的人数比例较大，而高级需要占主导的人数比例较小；在发达国家，刚好相反。在同一国家的不同时期，人们的需要层次会随着生产水平的变化而变化。

（三）对需要层次论的评价

1. 马斯洛理论的积极因素

马斯洛提出人的需要有一个从低级向高级发展的过程，这在某种程度上是符合人类需要发展的一般规律的。一个人从出生到成年，其需要的发展过程，基本上是按照马斯洛提出的需要层次进行的。当然，关于自我实现是否能作为每个人的最高需要，目前尚有争议。但他提出的需要是由低级向高级发展的趋势是毋庸置疑的。

马斯洛的需要层次理论指出了人在每一个时期，都有一种需要占主导地位，而其他需要处于从属地位。这一点对于管理工作具有启发意义。

马斯洛需要层次论的基础是他的人本主义心理学。他认为人的内在力量不同于动物的本能，人要求内在价值和内在潜能的实现乃人的本性，人的行为是受意识支配的，人的行为是有目的性和创造性的。

2. 马斯洛理论的消极因素

马斯洛过分地强调了遗传在人的发展中的作用，认为人的价值就是一种先天的潜能，而人的自我实现就是这种先天潜能的自然成熟过程，社会的影响反而束缚了一个人的自我实现。这种观点，过分强调了遗传的影响，忽视了社会生活条件对先天潜能的制约作用。

马斯洛的需要层次理论带有一定的机械主义色彩。一方面，他提出了人类需要发展的一般趋势；另一方面，他又在一定程度上，把这种需要层次看成是固定的程序，看成是一种机械的上升运动，忽视了人的主观能动性，忽视了通过思想教育可以改变需要层次的主次关系。

马斯洛的需要层次理论，只注意了一个人各种需要之间存在的纵向联系，忽视了一个人在同一时间内往往存在多种需要，而这些需要又会互相矛盾，进而导致动机的斗争。

罗杰斯的来访者中心疗法

一、人物简介

卡尔·罗杰斯 1902 年 1 月 8 日生于美国伊利诺斯的奥克派克。他是家中的六个子女中的第四个，父亲是位成功的土木工程师，母亲主持家务，同时也是位虔诚的基督徒。卡尔·罗杰斯 12 岁的时候，全家迁至一个离芝加哥 30 公里的农场，在那里度过了他的青年时期。由于严格的家教和烦琐的家务，罗杰斯变得孤僻、独立和自我约束。

1919 年考入威斯康星大学，选读农业，后转修宗教。

1924 年获威斯康星大学文学学士学位，在此期间，他作为“世界基督教学生同盟”被选派到北京学习六个月。他说，他的新的经历扩展了他的思考，于是他对自己的一些宗教基础观念开始质疑。

1925 年罗杰斯正式进入哥伦比亚大学师范学院选修心理学，自此罗杰斯开始了临床治疗和儿童问题的研究。二十年后，罗杰斯成为芝加哥大学心理学教授并开创建立了自己的心理咨询中心。

1928 年获文科硕士学位。

1931 年获哲学博士学位，他曾出任纽约罗切斯特“禁止虐待儿童协会”儿童社会问题研究室主任，罗切斯特儿童指导中心主任。

1940 年罗杰斯成为俄亥俄州立大学心理学教授。

1942 年罗杰斯的《咨询与心理治疗：实践中的新概念》一书问世。

1945 年罗杰斯供职于芝加哥大学，出任咨询中心执行秘书。离开芝加哥后，他回到母校威斯康星大学，任心理学教授。

1946–1947 年担任美国心理学会主席。

1951 年罗杰斯出版了《患者中心治疗：它目前的实施、含义和理论》一书。

1956 年获美国心理学会颁发的杰出科学贡献奖。

二、理论基础

罗杰斯是精通心理治疗的医生，他以创建了患者中心疗法而著名。他的观点是：治疗是一种促使情感发展的人际关系，这种治疗关系的培养需要治疗者对患者设身处地地聆听和无条件地接受。他不分析心理障碍的种种原因，而是强调“当事人”内心成长的重要性。其理论是以人为中心的理论。

（一）基本假定

1. 形成倾向。 所有物质演化的倾向都是从较简单的形式向较复杂的形式发展的。对整个宇宙来说，是一种创造过程的运转，而不是崩溃过程的运行。

2. 实现倾向。这种倾向是存在于所有人类身上趋向完善或完美的潜能。每个人身上都有解决问题，改变他们的自我概念和日益提高自我指导的创造力。心理成长和心理成熟的根源来自个体内部而不是外部力量。每个人都视他们的经验为事实，而且他们比任何人了解这种事实。他们不需要别人为了鞭策他们趋向实现而提供的指导、控制、劝诫或操纵。尽管每个人都有不同的需要，而且会表现出不同的行为方式，但是所有的行为都与这种单一的实现倾向有关。罗杰斯认为，真诚一致、无条件积极关注和设身处地乃成为全面发展或自我实现的人的充分和必要条件。

（二）自我与自我实现

自我实现是实现倾向的子系统。实现倾向指的是个体的有机体经验，即指整体的人，包括意识与无意识、生理与认知。而自我实现则是指实现意识知觉到的自我倾向。当人们的机体经验和知觉的自我概念不一致时，他们的实现倾向和自我实现就不协调了，他便会感到冲突和内心的紧张。

罗杰斯假定自我有两个子系统：自我概念和理想自我。

1. 自我概念。自我概念，包括个体意识中知觉到的所有关于他存在和他的经验方面的东西（尽管这种知觉并不总是正确的）。自我概念与机体自我不同，机体自我的某些部分是个体意识之外的东西，甚至不为个体所有。同样，人们可能否认拥有自我的某些方面。因此，人们一旦形成自我概念就难以改变和有意地学习。那些与自我概念不一致的经验通常被否认或被歪曲接受。当在一种别人认可的气氛下，自我概念的改变最容易发生，因为这种气氛减轻了一个人的焦虑和威胁，使他重新获得原先被排斥的经验。

2. 理想自我。理想自我是个体对希望自己是一个什么样的人的自我看法，它包括人们渴望拥有的那些品质，他们通常是积极的。理想自我与自我概念之间悬殊的差距表明人格的不协调和不健康。心理健康的人知觉他们的自我概念与他们的理想自我之间没有什么差异。

（三）觉知（意识或符号化）

1. 觉知水平。罗杰斯主张意识有三个水平。

第一，某些事情是在觉知阈限下被经验到的，它们或是被忽略或是被否认（走在街上的人很容易忽视许多刺激；一个不想要孩子的妇女可以将对孩子的愤怒和憎恨隐藏多年而不进入意识中去）。罗杰斯用阈下知觉来指与知觉的自我概念不一致，但又没有被意识接纳的经验。

第二，有些经验被正确地符号化并被自我结构欣然接纳。这些经验没有威胁性且与自我概念一致。

第三，一种歪曲的形式知觉到的经验。当人们的经验与他们对自我的看法不一致时，他们便改组或歪曲这种经验，以便能将它吸收到他们现有的自我概念中。

2. 积极经验的否定。不仅消极的或贬抑的经验在意识中被歪曲和否认，许多人也很难接受真诚的称赞和积极的反馈，甚至他们在值得称赞时也不例外。赞美的话即使发自肺腑也很少能对听话的人的自我概念产生什么积极影响。当受到称赞的人不信任给予称赞的人或者他觉得自己不配受到这样的称赞时，这些称赞可能被歪曲或者被否认。因为在这种情况下，来自别人的赞誉也意味着赞誉者有权对他进行批评或谴责，因此赞誉本身也携带着一种威胁。

（四）需要

罗杰斯认为所有人的基本需要是维持、增强、积极关注和积极自我关注。

1. 维持。机体自我的维持需要涉及诸如食物、空气和安全此类的基本需要的满足，还包括抵制改变和寻求保持现状的倾向。维持需要是从人们渴望保护他们已经适应的自我概念上体现出来。人们反抗新的思想，歪曲不符合自我概念的经验。他们发现改变是痛苦的，成长是可怕的。

2. 增强。尽管人们有维持现状的强烈愿望，但还是愿意学习和改变的。这种增进、发展和得到成长的需要叫增强。增强自我的需要表现在人们愿意学习那些不能立即得到奖赏的东西。增强需要有各种各样的表现形式，包括好奇、游戏、自我探索、成熟和友谊。饮食和性得不到基本满足时是维持需要，但它们往往也是机体增强自身需要的表现。

3. 积极关注。当自我觉知出现后，人们就会产生被人爱、被人喜欢和被人认可的需要，这种需要为积极关注。它存在于所有人身上，且在人的一生中都是强烈而持久的动力源。人们重视那些能够满足他们的积极关注需要的经验。

4. 积极自我关注。自我关注是人们积极关注的需要得到满足或受到挫折的经验结果。积极自我关注包括自信心和自重感。积极自我关注来自他人的积极关注，它取决于对你最重要的人给予你的关怀、奖励和评价的知觉。如果人们意识到别人喜欢他们或爱他们，他们积极关注的需要就得到了一定程度的满足。积极关注是自我关注的先决条件，但是一旦建立了积极自我关注，那么就不再依赖被爱的需要，即它能自动且自我延续下来。

（五）价值条件

绝大多数的人接受的不是无条件的积极关注，而是有价值条件的。也就是说，只有当我们满足了父母、同伴或配偶的期望和赞赏时，才会得到他们的爱的认可。价值条件成为人们接受或拒绝他们经验的标准。人们逐渐将他们所知觉到别人对自己的态度同化于他们的自我结构中去，于是他们开始以此为依据评价他们的经验。最终，人们开始相信别人那些同他们消极的自我概念一致的评价，忽视了他们自己的感觉和内心知觉，从而逐渐地疏离了他们真正的自我或机体自我。他人的认可如此重要，以至得不到认可时，人们会拼命地去追求它，甚至不惜舍弃自我增强的需要。

（六）来访者中心疗法的治疗目标

1. 来访者的自我变得较为开放。
2. 来访者的自我变得较为协调。
3. 来访者更加信任自己。
4. 来访者变得更适应了。
5. 来访者愿意使其生命过程成为一个变化的过程。

皮尔斯的格式塔疗法

一、人物简介

皮尔斯 1893 年出生于柏林一个中低阶层犹太大家庭中。在求学过程中，曾留级，后因不服管教而被学校开除，但他仍辗转完成了学校教育，终于得到精神病学的医学学位。

1916 年皮尔斯加入德军，并于第一次世界大战时担任军医工作。战后，他与古德斯坦共同任职于克福的“古德斯坦军人脑伤医疗机构”。在这里他开始认识到把人视为整体的重要性，而非以往的将之视为各部分各自发挥功能的总合。而后他前往维也纳接受精神分析大师莱何的精神分析训练。莱何以身体作为改变人格方法的先驱者，并首创自我了解方法。与此同时，皮尔斯也接受了其他几位提供精神分析运动者如霍妮等的教导。

1946 年皮尔斯移民美国，从此，其分析方式逐渐与传统的精神分析法分道扬镳。

1952年皮尔斯在纽约成立一所完形治疗机构，最后定居于加州大苏尔，同时在伊斯兰机构举办多场研讨会，并以心理治疗方法改革者而闻名。皮尔斯一方面通过在研讨会中的传导，另一方面借由著述的广为发行，对当地人士发挥了极大的影响力。

二、理论基础

（一）基本假设

格式塔治疗法的基本假设是：个体和他的行为只有在他所处的环境中才能被理解。心理教师的任务是提供一种环境，使来访者充分认识到真实的自我，并认识到自己是如何妨碍了自己的生活的。来访者通过参与旨在改变和发现生活意义的实验，尽可能多地进行自我治疗。他们被鼓励直接体验冲突，而不是仅仅谈论它们。通过这种方式，他们逐渐提高自己的认识水平，并将自己被分离的、未知的部分结合起来。

皮尔斯认为，如果人要达到成熟，就必须寻找在本身的生活方式中自己所应负起的责任。来访者的基本目标是察觉他们正体验到什么及自己做些什么。通过这种察觉达成自我了解，并得到足以修正自我的知识，从而学习到如何对自己的情感、思维和行为负责。该疗法是体验性的，来访者必须去摄取与心理教师交互作用时的情感、思维与行为。格式塔疗法的功效取决于来访者在治疗过程中愿意袒露自己的意愿有多少。若有疗效，即源自两人愿意坦诚接触，而非由于心理教师所使用的技术或所做的一些合理解释。

心理教师的角色之一便是设计一个实验，以增进来访者对自己在做什么及如何做的觉察，通过这种觉察使来访者能够看到可以改变他们自己的其他的可能性的选择。来访者要自己主动去看、去感觉、去感应和去解释，而不是被动地等待心理教师给他们洞察和答案。

（二）格式塔疗法的主要概念

1. 人性观。格式塔疗法的人性观认为真正的知识是由知觉者的立即体验而产生，治疗的目的并不在于分析，而是在于整合一个人不时存在的内在冲突，重新拥有个人曾经否定的部分。整合的过程需要逐步渐进，直到来访者坚强到足以继续自己的成长为止。通过察觉，一个人可以做决断，并且因而生活得更有意义。

2. 此时此刻。依皮尔斯之见，除了“此时此刻”，没有东西是存在的，即现在才是最重要的。完形治疗法的主要理念之一就是：强调此时此刻，强调充分学习、认识、感受现在这一刻，留恋过去就是在逃避体验现在。

为了有效帮助来访者接触现在，完形辅导员常会问“是什么”和“如何”的问题，而很少问“为什么”的问题。为了增进来访者对现时的察觉，辅导员鼓励以现在式对谈。

3. 未完成情结。格式塔疗法的另一个重要焦点是未完成情结，它指未表达出来的情感，包括悔恨、愤怒、怨恨等。虽然这些情感并未表达出来，但却与鲜明的记忆及想象联结在一起。由于这些情感在意识领域里没有被充分体验，因此就在潜意识中徘徊，并在不知不觉中被带入现实生活里，从而妨碍了自己与他人间的有效接触。未完成情结会持续存在着，直至个人勇于面对并处理这些未表达的情感为止。

4. 逃避。逃避，指人们用来避免面对未完成情结、避免去体验未竟情境所引发的不愉快情绪所使用的工具。皮尔斯认为，大多数人都宁可逃避体验痛苦的情绪，而不愿去做必要的改变，这会使他们变得迟钝、无法突破僵局，从而阻碍了成长的可能性。因此，完形辅导员鼓励来访者在治疗阶段，充分表达以前从未直接表达的紧张情绪。

5. 接触。接触在格式塔疗法的领域里，可以说是促进成长与发生改变的必要条件。当我们与环境接触时，改变就无可避免地发生了。接触是通过看、听、嗅、触摸和移动等方式来达成的，良好的接触指的是与他人自然地进行交互作用，但仍不失其个人的个体感。

6. 能量。在格式塔疗法的理念当中，特别注意能量的问题，包括它在何处，如何使用，以及如何被阻碍等。能量受到阻碍亦是抗拒接触的另一种形式，它可能表现在身体某些部位的紧张，例如姿势变换、身体紧缩、颤抖、与别人说话时看别处、音调异常等。

（三）辅导目标

格式塔疗法的基本目标在于达到察觉的状态，以及经由察觉而获得更多的选择及肩负更多的责任。觉察包括：了解环境、了解自己、接纳自己，以及能与别人会心接触。来访者有了察觉之后，就可以面对与接纳自己原先拒绝接受的部分，并能充分地去体会这一部分。在来访者停留在察觉状态时，重要的未完成事件总是会浮现出来，此时就可以在治疗中加以处理。

（四）辅导员的功能与角色

辅导员的作用在于，通过与来访者的接触，去帮助他们发展自己的察觉能力、体验当时他们是怎样的人。辅导员邀请来访者积极投入，借着对人生抱着实验的态度去学习认识自己，并在治疗历程中尝试新的行为，以及注意自己发生了哪些改变。

格式塔辅导员的重要职能之一，是留意来访者的肢体动作，它可以提供给辅导员非常丰富的资讯。此外，完形辅导员也必须注重语言形式与人格之间的关系，因来访者的语言形式常流露出情感、思想和态度。

格式塔疗法强调注意来访者的说话习惯，用以增进其自我了解，特别是要借助来访者注意他们的语言是否与其经验一致，是否与其情绪背离，依此提升来访者的自我了解程度。此外，辅导员必须温和地面对来访者，帮助他们去察觉语言形式对他们的影响。由于对语言形式的关注，来访者便能增加此刻的察觉。

（五）来访者在治疗中的经验

格式塔疗法的基本方向就是要使来访者学习为自己的想法、感觉和行为担负起更大的责任。因此，来访者在治疗过程中扮演的是一个积极参与者的角色，他们将要为自己的言行做合理的解释并赋予意义，同时以主动积极的态度来增进自己的察觉能力，并澄清各种关系对自己的意义性。

（六）辅导关系

格式塔疗法的基本焦点在于辅导员与来访者之间一对一的关系。辅导员应对自己及对来访者的了解程度和来访者能否保持开放的态度负起责任。同时，应建立和维持一个良好的治疗环境，以促进来访者进行改变。辅导员的经验、洞察力和察觉是达成疗效的基础，而来访者的察觉和反应能力更是治疗成功的关键。重要的是，当辅导员与来访者会心接触时，辅导员应允许自己受到来访者的影响，并能与对方分享自己的知觉经验。

吉本伊信的内观疗法

一、人物简介

1916年吉本伊信生于日本奈良县大和郡山市，他在兄妹五人中排行第三。在童年时代，他的家庭生活比较艰苦。

1924年吉本伊信读小学，表演才能极佳，能当众独唱。

1925年吉本伊信4岁的妹妹患病去世，对他影响很大。

1927年吉本伊信听英语教师演讲，深受感动，也立志要做一名演说家。进入中学以后，他又爱好养狗，以至和狗一起睡觉。

1933年吉本伊信热衷于小提琴演奏。以后，其母将他寄养在净光寺，和其他僧侣一样学习经书。20岁时他决定自己开设书道教书。

1937年吉本伊信师从驹谷谛信，接受“入信体验谈话”的演讲，开始认真钻研“人为何要活在这个世上”等一系列问题，并进行探索，开展对自身的内观和反省。他第一次内观体验共进行3天，未取得成功，以后，又分别进行二次内观体验，也未成功。他第四次进行自身的内观体验，达到领悟的境界，取得了成功。为了增补生活来源，他开始从商。

1940年吉本伊信动员母亲、嫂嫂、弟弟开展内观体验，继之又动员自己所属公司的员工开展内观体验，以集中内观为主。

1945年吉本伊信的公司遭受美军空袭，致大火而全部被毁，而且他的老师驹谷谛信也在空袭中被炸死。

1949年吉本伊信患肺结核，前后共咯血30次，但依然努力工作，相继开张12所分店，并在各个分店中开展内观法。

1953年他为了与疾病做斗争，专心开展内观法的研究，就退出实业界而转让公司，在奈良的大和郡山市开设“内观道场”。继之到日本各地的国立结核病疗养所去普及“内观法”，还到奈良的少年教养所去进行内观法介绍，均取得非常好的效果。

由于吉本伊信不断摸索经验，1964年时在若干学校里也开展起内观法，并进行有关内观的心理学研究。

开展内观疗法的原理，主要是回顾和检讨自己历来在人际关系上所作所为中存在的问题而予以彻底反省，以比较自身对他人的冲撞和他人对自己的慈爱这二者之间的差异和原因，并进行自我洞察、自我分析，以纠正自己在人际交往中的不良态度，改善自己的人格特征。开展内观治疗的内容，应对自己有密切关系的人和事做三方面的情况回顾：人家为我做的；我为人家做的；给他人增加烦恼的。然后按年代顺序进行回忆，通过深刻的情绪体验，可使自己产生后悔感、内疚感、内心感谢体验和报答心理等，从而产生与他人的共鸣，增强自己的责任感，消除不良的心理状态和调整人格偏离。

二、理论基础

（一）基本假设

内观疗法认为精神官能症的根源是欲望，而欲望的根源是“无明”。内观疗法认为只要通过内省使无明消失，欲望将转为欲生，精神官能症就可以治愈。

（二）理论核心

内观疗法认为不光明的人都是来访者，亦即在健康者与精神官能症来访者之间未有明确的界限。内观疗法强调人性暗淡的一面，要求来访者学习正确的反省方法。

1. 罪恶的意识与接纳

内观疗法的罪恶感和一般所定义的罪恶感并不相同，一般认为罪恶感是来自防卫的罪恶感或者是对于他人对自己的束缚表示不满，而内观疗法则认为罪恶感是来自“自私”，也就是所谓的“我执”。

吉本伊信说：“内观的目的在于祛除‘我执’。要祛除‘我执’，在内观上需要先察觉自己的‘我执’。如果以内观自我省察的三个观点来说，就是要察觉到自己得到别人的恩惠太多，却一直未注意到这一点，不但未感恩图报，反而带给别人太多的麻烦，自己的自我本位、放任、傲慢、匮乏体贴心是这些罪恶的根源。”

罪恶感的察觉对于治疗有重要作用：可以祛除拒绝改变的心态，可以祛除对别人的恨意与不满，可以放弃虚伪的面具，寻回真正的自我。

2. 爱的重新体认和同理心与共同意识的建立

（1）爱的重新体认。内观疗法的基本课题是“了解他人对自己照顾多少，自己又对这些人回报了多少”，即检讨过去到现在的具体事实，看是“施”多还是“受”多。过去认为自己未被爱而有被害意识者，一旦想起自己被爱的事实，心理会有很大的冲击，内观加深。一个人到了这个境界，就会放弃对于周遭人的偏见，熔为一炉，称为“人我一体感”。

（2）同理心与共同意识的建立。国人把人我观分为“自己—亲人（包括‘亲近的人’）—陌生人”，越亲近，就越像自己的亲戚那样来看待。“亲人”意识并非固定的，而是流动的。发现过去自己认为“亲人”与“自己”是一体的感觉原来是单向的、不切实际的想法。于是把“亲人”和自己分开来，当作一个陌生人去观察。把别人当作一个独立的人格去看、去回想他们所施予的爱情与关怀，换言之，内观法是要打破过去模糊不清、未分化的人我一体的感觉。内观越深，人际关系也就越明确且有分寸。

“同理心”是“共同意识”的基础，共同意识即自己和别人的连带感。人的存在是透过共鸣的过去产生连带感，一旦失去连带感就会产生空虚与孤独的疏离感。总之，从内观疗法的观点去看，内观带动以爱为基础的同理心，使来访者与他人产生连带意识，最后克服存在的空虚与孤独。

三、内观疗法在中国的发展

自 1984 年开始，中国每年派 2–4 名精神科医师或护士去日本浅井病院进修学习内观疗法，为期 3 个月、6 个月或 1 年不等。至 1996 年前后，中国曾有 35 名左右的精神科专业人员去进修、学习过。此外，还有近 100 名左右的卫生专业领导（官员）或精神科专家访问过浅井病院，并提供了很完善的生活条件和学习条件（在参观、学习过程中产生的费用，全部由日本浅井病院负担），使我们中国派出进修的医师、护士都有很大收获。他们回国后，都能在自己的工作岗位上发挥作用。

1992 年，日本专家真荣城辉明、巽信夫两位到上海来做大会介绍。之后，日本专家真荣城辉明和榛木美惠子先生几乎每年都到上海来参加交流等活动。

1993 年，经上海市卫生局审核批准，成立“上海市中日医药护理友好交流协会”，下设“中日联合内观疗法研究会”。

自 1994 年开始，上海交通大学王祖承教授曾写过三篇文章，每篇 1000 字 介绍内观疗法，题目分别为“学习内观疗法”“理解内观疗法”“实践内观疗法”。这些文章连载在浙江省《精神卫生通讯》上。然后传给浙江省湖州市精神病院，请该院组织人员围绕“内观疗法能否在中国开展”做专题讨论。

1995 年内观疗法获得中国心理卫生协会的认可。

1995 年以后，天津医科大学精神医学研究室李振涛教授及毛富强教授开展内观疗法，先在未成年管治所内开展，继之用于临床医学方面，并在《行为医学科学》等杂志上发表许多研究论文，他们将内观疗法和认知疗法结合，称为内观认知。

在 1998–2005 年间，日本专家真荣城辉明、榛木美惠子又到杭州、无锡介绍内观疗法。

2000 年，上海市心理卫生学会、上海市医学会精神医学分会及行为医学分会联合举办大会，专门介绍内观疗法。

自 2000 年以后，王祖承教授在苏州广济医院、山东潍坊精神卫生中心、湖北省鄂州市第二人民医院等单位做过介绍。山东淄博精神卫生中心全面开展内观疗法和森田疗法。他们在新建造的病房大楼中有两层专门分别做内观疗法和森田疗法。每个病房有 30 张病床，并规范地开展上述两种疗法，发表研究论文。

2008 年榛大久实特地在上海市精神卫生中心进修、交流三个月。

2008 年，真荣城辉明到北京医科大学介绍内观疗法。

2009 年，榛木美惠子、王祖承等一行去哈尔滨心理咨询处介绍内观疗法。

2010 年，榛木美惠子、王祖承等一行又去广州脑科医院介绍内观疗法。

2010 年，内观疗法列入正式医疗收费项目。国家的收费标准是每次 45 分钟，收费 60 元。每天共 2 次，总收费 120 元。

2014 年 4 月，国家卫生计生委再次颁布有关心理治疗的医疗收费项目。规定森田疗法、内观疗法等的心理治疗为每 45 分钟收费 72 元，每天仍以两个 45 分钟计，未改变每天治疗的时间。

至今，中国有 7 个专门开展内观疗法并可以作为培训基地的机构：①上海市精神卫生中心；②山东省淄博市精神卫生中心；③天津医科大学精神医学教研室；④黑龙江省曲伟杰心理学校；⑤甘肃省精神卫生中心；⑥北京丰台中康中西医结合医院；⑦天津“爱心之家”。

2019 年至今甘肃省二院精神卫生中心进行内观治疗 2164 人，其中青少年治疗者 1493 人，占内观总人数的 69%。青少年进行内观治疗的过程中，有效缓解了情绪、行为、学习方面的问题，改善了校园人际关系、家庭亲子关系。在 2020 年新冠疫情期间，甘肃省二院心理治疗与干预团队在线上、线下进行了大量内观疗法的普及，让内观治疗的益处惠及更多的人。

箱庭疗法

箱庭疗法又称沙盘疗法或沙箱疗法。

1939年，受威尔斯“地板游戏”的启示，英国伦敦的小儿科医生劳恩菲尔德将收集的各式玩具模型放在箱子之中，让孩子们在箱子中游玩。孩子们将这个箱子称为“神奇的箱子”，并将这一儿童心理治疗方法命名为“世界技法”。

瑞士的精神分析学家卡尔夫接受了劳恩菲尔德的指导，并和荣格的分析心理学相结合，注重辅导员与来访者的信赖关系的确立，使用荣格的心像、象征理论的观点去分析来访者的作品，发展了这一技法。

一、基本假设

基本假设（由荣格提出），即在人类的心理中存在着朝向整合和治愈的基本内驱力。

（一）重视来访者和辅导员的关系，称之为母子一体性。

（二）以沙箱为中心，创造一个自由与受保护的空间。

（三）这一自由与受保护的空间可以使来访者的自我治愈力得以发挥。

（四）普遍无意识的心像。

（五）玩具的象征意义。

二、理论基础

（一）客体关系理论

客体关系，即人际关系。“客体”这个词，最初是由弗洛伊德所引用的一个技术性字眼，单纯指的是可以去满足某种需求。在和“关系”连在一起使用时，客体指的是人际关系，并且认为过去关系（所留下）的内在残余会塑造个人在目前和其他人们之间的互动情形。

客体关系理论探究的是心理结构（指的是自体与他者或客体之内在影像）的早期形成与分化，以及这些内在结构是如何在人际情境中呈现的。这些理论家所着重的焦点是早期生命的种种会带来持续影响力量的关系。也就是说，在个人心灵里面的一个残余物或痕迹。这些过去关系的残余物形成了个人的知觉感受（方式）以及和其他人的关系。

（二）荣格的分析心理学

荣格的心理分析目的是整合来访者的心理发展，这种发展转化需要潜意识的配合。在心理分析过程中，潜意识的特殊结构及其与意识的动力关系，都会发挥积极作用。为了促进这种转化，并且使其成为一种意识过程，心理辅导员试图在意识自我和潜意识之间建立一座坚实的桥梁。

为了更好地探索个体的无意识材料，同时与这些无意识材料交锋，从而实现促进个体自性发展的目的，荣格发明了一种积极想象技术。积极想象技术是一种通过一定的自我表达形式吸收来自梦境、幻想等无意识内容的方法。它致力于唤醒人格的不同方面（特别是阿妮玛/阿妮姆斯和阴影），然后在无意识与意识之间建立起一种交流。在积极想象的过程中，自性的各个方面逐渐整合，成为一体，对立双方的统一和融合作用最终导致心理转化。

沙盘游戏疗法在某种意义上就是一种积极想象技术的应用。在一个安全、安静的环境中，通过塑造和布置沙盘边框内的沙子，来访者就可以建立一个与自己内在状态相对应的世界。通过自由、创造性的游戏，无意识过程就以三维的形式在一个图示的世界里显现出来。这样，在来访者的第一个沙盘布景中，意识与无意识的对峙、交流就开始了，之后通过一系列的游戏过程，无意识的能量逐渐释放，意识与无意识的对立逐渐转化，最终达到和谐一致、人格整合（也就是荣格所说的治疗的最终目标——达到自性化阶段）。

（三）个人中心疗法

个人中心疗法是心理辅导员“以平等伙伴的身份去理解来访者的问题与情绪，为来访者提供一种无所顾忌地自由表达和宣泄的机会，并帮助来访者体验其自我价值，实现其人格成长”的心理治疗方法。该方法强调：鼓励来访者以辅导员在治疗关系中所表现出来的真诚为榜样，首先要除去自己在社会化过程中所形成的各种面具，从虚伪的面具下解放出来，真诚面对自己，减少曾被限制和扭曲的感知觉和表达方式；鼓励来访者放弃排斥别人或固执己见的想法，对经验和外在的世界的可能性采取更加开放的态度；鼓励来访者自我信任，接纳自己，学会为自己的选择负责，学会更多地了解自己；鼓励来访者乐于继续成长，愿意成为一个不断实现自我的人，以自己内心的评估标准和工具评价自己的行为表现，而不是受制于别人。

（四）东方文化

卡尔夫在其代表著作《沙盘游戏治疗：心灵的治疗途径》一书中，把中国宋代新儒学的奠基者周敦颐的太极图作为理解沙盘游戏治疗运作的重要理论基础，并且发挥与阐述了其中新儒学的综合性哲学思想。卡尔夫说："在我研究中国思想的时候，遇到了（周敦颐的）太极图。在我看来，这与我关于沙盘游戏治疗的思想是相互应和的第一个象征无极的圆圈，好比出生时的自我；其次是阴阳运作而产生五行的圆圈，这正蕴含了自我的表现过程，包含了形成意识自我与人格发展的心理能量；太极图的第三个圆圈，可以比作自性化过程的开始；太极图的第四个圆圈，反映了心理分析中的转化。一种生命的周而复始的象征。"

太极八卦和阴阳五行，一直是卡尔夫所追求的沙盘游戏治疗的本质性内涵，以及其作为方法技术的内在核心结构。自我的产生、意识自我与人格的发展、自性化的出现与进程以及转化和自性化的实现，正是荣格分析心理学以及沙盘游戏治疗与治愈中的关键。卡尔夫十分自信地说："太极图的这些意象告诉我们，在悠久的文化传统中，我们可以从个体的发展模式中，看到我们生命的物质与心理律动。因而我认为，我们对于儿童和成人的所有心理治疗，都应该很好地参考这一观点。"

（五）投射理论

1. 给无结构的材料赋予结构

沙盘游戏提供给来访者的材料是无结构的，表现在：尽可能丰富的玩具、极富可塑性的沙、充满想象的沙箱。来访者对这些材料的选择过程本身就是一个投射的过程，因为即使是一个玩具，不同的来访者选择时赋予的意义也是不同的。这些不同的意义就是来访者赋予的结构，如同一个木质的盒子，有人把它当作装衣服的储藏箱来用，可有人却将它看成一座战地上的堡垒。而结构的差异投射的正是不同来访者无意识中情结的差异。

2. 减弱来访者的心理防御

投射有助于减弱人们的心理防御机制，使无意识心理内容通过心像得以充分表现。那么，对于沙盘游戏这样一种投射性的心理疗法来说，要实现治愈的目标，使来访者的无意识整合到意识中，其前提就是减弱来访者的心理防御机制。

在箱庭疗法的实践中，有两个方面体现了这一思想：其一，沙盘游戏为来访者提供了一个独立、自由、安全舒适的物理空间，为减弱来访者的心理防御创造了一个良好的外在环境。房间干净，采光良好，座位也舒适宜人。对于来访者来说，这样的箱庭治疗室是一种没有压力、充满亲和力的环境，也就很少会产生抵抗心理。其二，辅导员的辅导态度有利于减弱来访者的心理防御。在整个沙盘制作中，辅导员始终都陪伴着来访者，以母亲的态度、静默的见证人的态度来关注箱庭世界内外所发生的一切，对于来访者及其作品的每一步变化都持包容、信任和鼓励的态度。辅导员的这种态度能促进来访者对治疗的认可和对辅导员的信任，这就会促使来访者充分积极想象，全身心融入箱庭世界中，演绎人生四季，感悟心灵呼唤。

（六）表达性心理治疗

表达性心理治疗通过唤起人们内心的创造力和艺术性的展露来治愈心理创伤。表达性心理辅导员在治疗的过程中鼓励来访者以艺术性的方式来表露他或她生活中的问题，辅导员和来访者在创作的过程中相互理解。他们引领来访者深入其内心世界，并充当来访者表露内心生活的图像和感受与其现实世界语言沟通的桥梁。

人们通过舞蹈、动作、戏剧、音乐和绘画表露自我感受和经历，能帮助人们由内而外地深入了解彼此，能帮助合作伙伴、家庭或团体一起进入形象化的世界，从而能更深入地探讨彼此信念和行为模式间的差异，并体验到新的创造性见解。

（七）卡尔夫的整合性思想

1. 自性及其发展的意义

自性包含着意识与无意识的整体性，以及呈现这种整体性的事实。

儿童自性化三阶段：

（1）母亲儿童合一阶段。人在出生的时候是一个整体，受到母亲自性的保护。新生儿的所有需求，都呼应了母性的本能，包括滋养和温暖等，都是由身体母亲来提供的。卡尔夫称其为“母亲—儿童合一”的阶段。在该阶段中，通过母性本能的爱，儿童体验着一种无条件的保护和安全。

（2）母亲—儿童分离阶段。一年之后，儿童的自性，也即儿童整体性的核心，便开始从母亲那里分离。儿童越来越多地从与母亲的关系中，从母亲的关心和温暖的表现中，来获得对于安全感的体验，从该体验中获得信任。

（3）儿童自性的稳定阶段。在安全感的基础上，出现儿童心理发展的第三个阶段（3 岁左右）。在这一阶段，自性的核心在儿童的无意识中获得了稳定的位置，开始用完整性的象征来表现自己。

2. 自由与保护的作用

自由与保护，为来访者重新体验到自性的存在、感受到其自性存在的意义提供了一个途径。自由和保护的空间尤其重要，这也是卡尔夫赋予沙盘游戏疗法的重要意义和作用。为来访者提供一个自由与保护的空间，是促发来访者内在力量的前提，是所有辅导和治疗的条件中最基本的条件。自由与保护，安全与安全感，是人成长和发展所需要的内在的和谐与平衡。而沙盘，则创造了这样一个自由与安全的环境，使人的心理问题或者创伤经验不再是被隐藏和压抑的，而是通过沙盘游戏获得表现和转化。

3. 自性化与整合性

卡尔夫认为，在自由与保护的沙盘游戏过程中，来访者会重新获得体现自性的机会，发挥出内在自性的作用，获得一种心理的整合性发展。整合性本来是人类所具有的一种内在心理特性，3 岁左右的儿童，本来就会自发地表现出这种内在整合性的倾向（通过他们的语言、绘画和游戏，等等）。

同样，与整合性相反的分离则会导致心理的冲突、意识与无意识的冲突、身体与精神的冲突、自我与自性的冲突等。冲突也会产生异化，产生诸多的心理问题与心理疾患。卡尔夫确信，在沙盘游戏的过程中，来访者很快就会知道，我们每个人都是可以接近整合性的。沙盘游戏的整合性作用，主要表现在：意识与无意识的整合、身体与精神的整合、内在与外在的整合、自我与自性的整合。

来访者中心疗法的方法和技术

一、基本程序

来访者中心疗法可分为若干步骤，罗杰斯强调，这些步骤并非截然分开，而是有机结合在一起的。归纳起来有以下四个阶段。

（一）预备阶段

该阶段是治疗关系的初建过程。来访者前来求助，辅导员向来访者说明治疗的情况，使对方了解治疗的时间是属于他自己的，可以自由支配，并商讨解决问题的方法。鼓励来访者自由表达情感，辅导员的作用就在于创造一种有利于来访者自发成长的气氛，促进来访者对自己的情感体验做自由表达，而来访者在开始时所表达的大多是消极的或含糊的情感。

（二）探讨阶段

该阶段的主要任务是协助来访者自我探索的阶段。在来访者暴露出其消极的情感后，辅导员要能够接受、认识、澄清对方的消极性，无论对方所讲的内容是如何荒诞离奇或滑稽可笑，辅导员都应以能接受对方的态度加以处理，并创造出一种气氛，使来访者认识到这些消极情感也是自身的一部分。在消极的情感暴露之后，模糊的、试探性的、积极的情感不断萌生出来，对此，辅导员以同样的态度予以接受，没有褒贬，不加评价。在这样的情况下，促使来访者自然达到领悟与自我了解，进而接受真实的自我。

（三）行动阶段

该阶段辅导员协助来访者产生行动改变。在来访者达到领悟后，某种积极的、尝试性的行为开始产生，此时疗效就产生了，辅导员要协助来访者澄清其可能做出的决定及应采取的行动。进行一些积极的尝试后，治疗工作就转向帮助来访者发展其领悟以求达到更深的层次，并注意扩展其领悟的范围。来访者不再惧怕选择，处于积极行动与成长的过程中，并有信心进行自我指导。此时，辅导员与来访者的关系达到顶点，来访者“全面成长”，常主动提出问题与辅导员共同讨论。

（四）跟进阶段

辅导员的评估与支持。当来访者感到无须再寻求辅导员的协助时，治疗关系就此终止，辅导员接受和认识治疗关系即将结束的事实，鼓励来访者在以后的生活中发展积极有建设性的行为方式。

二、真诚或一致性

罗杰斯提到，“感觉与意识的匹配程度就是真诚”。后来，他将真诚的定义扩展为“感觉、意识和沟通的匹配度”。罗杰斯解释道：“对于感觉的准确认知可以通过情绪、观点和意义来表达。”例如：一个一边叫嚷着拍桌子，一边说着“我不生气”的人，在其他人的眼中是不真诚的，即使别人不知道“真诚”的概念是什么。因为情感层面的交流和语言层面“我不生气”所表达的意思并不一致。这种交流方式让人与人之间很难在彼此信任的基础上进行沟通，也很难真正信任这个人。因为人们很难知道，这样的人在这种情景下究竟是怎么想、怎么做的。

从咨询师或者辅导员的角度讲，真诚或一致性指咨询师或辅导员自身的和谐一致。

罗杰斯曾说，治疗中的真诚意味着治疗师以他的真实自我去同来访者交往。

伊根曾根据罗杰斯的理论提出作为辅导员在会谈中与来访者进行真诚的交流应该注意的事项包括：

（一）从角色中解放出来：指辅导员无论在生活或是在治疗关系中都是真诚的，不必隐藏在自己专业角色的背后。

（二）自发性的交流：辅导员和来访者的交流与行为是自然的，不应受某些规则和技术的限制。

（三）非防御的态度：辅导员应努力理解来访者的消极体验，帮助他们深化对自我的探索，而不是忙于抵御这些消极体验对自己的影响。

（四）一致性：辅导员应言行一致，表里如一。

（五）自我表露：辅导员应以真诚的态度，通过言语与非言语行为表达其情感。

三、无条件积极关注

无条件积极关注是罗杰斯人格理论中对自我发展机制的解释，也是罗杰斯开创的治疗方法中最重要的环节。

提到无条件积极关注就必须要提到自我理论，这是罗杰斯人格理论的基础。在罗杰斯看来个体是完整的有机体的存在，也是所有体验的来源，个体以实现倾向为驱动力成长发展，以此“自我”及其概念才能发展、扩充和发展。他认为，自我是有层次地发展的。我们的人格是“自我概念”和“经验”共同构成，只有当理想的自我和真实的自我能够和谐和接近时，我们的心理状态才能达到健康的状态。

无条件积极关注是一种没有任何价值条件附加影响的积极关注体验，简单来说就是不管我们做出了怎样的举动对方都能够给我们积极正向的关注。

这在婴儿时期非常重要，罗杰斯认为只有婴儿能够得到这种关注，父母给予婴儿的爱意并不受婴儿的行为而出现增减，这样婴儿才能达到满足的状态，自我和知觉现实保持一致，认为自己得到了足够的尊重且是有价值的。

在婴幼儿时期能得到无条件积极关注的孩子在自我实现的道路上更加容易不受束缚且更加自信，因为无条件积极的关注能使个体对个人的特性、人际关系及其价值规范的知觉更加确定，从而得到一个稳固坚实的自我概念，而这个自我概念往往与经验协调意志，进而使这些人能够整合真实。

罗杰斯说："好的人生，是一种过程，而不是一种状态；它是一个方向，而不是终点。"能够达到这一种目标的人就是心理和谐的人。

通常，心理和谐的人都具有以下特点：能够坦诚地对待自己的经历，试图生活在现实的空间里，愿意相信自己的感觉，能够深刻而敏感地体会自己的情感。

四、共情

共情是社会情绪的一个重要组成部分，也是很多社会情境中一个非常重要且有用的技能。共情能够加强人与人之间的关系，包括亲子关系、亲密关系、管理者与员工的关系，工作中团队成员之间的关系，等等。

共情指辅导员设身处地地理解来访者，深入其主观世界了解其感受的能力。正确的共情需要具备两种能力，即准确地感受来访者的内心世界，能向来访者表达你对他的理解。

格式塔疗法的方法与技术

一、格式塔疗法的主要技术

（一）对话练习

格式塔的治疗目标就是要使一个人的功能获得整合，进而容纳其人格特质中被否定及拒绝的一面。辅导员尤其要注意来访者人格上的功能分裂状况，而人格功能主要可分成"优势"及"劣势"两极，因此治疗的重点也就在于此两者之间的拉锯上。

通常，胜利者代表了正直、权威、道德、命令、主宰及操纵，就好像一对

“挑剔的父母”，他们用“应该”“必须”的心态来困扰人，并且以灾难性的威力操纵别人。相对地，失败者则是借助扮演受害者的角色，用被保卫、歉疚、无助、懦弱无能等方式来牵制着对方，所表现的是被动的一面。胜利者与失败者间通过这种不同的方式争斗以期获得控制权，争取自己的存在。

（二）空椅子技术

空椅子技术是运用两张椅子，要求来访者坐在其中一张，扮演一个胜利者，然后再换坐到另一张椅子上扮演失败者，而让来访者所扮演的两方持续对话。这项技术本质就是一种角色扮演，让来访者去扮演所有的部分。通过这种方法，可使来访者充分地体验冲突。由于来访者角色扮演中能接纳和整合胜利者与失败者，因此冲突可得到解决。

同时，此技术会协助来访者去接触他们潜藏深处的情感，以及连他们自己都可能否定的一面，借此他们将情感外显化，并充分去体验它，而非仅止于讨论而已。此外，这个技术是要借此帮助来访者去了解情感是他们真正的一部分。

（三）绕圈子

此项完形治疗技术包括要求团体中的某位成员走到他人面前向对方说话，或做某些事，它的目的就是要去达成面质、冒险、表达自我、试验新行为模式、促进成长及改变。当辅导员觉得某位参与者的问题有必要使其面对团体中的每一成员时，不妨用此技术。

（四）“我负责……”

辅导员也许会要求来访者在每次陈述之后加上“而且我会为它负责”。例如，“我觉得无聊，但我会为我的无聊负责”“我现在不知道说些什么才好，但我会为我的不知道负责”“我觉得受到排斥及孤独，但我会为此种受排斥感负责”。此种技术的进行可有效拓展个人的感觉领域，同时帮助个人接纳和认识本身的情感，以代替把自己的情感投射到他人身上。

（五）投射

投射是指一个人在别人身上所看到的事物，其实正是自己所具有的但却不愿看见也不愿接纳的。一个人往往会花费很多精神去否定自己的情感，以及把某些动机转嫁到别人身上，因此，在团体里当某人在说别人的时候，常常说是他自己本身属性的投射。

（六）倒转技术

来访者的某些症状和言行，常是其潜在行动的倒转表现。针对此种情况，辅导员可要求这类因过分胆怯而痛苦的人，试着在团体中扮演一个爱表现的人。倒转技术要求来访者潜入每件会为他带来焦虑的事件中，去与他自己已经埋没和否认的部分接触。此项技术借此帮助来访者能够开始去接纳从前被否定的某些个人属性。

（七）预演练习

皮尔斯认为我们内心的许多想法其实都在预演中。我们常在想象世界里预演我们在现实社会中所期望扮演的角色。而当实际表演开始时，因为怕自己演不好，恐惧与焦虑便汹涌而至。由于内在的预演消耗了我们太多的精力，因此抑制了我们的主动性，也阻碍了我们去尝试新行为模式的意愿。

借助团体成员相互帮助的治疗方式，并彼此分享预演的情境，可使来访者更能察觉出他们内心预演各种社会角色的进行情形，同时也使得他们更能察觉他人对自己的期望并设法去达成。此外，借此也使得他们自己更能察觉到希望被他人赞美、接纳和喜欢的程度与范围。

（八）夸张练习

格式塔治疗的目的之一，就是要使来访者对自己的身体语言所传递的微弱信号或线索更能敏锐地察觉。虽然动作和姿势都能够借之传递讯息，但所表达的也许并不很完全。若能要求来访者重复地夸张其欲表达的动作或手势，将可使之与该行为有关的情感强烈化，进而使其内在隐藏的意义更清楚地表现出来。以抖动为例，如果来访者告诉辅导员他的腿在抖动，辅导员此时可能会要求来访者站起来，更夸张地抖动双腿，然后为此动作做说明。

夸张练习也可应用在语言行为中。如辅导员可教会来访者重复说出他想掩饰的话，且越重复越大声，经常如此能使来访者开始倾听自己真正的心声。

（九）感觉留置

来访者在情感或情绪不愉快而想逃避的关键时刻，辅导员即要求对方保持着这样的感觉。绝大多数的来访者都想逃避恐惧或不愉快的感觉，但辅导员会要求他们停留在体验到的恐惧或不愉快中，从旁鼓励他们趁机去深入探讨这些想要逃避的感觉。要去面对、体验感觉，不仅仅需要勇气，同时也要愿意忍受消除障碍时可能遭遇的痛苦，但经历这些之后，却能使人们有崭新的变化。

二、格式塔疗法的九项原则

（一）“生活在现在”

不要老是惦念明天的事，也不要总是懊悔昨天发生的事，而把你的精神集中在今天要干什么上。

（二）“生活在这里”

对于远方发生的事，我们无能为力。杞人忧天，对于事情毫无帮助。记住，你现在就是生活在此处此地，而不是遥远的其他地方。

（三）“停止猜想，面向实际”

你也许遇到过这样的情况：在单位，当你遇到领导或同事的时候，你向他们打招呼，可他们没反应，连笑一笑都没有。如果你因此而联想下去，心里嘀咕：他们为什么要这样对待我？这个人是不是对我有意见？是轻视我吗？其实，也许你没有料到，你向他打招呼，而他可能心事重重，情绪不好，没有留意你向他打招呼罢了。很多心理上的障碍，往往是没有实际根据的“想当然”造成的。

（四）“停止思考，多去感受”

现代社会要求人们多去思考，而少去感受。人们整天所想的，就是怎样做好工作，怎样考出好成绩，怎样搞好和领导与同事的关系等。因而容易疏忽或者没有心思去观赏美景，聆听悦耳的音乐。格式塔疗法的一个特点就是强调作为思考基础的“感受”，感受可以调整、丰富你的思考。直觉思维是一种非常宝贵的心理品质，但是现在人们过分强调逻辑思维，它就往往被人们忽略了，可怕的后果将是，使人们变成一台失去情感的机器。

（五）“接受不愉快的情感”

人们通常都希望有愉快的情感，而不愿接受忧郁的、悲哀的、不愉快的情感。愉快和不愉快是相对而言的，同时也是相互存在和相互转化的。因此，正确的态度是：有愉快的情绪，也有不愉快的情绪，要有接触愉快情绪和不愉快情绪的思想准备。

（六）“不要先判决，先发表参考意见”

人们往往容易在别人稍有差错或者失败的时候，就立刻下结论。格式塔疗法认为，对他人的态度和处理人际关系的正确做法应该是：先不要判断，先要谈出你是怎样认为的。这样做，就可以防止和避免与他人发生不必要的摩擦和矛盾冲突，而你自己也可以避免产生无谓的烦恼与苦闷。

（七）“不要盲目地崇拜偶像和权威”

现代社会，有很多变相的权威和偶像，它们会禁锢你的头脑，束缚你的手脚。比如，学历、金钱，等等。格式塔疗法对这些一概持否定的态度。我们不要盲目地附和众议，从而丧失独立思考的习性；不要无原则地屈从他人，从而被剥夺自主行动的能力。

（八）“我就是我”

不要说什么，我若是某某人我就一定会成功，而应该从自己的起点做起，充分发挥自己的潜能。不必怨天尤人，要从我做起，从现在做起，竭尽全力地发挥自己的才能，做好我能够做的事情。

（九）“对自己负责”

日常生活中，人们往往容易逃避责任，喜欢把自己的过错、失败都推到客观原因上。比如，考试成绩不好，会把失败原因归罪为自己的家庭环境不好，学校不好；工作不好，会推诿说领导不力，条件太差等。而格式塔疗法的一项重要原则，就是要求自己做事自己承担责任。

格式塔疗法在临床事件过程中，还在不断发展着。据此，对皮尔斯提出来的九条原则，还可以补充一条，就是要“正确地自我估计”，也就是把自己摆在准确的位置上。每个人在社会中都占据着一个特定的位置，所以你就得按照这个特定位置的要求，去履行你的权利和义务，你如果不按照社会一致公认和大家都共同遵守的这个规范去做，那你就会受到社会和他人对你的谴责和反对。

内观疗法的方法与技术

内观的对象是精神健康的人，如学生、护士、医生、教师、职员、家庭主妇等，尤其对独生子女的自我中心问题，效果显著。

内观疗法作为心理疗法应用，其对象是精神不健康的人，如夫妇关系不洽、非社会行为、逃学、神经症、酒精依赖、抑郁症、心身疾病等。

内观人际互动的三个主题是：别人为我做了些什么？我为别人回报了些什么？我做了些什么不该做的（给别人添了一些什么麻烦）？引导人们观察自我内心、观照自己、凝视内心、自我观照、自我启发、自我洞察。

按照内观治疗的程序，回顾对方给自己的关照，使内观者体会到被爱的感情体验，唤起内观者的自信、责任感、受恩要报的义务感；回顾自己给对方添的麻烦会唤起内观者的惭愧感、非病理性罪感（在日本这种罪感体验和认识是针对自己侵害了人们之间已经确立的关系准则和秩序的）。以上两类感情互成表里，加剧了内观者的情感活动，从而为破坏原来的认知框架创造了基础。通过内观，内观者爱他人的社会性意向，重建自我形象的意向，改进人际协调的意向均会提高，这对革新自我有重大意义。把遗忘的、混乱的、杂乱无章的经历，按照题目回忆整理，达到自我洞察和对人理解的目的，建立新的关系和新的生活。

一、集中内观

集中内观的步骤如下：

（一）面向墙壁，保持放松的姿势，坐下。为了阻断心理上和视觉上的隔离，可以在屋里的一个角落，用屏风围起来，坐在中间。来访者可以躺着，可以闭着眼睛，也可以睁开眼睛，设定孤独的、自己静静地面对自己的情境。

（二）要反省自己对于别人采取的行为。这需要通过内观人际互动的三个主题进行：

1. 别人为我做了些什么（分配 20% 的内观时间）？

2. 我为别人回报了些什么（分配 20% 的内观时间）？

3. 我做了些什么不该做的（给别人添了一些什么麻烦）（分配 60% 的内观时间）？

通过这三个主题引导人们观察自我内心、观照自己、凝视内心、自我观照、自我启发、自我洞察。要从母亲开始内观，即母亲为我做过哪些事情？我为报答母亲做过哪些事情？我带给母亲的困扰有哪些？

（三）调查的次序是按年代顺序，从幼年时代到现在。

（四）依次进行内观：父亲、祖父母、兄弟、姐妹、配偶、子女、公司同事等，针对身边的每一个人进行内观。一个循环后又回到自己对于母亲的主题，时间切割得更细。

（五）每两个小时有3–5分钟的晤谈，晤谈者打开屏风，互相敬礼之后，辅导员照来访者所反省的各方向加以询问，每天大约晤谈7次。

（六）内观的主题包括生活费的计算、撒谎、偷窃等。每一个主题都要严格质问站在对方的立场去看，自己有没有过失。

（七）上午六时起床，六时三十分至晚上十时就寝为止，实施十五小时三十分的内观（洗澡、上厕所以外的全部时间；严禁收听收音机、看电视、读书、与别人交谈；除非紧急事件不能打电话；三餐送到内观处，边内观边用餐）。

二、日常内观

（一）每日定时实施，像集中内观时针对特定人物做一定时间的内观。

（二）针对昨天和今天的人际关系进行内观。

（三）因靠自己难以维持日常内观，可以设法由有内观经验者集合做日常内观，或每周写一封信给辅导员，报告内观的结果，也可以写内观日记，接受检查。

三、渐进内观

拘束性的强弱对于治疗效果有影响，因为吉本模式的内观疗法拘束性太强，医院实施起来较感困难，于是有“渐进内观”的产生。所谓“渐进内观”是随着内观的过程逐渐增加每天的内观时间，增强整体的拘束性，这种改良式的内观疗法不但容易导入，而且治疗效果相当。

心理剧

心理剧是由雅各布·莫雷诺创始的，是一种用于心理辅导和个人成长的行动方法。它的效果源自人类与生俱来的自发性和创造性。心理剧的团体的成员不需要具有表演技能，当团体中的成员受邀扮演角色时，他可以自愿选择是否参与扮演。

一、基本假设

通过特殊的戏剧形式，让参加者扮演某种角色，以某种心理冲突情景下的自发表演为主，将心理冲突和情绪问题逐渐呈现在舞台上，以宣泄情绪、消除内心压力和自卑感，增强来访者适应环境和克服危机的能力。

这种特殊的形式能帮助参与者，通过音乐、绘画、游戏等活动热身，进而在演出中体验或重新体验自己的思想、情绪、梦境及人际关系，伴随剧情的发展，在安全的氛围中探索、释放、觉察和分享内在自我。这是一种可以让参与者练习怎么过人生，但不会因为犯错而被惩罚的方法。

二、心理剧的构成要素

一般而言，心理剧必须具备六项基本要素，即导演、主角、辅角、替身、观众与舞台。

（一）导演。心理剧导演即辅导员。导演的任务是确定角色、设计剧情、鼓励演员主动地参与表演活动，利用道具，使剧情向预期的效果发展。

（二）主角。心理剧主角，一般由陷于心理矛盾和苦恼冲突中的来访者扮演，他要根据导演的启发和剧情的要求，自然地、主动地、创造性地去表演。

（三）辅角。辅角是导演的助手，由受过角色扮演训练的人承担，在剧情中常扮演主角过去生活中遇到过的某个人，逼真地再现主角所处的现实生活环境，使演员自然而然地体验到与这种背景相联系的内心冲突，并情不自禁地发泄出来。

（四）替身。每个人皆有内在的感受，每个人都有一个“内在的小孩”。当一个人孤独或无人可诉时，就可能会与自己对话。这时可以采取以下的方式导演心理剧：你带着这位成员（假设是美美），你和她说，你可能与你的父母、兄弟、姐妹皆无联络，而你也可能和你的丈夫或任何人都失去联络，但是，假设你可以和你自己说话，假设你可以和一位最亲近你、最了解你的人说话，假如我们能为你制造一个你的替身，然后你就会拥有一位你可以向她说话的人，你可以与她一块儿行动，因为你们属于彼此。

（五）观众。观众也是团体心理辅导的参加者，随着剧情的发展，观众可以体验主角的感受，自然地融于剧情中，与主角同喜同忧，起到支持演员、鼓励主角的作用。

（六）舞台。舞台是戏剧表演的场所，莫雷诺最初用圆形的三段舞台，也称“三级台阶”，每阶都有各自的寓意（演出的地方、独白的地方、观众坐的地方）。有了舞台，观众的注意力容易集中，演员的意识加强，表演效果更好。现在的心理剧，舞台已被简化为一块空地。

要特别注意的是，心理剧的演出有一个规范就是需要在有经验的指导者的指导下才能演出，因为使用不当可能会对心理剧的参与者造成伤害。

三、过程及技术

（一）心理剧的过程

每一次的心理剧演出过程都包括三个部分：暖身或破冰阶段、演出阶段、分享阶段。

1. 暖身或破冰阶段。它的作用是用来催化创造性的潜能，同时营造一个安全的氛围，使参加者相信导演和信任团体。热身可以采用言语或非言语的方法。言语的热身方法，如：两人一组相互称赞，自我、他者介绍，唱歌等；非言语的热身方法，例如：做轻柔的体操（伴随音乐有节奏地活动），捉迷藏等。

2. 演出阶段。心理剧的目的有两个，一是找到解决问题的线索。问题可能是个体内心的冲突，也可能是团体内冲突或两种冲突交织在一起。但随着剧情发展，问题会逐渐明朗化、集中化，然后朝着解决问题的方向发展。二是使问题扩散化，以获得精神宣泄的效果。在剧情进行的过程中，通过表演，主角从紧张和冲突中解放出来，全体成员能体会到精神发泄，心理恢复平衡。导演在心理剧进行过程中要因势利导，给予剧中人物帮助和指导。当剧情偏离问题解决方向时，导演有责任暂停，通过引导剧中人物使剧情重新顺利进行下去。但要注意，过多地中止剧情发展会影响参加者的主动性而降低心理剧的效果。

3. 分享阶段。心理剧是团体情境下的即兴表演，因此常没有明确的结尾，何时结束为好，有几种可能：一是问题得到解决，二是找到解决问题的线索，三是问题已经集中、明确。心理剧结束后，导演会组织全体演员一起讨论和分享彼此的情感体验。评价分享是一个让团体可以宣泄并整合的时间，分享时不鼓励事件分析，但鼓励认同。每个成员都能发现自己跟主角哪里像，哪里不像，从中得到一些反省。通过讨论与交流，使主角及其成员不至于只停留在情感宣泄的层面，而是能厘清思路，找到症结，同时回到现实中来。

（二）心理剧的基本技术

1. 角色交换。角色交换有两种含义，一是在剧中 A 和 B 交换各自的角色，通过角色交换，A 理解 B，B 理解 A，同时也理解了两人的关系，理解了自己；二是在剧中扮演一个和自己现实生活中的角色完全不同的角色。例如，现实生活中总欺负人的人，表演一个总被欺负的人，通过角色扮演，加深对他人的了解以及自我理解，学会与他人共情，学会用他人的眼光看自己。

2. 镜像法。镜像法，指看别人演自己的方法，如一个爱说粗话、缺乏教养的人通过看别人演自己，客观地了解自己在生活中的言行，激发他改变的主动性，促使他改变不适应的行为。

3. 未来法、过去法。当某人对未来或过去怀有焦虑不安的情绪时，在心理剧表演中让他看到这种表现，体会自己的未来与过去，以消除不安和焦虑。

4. 独白。主角以独白的形式谈出自己此时此刻内心的真实感受和想法。常常是在主角情绪冲突最强烈、各种体验纷繁复杂时，导演要求主角在光线较暗的场所，大声说出内心的体验。

箱庭疗法

一、配置

（一）箱庭疗法用具的基本配置

1. 沙箱（一个）。尺寸：内侧的尺寸为国际标准：57cm × 72cm × 7cm。

2. 颜色：外侧涂深颜色，内侧涂蓝色，可以让来访者感到挖沙子会挖出水，这种感觉是很重要的。

3. 白沙（10 公斤）。

4. 陈列架（2–3 个）。高度：150–170cm；宽度：85cm；深度：26cm；层数：6–7 层。

5. 沙箱桌（一个）。

6. 沙具（是箱庭用具配置中最为重要的组成部分）。

7. 人物（家族、职业人、卡通及故事人物等）。

8. 交通（飞机、火车、交通标志、船、汽车、摩托车、工程车、公路、轨道、加油站等）。

9. 建筑物（桥、栏杆、学校、医院、超市、高楼等）。

10. 自然景物：（山、珊瑚、鹅卵石、贝壳、彩珠、彩石、彩虹、云、星星等）。

11. 动物（野兽、家禽、家畜、野生动物、昆虫、水中生物、怪兽等）。

12. 植物（花草、树木、盆景、水果、蔬菜、草坪等）。

13. 军事（战车、工事、铁丝网、坦克、枪炮等）。

14. 宗教（佛、塔、教堂、鬼怪等）。

箱庭疗法除以上基本配置之外，还需要以下配置。

1. 庭室（建议大约 10 平方米，避免面积过大造成来访者的压力）。

2. 照相机（拍摄来访者箱庭作品，便于对以后的箱庭作品比较之用）。

3. 记录本（记录整个箱庭作品的制作过程，便于对箱庭作品的分析）。

二、基本过程

（一）箱庭疗法的引入

一旦开始心理辅导就可以使用沙盘游戏，但是建立信任关系需要一定的时间，因此沙盘游戏不适合在前几次会谈中使用。不过也有例外，有的来访者就是为了进行沙盘游戏而来的，这时个案的潜意识会引导他去揭示他在这个时间需要处理的情况，只要能给他提供一个安全的空间，就可以直接开始沙盘游戏。

在心理辅导过程中，如果出现一些场景，也可以建议来访者进行沙盘游戏，此时可以告诉来访者：“用沙子和玩具创造一个世界。”需要引入沙盘游戏的场景主要包括以下几点。

1. 在辅导过程中，来访者卡住了，不好继续进行下去。

2. 来访者无法用语言表达自己的感觉或者想法。

3. 来访者感觉到自己心里的阻塞。

4. 出现一个强烈的无法了解的梦境。

5. 显得辅导非常困惑。

6. 在必须做出的决定中挣扎。

7. 要解决一个为难的问题。

8. 要修复一个他认为似乎已经准备要面对的创伤。

（二）体验沙盘作品

1. *向来访者介绍沙盘游戏*

辅导员要向来访者介绍沙盘游戏对解决其心理问题的好处。当来访者同意进行沙盘游戏时，辅导员就可以详细地向来访者介绍沙盘游戏、玩具、沙以及制作过程。在第一次沙盘游戏的时候，辅导员可以告诉来访者："你可以在沙箱内做游戏，并且按照你的意思从玩具架上选择物件，如果你找不到玩具，可以问我，我可以告诉你在哪里找到，或者可以用哪些玩具代替，在制作过程中，我会保持沉默，除非你需要我的帮助。"

2. *构建世界*

向来访者介绍完沙盘游戏的有关设置之后，就可以进行沙盘的制作了。来访者在沙箱里制作箱庭的时候，辅导员的首要任务是为来访者提供一个接纳、信赖、温暖、安全的制作环境。辅导员是陪伴者而不是指引者或控制者，通常情况下，辅导员只需要在旁边坐着或站着就可以了。心理辅导员还要有共情理解的态度，设身处地地体验来访者的心理和情感感受，同时要以一种欣赏的态度来对待来访者制作的场景，要如同在心理辅导过程中一样对来访者无条件地积极关注。

在沙盘制作过程中，辅导员要记录下玩具摆放的顺序以及来访者挑选玩具的顺序和处理方式，注意来访者对哪些玩具感到吸引、排斥，或者感兴趣。此外，要记录沙盘制作开始的时间和结束的时间。

辅导员要特别注意的是，暂缓自己的任何诠释和假设，即便是产生了，也只能在治疗阶段和来访者进行探讨。如果来访者制作得过快，可以帮助来访者进行深入的体验；如果时间快到了，可以温和地向来访者提醒，并且建议把世界保留在他想要的样子，可以下次继续进行。

（三）体验和重新配置

1. 体验阶段

箱庭作品完成以后，辅导员可以与来访者进行语言交流。如可以询问：“这是什么呢？能说明一下吗？”也可让来访者对自己的作品主题进行命名。辅导员应以欣赏来访者箱庭作品的姿态，通过支持、解释、整合、疏通、启发，帮助来访者澄清制作的箱庭作品所代表的意思、表现的主题，达到对来访者的共感理解。来访者愿意的话会对箱庭做较多的说明，由此展开一些讨论，从而把治疗过程推向深入，最终促使来访者的自我治愈力得以发挥，实现箱庭疗法的治疗作用。

2. 重新配置阶段

当来访者体验过沙盘之后，他们可能希望改变自己的作品，这时辅导员可以说：“既然你已经全部体验过了，你可以发现它就是你希望要的样子，或者你可能发现你想对目前的世界进行改变，你可以移动任何玩具，添加或者移出任何你觉得合适的玩具。”来访者进行调整后，要让他进行重新体验，并对来访者的改变进行记录。

（四）箱庭作品的分析

对箱庭作品的分析和评价，除了玩具、沙箱、空间、主题等的象征意义，以及来访者在接受箱庭治疗过程中流露出来的情绪情感可能负载的心理内容之外，主要考察箱庭作品所表现的整合性、充实性、动力性和流畅性等方面。

1. 整合性。反映的是来访者人格结构是完整的还是割裂的，是和谐的还是矛盾的。整合性主要考察箱庭作品构成场面中区域与主题的关系。

2. 充实性。一件箱庭作品所使用玩具种类的丰富情况、数量体现了作品的充实性。箱庭作品的充实性反映着来访者内心的丰富程度。

3. 动力性。箱庭作品表现的来访者的心理是兴奋的还是消沉的，是朝气蓬勃的还是寂寞凄清的，这是箱庭作品的动力性问题。

4. 流畅性。箱庭作品的流畅性反映了来访者心理能量的流畅程度，更准确地说是来访者无意识内容表现得流畅与否的反映。

评价箱庭作品的流畅性，可以从玩具的风格匹配、玩具方向、玩具间距、区域空间等方面进行考虑。

除以上内容之外，还可以从作品的主题来分析。

1. 箱庭作品的制作中表现某一主题时，有时只是一件作品，而有时则可能通过一连串的作品去反映某一主题。其主题的中心，往往是自我意象。

2. 自我的象征可以有各种各样的表现形态，特别是几何图形时，由圆和正方形等的组合，就近似于佛教的曼荼罗，要审视自我在其中的位置或地位。

3. 除以上内容之外，还有其他的各种表现形态，如森林中的高塔、山上的城堡、佛像、神像等带有宗教含义的图像及特定的动物或人形，都有可能是自我的象征或表现了自我的某些期待或向往。

案例分析

格式塔治疗感情问题

一、来访者背景及主诉问题

李秋，女，23 岁，大学三年级学生。因为感情问题来咨询。她感到男朋友不如以前那样关心和爱她了，和她在一起的时间也明显减少。她怀疑男朋友又喜欢上了别的女孩，开始对她疏远。以下应用格式塔疗法中的空椅技术。

李秋介绍自己和男朋友已经相处两年多了，感情一直很好且两人是经过很多波折才走到一起的，所以都特别珍惜现在的感情。可是最近，她却感觉到男朋友变了，不再像以前那样关心她了。

咨询师运用初层次同理心技术，感受李秋当前难过的心情。李秋表示的确自己现在很难过，并且感到他们的关系可能要破裂了。以前只要需要，男朋友一定陪在李秋身边，他是那种很腻的男孩，很有女人缘。这也是李秋担心的一点。可是现在，李秋给男朋友发短信很长时间，他才回应。而且有时，他还推托不见李秋。

咨询师再次运用初层次同理心技术体会李秋的情绪："他对你态度的转变，使你很担心，你觉得很痛苦。"李秋表示自己简直有点无法忍受了。最近男朋友更是冷淡，根本就对李秋没有回应，已经有一周没有见面了。李秋的一个比较要好的女同学看到她的男朋友和一个女孩在一起，而且还比较亲密。这让李秋感到他们两人已经没有希望了。但是，李秋仍然深深地爱着他。"我没有直接地质问他，我不想大家撕破脸。我想过段时间他会主动来找我的。只是我真的无法忍受，我觉得自己简直快要疯掉了。"李秋歇斯底里地说。

咨询师同理："你深深地爱着他，你忍受着他对你的冷淡。可是最近你无法忍受，你简直快要疯掉了。"李秋（哭泣，点点头）表示当初自己是第三者，从别人手中把她男朋友抢了过来。她的家人并不是很认同她的行为。可是，李秋真的很喜欢她的男朋友，最后家里人看到她那样坚决，只好同意二人在一起。朋友们也支持李秋。“可是，如果现在我们分手，岂不是让别人笑话。或许他会回来找我的。”李秋说。

咨询师同理：“为了维护你的面子，你现在只好暂时忍受，免得让别人看笑话。”

李秋说：“(啜泣）所以，最近我一直在告诉自己，这是我自己的选择，我不能后悔，不能让别人看笑话。”

二、分析找出两极

咨询师对李秋分析道：“似乎你内心有两个声音，一个声音告诉你要忍受，这是你自己的选择，不要后悔，免得被别人看笑话（优胜者）。另一个声音告诉你，你已经无法忍受，你快要疯了（失败者）。这两个声音此起彼落，让你非常痛苦。我现在有个想法，就是将你内心的冲突具体呈现出来，让双方对话。现在请你挑选两张垫子，分别代表不同的声音。”

李秋：一张白的垫子代表优胜者，另一张黑的代表失败者。

咨询师：现在你觉得哪边的力量比较强，就先从哪边开始。

让两极（忍受和受不了）接触（表达双方的感觉和想法）。

李秋（忍受）让自己忍受当前的状态，除非是她男朋友主动提出分手，并给出理由：“因为这是你自己的选择。当初家里就反对，曾经告诉你，他既然能甩掉从前的女友，迟早也会抛弃你。可是你还恶狠狠地告诉他们，你一定会证明给他们看，他们会后悔的。如果你现在不忍受，你身旁的人都会笑话你的。你一定要忍受。”

咨询师让李秋交换角色，坐到另一边，看看对方有什么反应（空椅技术）。李秋（受不了）表示：“现在我无法忍受了，每天过得都很无助、很难过。我真的快忍受不下去了（双手紧抓胸前）。”

咨询师运用空椅技术：“再多说一点，你无法忍受的原因。”

李秋（受不了）：“我……我大脑一片空白。”

咨询师：“我注意到刚才你双手紧抓胸前。现在再做一次这个动作。如果你愿意，可以把双手的力量加强，看看有什么体验。如果你的双手能说话，你觉得它们会说什么？”

李秋（受不了）表示自己觉得它们很生气、很无助，在做挣扎，不想再忍受下去。

咨询师继续运用空椅技术引导“忍受”和“受不了”。

李秋（受不了）：“我不想再忍受下去。分手就分手，别人看笑话就看笑话。我要开始新的生活。”

咨询师：交换。

李秋（忍受）：你是深深地爱着他呀，他又没有直接对你说分手，那也可能是个误会。让你朋友知道了会笑话你的。只要忍受一段时间，一切都会变得好起来的。

咨询师：交换。

李秋（受不了，双手紧抓胸前）：“我觉得她说得没错。现在好像还没有确定。我要忍耐下去，忍耐下去。”

咨询师：“似乎你被说服了。你重复了几次‘我要忍耐下去’，看看接下来会发生什么。”

李秋（受不了）：“我要忍耐下去。”（用双手紧抓胸前）

咨询师：再说一次，大声点。

李秋（受不了，音量提高）：“我要忍耐下去，忍耐下去。”

咨询师：告诉我，谁经常像你这样忍耐？

李秋（哭泣）：“是………是我母亲。我母亲总是在生活中默默承受，而且还经常这样教导我。有时我真的看不惯。”

李秋认为她男朋友变了心，说出去就会遭到别人的笑话（投射），自己还是忍受下去（回射）。这是投射和回射的接触干扰。李秋之所以产生这种干扰，是因为内射了母亲的信念。

接下来对她的几次治疗，仍然采用了格式塔空椅技术。她通过和母亲的对话，逐渐认识到了自己内在冲突的由来，并且对母亲的做法有了深刻的理解。她开始用积极的态度面对和男朋友的关系，在给她男朋友机会的同时，更增强了自身选择的主动性。一段时间后，她来找我说，她男朋友的确有了新的女友，是她主动提出分手的。但是她心里很平静，我知道通过这段时间的咨询，她成熟了。

案例分析

内观疗法治疗网络成瘾

一、案例介绍

患者，男，19岁，高三学生。家族史阴性，独子，父母均是所在单位领导。从小衣食无忧，花钱、交友方面父母过问较少，唯独对其学习要求严厉。生性内向、倔强。进入高一时学习尚可，后上网结交许多网友，常一起玩游戏。一次逃课去打游戏，被班主任发现，通知其父母，后对其进行批评教育，感到“不服”，怀恨在心。上高二时越发着迷网络游戏，上课时注意力不能集中，想着快点下课去上网。常在网吧上网很晚才回家，累了就睡，醒了继续玩，吃饭也不规律。母亲对此多次发火，他便与父母吵架，不和父母说话，渐渐变得很少与人交往。被迫就诊时他面黄肌瘦，精神欠佳，问多答少，自称“不上网我怎么活呀”。根据网络成瘾诊断标准初步诊断他为网络成瘾。

二、实施过程

具体实施内观治疗前，向病人介绍内观的整个过程，并征得病人同意，签订内观协议书，然后开始内观治疗。内观者坐在一个清静、舒适、用屏风围住的1m^2的空间里，围绕内观三个主题按时间顺序进行回忆。每天早上8：30开始至晚上22：00结束。内观者记录下内容，每1.5小时进行1次晤谈。除了吃饭、睡觉、去卫生间及面试外，不可以随意走动，且除了面试之外不可以与任何人交谈或联系。

本案例患者内观的内容与顺序如下：母亲（第1次）—父亲（第1次）—爷爷—奶奶—母亲（第2次）—父亲（第2次）—班主任—说谎、打游戏—同学（第1次）—母亲（第3次）—父亲（第3次）—同学（第2次）。

三、结果

第1天刚进屏风15分钟，患者焦虑不安，注意力不能集中，给予适当的心理疏导后逐渐平静下来，但回忆内容较少，感情没变化。

第2天患者的注意力较集中，回忆了从小父母为自己做得太多，而自己对他们几乎没有回报，感到内疚。

第3天回忆的内容较少，感情平淡，与前日相比，进步不大。

从第5天晚上开始，患者围绕“我给他人带来的麻烦”这一主题进行回忆，想到自己整天沉迷网络，让母亲伤心，给班主任增添烦恼，十分懊悔，不停地自责。

第 7 天患者意识到了自己不喜欢与同学交往，觉得难以理解，承认这是自己长期上网而忽略同学间关系导致的，这也是自己沉迷网络的重要原因之一。

内观结束后，患者的情绪稳定，脸上也露出了笑容，表示回去后绝不再玩游戏，准备好好学习，把以前缺的、差的补回来，改变自己的生活方式，准备为高考加把劲。

目前患者治疗半年有余，已适应学校生活，和同学相处融洽。

案例分析

箱庭疗法治疗学生厌学

一、个人情况

小镇，小学六年级的男孩，是家中的独子，从小与父母的关系并不好，在家中很少跟父母交流；在班级里，同学都不肯跟他玩。有一回，同学不跟他玩象棋，他就把象棋扔地上，并企图拿起椅子往同学身上砸，幸好被及时制止。上课时间经常逃课，跑到学校的某个角落躲起来。

二、家庭情况

小镇的父母都在公司上班，大专学历。父母忙于工作，没时间照顾孩子，便送来学校寄宿。父亲为人较为严厉，平时很少言语，对小镇的学习不太关心，也较少与小镇交流；母亲只注重小镇的学习成绩，平时没有辅导和关心他，只是偶尔会问他的成绩，一旦知道考得不好，便打骂小镇。

三、班主任反馈

上课经常逃课，屡次劝说也没有用。学习成绩自然很差，与同学关系也处理得不好，总是独来独往。

四、心理干预过程

对小镇进行的心理咨询过程包括 6 次箱庭疗法、3 次面谈咨询，根据咨询过程、内容以及小镇的心理变化，可大体上分为四个阶段：问题呈现阶段、挣扎转变阶段、解决成长阶段、结束阶段。

1. 问题呈现阶段（含 2 次箱庭、1 次面谈）

跟小镇面谈之后，第 1 次咨询就进行箱庭疗法。小镇的初始箱庭非常生动地表达了他当前的心理状态。

第 1 次箱庭主题：动物们都在争吵着过桥

小镇主要塑造的是一个这样的世界：小型动物们在玩沙，大型动物们想要过桥旅游，两边都在争吵着过桥，小动物报了警，于是有了车、飞机等的出现。来访者很整齐地摆放了一个个的大型动物、小型动物等，直到后来车、飞机等加入，场面才变得很拥挤。

与小镇一起就作品中的小动物、大动物、交通工具等进行了对话，这个过程让小镇感受到被理解的喜悦，同时也发现了小镇在所选择的自我像中拒绝借助桥的帮助，影射了他在生活中拒绝与人交流的现象。

初始箱庭激活了小镇的倾诉意愿，此后的咨询以面谈的方式进行，小镇简单地描述了自己对家人的看法，以及自己在学校的表现。从他的倾诉中，治疗者感受到他非常渴望得到父母的关心与重视。

第 2 次箱庭主题：大家都在植树

小镇主要塑造了这样的世界：食肉动物把食草动物都吃光了，动物长老们便召集大家一起植树。而老乌龟误以为小乌龟被抓了，便号召食肉动物发起攻击。其实是小乌龟自己跑去找食草动物玩，而大鸟发现小乌龟迷路了，便帮他指引。而食肉动物和食草动物之间仍存在着敌意，只是由于桥的一边有老乌龟和一大片森林保护着，食肉动物无法进入食草动物的世界。

在这次的箱庭中，体现了以下几点。

（1）在动物世界中，食肉动物在长老级动物的号召下一起植树，投射出小镇渴望旺盛的生命力和原动力，而植物的消失却可能是小镇心理、生命力逐渐枯竭的表现。

（2）在植物即将消失的情况下，出现了乌龟等的指引，传说中大地是由龟驮着的，故而龟也就象征着大地，而大地就是母亲的象征。而老乌龟找小乌龟的情境，也体现了小镇渴望母爱的一面。

（3）在此次的箱庭中，让治疗者欣喜的是，这次作品的中间出现了渔翁，渔翁的出现可以理解为小镇渴望获得他人的指导，以获取知识和智慧。

2. 挣扎转变阶段（含 2 次箱庭）

在这一阶段咨询中，小镇时常提到自己更不想上学了，逃课的次数更多了。连班主任也反映这段时间小镇的精神状态很不好。

小镇的第 3 个箱庭作品再次展现一个不同的动物世界。

第 3 次箱庭主题：骗人的鹤

小镇建造了一个“骗人的鹤”的世界。故事是这样发展的：鹤无端恶作剧，谎称挑起食肉动物和食草动物的矛盾，使得战争爆发，最后大鸟施法使食肉动物都静止了，并惩罚了鹤。

在这次的箱庭中表现了动态水的存在，且动态形象增加了许多，力量感得到了增强。在最初触摸到沙子的时候，小镇抚摸了很久的沙子，最终才决定在沙箱的左下角挖了一条河流，并且将这条河流引向整个沙箱，顿时增加了沙箱的力量感。虽然小镇并没有很关注那条河流，但水源已经找到了，而且是不息的流水。河流的出现以及箱庭场面传达出来的力量感，都说明了小镇的心理状态已经有了良好的变化。

而小镇所关注的是动物之间的战争。箱庭中的战争、冲突意味着内心世界的各种冲突和矛盾的激化。小镇箱庭作品中表现的战争，说明其意识与无意识之间正经历着重大的冲突。

第 4 次箱庭表现的是“说谎的鹤之超梦和梦幻的决战”。

第 4 次箱庭主题：说谎的鹤之超梦和梦幻的决战

故事是这样的：超梦和梦幻是好朋友，有一天，鹤故意挑起了他们之间的矛盾，超梦用念力控制了大型动物。战争再次爆发，最后在长老级动物的强制下才摆平了战争。鹤承认错误，从此，恐龙世界与神奇宝贝之间没有战争，梦幻和超梦也离开了这里，回到神奇宝贝的世界。

第 4 次的箱庭中小镇以“骗”为导火线，引起了动物世界的战争，并且设置了一个圆满的结局。在这场力量明显不均衡的战争中，小镇让神奇宝贝赢，这种信念不仅是对弱小力量的支持，也是对自己的鼓励。

左右之间的对抗，是内心与外部的对抗，是过去与未来的矛盾。战争意味着重整秩序，因为“骗”而阵亡的动物可能是人格结构中不适应自身环境而不得不消亡的部分。

3. 解决成长阶段（含 1 次箱庭，1 次面谈）

在第 5 次箱庭中，小镇展示了一个寻宝的画面。

这次的主题是“想发财的人类”，在动物世界里有着宝藏的传说，人类知道后，便用武力搜寻宝藏，老鼠等动物受了人类的委托，四处搜寻，因为无节制地寻宝，家园变得贫瘠，引起了动物们的反抗，人类与动物的战争就此爆发。后来，由于宝藏的庇佑，人类消失了，并在塔的保护下，沙漠变成了绿洲，动物世界恢复原状。

第 5 次箱庭主题：想发财的人类

在这次的箱庭中，出现了“塔”的指引性作用，象征小镇心中的努力方向，而河流的出现以及箱庭场面传达出来的力量感，体现了小镇的心理状态已经有了良好的变化。

再次见面时，小镇显得特别有精神，看得出最近状态不错。面谈中，小镇高高兴兴地报告了自己最近的变化，最近几乎没有跟同学吵架了，也慢慢地不那么喜欢躲到校园的角落里了。在学习生活中有了较大的进步。

4. 结束阶段（含 1 次箱庭，1 次面谈）

在第 6 次的箱庭中，小镇呈现的箱庭世界虽然还存在着动物之间的战争，但是在神奇宝贝和恐龙动物中间出现了以栅栏为界线所隔成的两个世界，偶尔发生的战争都因为结界的原因而降低了杀伤力。看得出来虽然斗争依然存在，但至少出现了抵制两方的力量。

在最后的一次面谈中，小镇对于与父母和同学的交往谈了自己的想法，与最初的交流已经有了很大的进步。

在这 6 次的箱庭中可以洞察出小镇心理的成长、发展过程。第一阶段，小镇的作品绝大多数是场面的呈现；第二阶段，他的作品即使场面非常简单，但都蕴含着丰富、生动的故事情节，箱庭作品表现的不再是单独的画面，而是一个个动态的场面；第三阶段的作品则表现出更多成长的气息，是自我和谐的、积极的成长。从最初的贫瘠、凌乱、静态发展到丰富、有序、动态，这些都表明了箱庭疗法促进心理变化的“无言”魅力。

五、结语

通过言语和非言语的途径，用“心”倾听来访者的心灵，陪伴来访者在箱庭世界中观察自己心理的运动，可以帮助其度过心理的危险期，接纳或处理人生的难题。

家庭教养方式可能是小学生产生各种人际交往问题、学业问题的重要影响因素，且可能始于儿童期。所以，父母要给孩子足够的温暖、爱护，而除了关注其生理、物质上的需要之外，更应关注其心理的需要。

第五章

认知取向的理论与方法

艾利斯的合理情绪疗法

一、人物简介

阿尔伯特·艾利斯是超越弗洛伊德的心理学家。在美国，他被公认为十大最具影响力的应用心理学家第二名（卡尔·罗杰斯第一，弗洛伊德第三），理性情绪行为疗法之父，认知行为疗法的鼻祖。

1913 年 9 月艾利斯出生于美国宾夕法尼亚州匹兹堡市的一个犹太家庭，是三个孩子中的长子。艾利斯的父亲是一位商人，经常在外商务旅行，对孩子们的关心很少；他的母亲则热衷于自己的想法，喋喋不休，但从不愿倾听。在艾利斯的记忆中，母亲和父亲一样，对孩子感情冷漠。艾利斯的儿童和青少年时代可谓多灾多难，但他顽强努力，坚韧不拔。他起初的理想是成为作家，于是打算先进商学院主修商科，等毕业后赚足钱后从容进行自己挚爱的写作，但 20 世纪 30 年代的经济大萧条打破了他的计划。

从 1939 年起，他开始研究性、爱、婚姻和家庭关系等问题。他发现自己有能力为性或情爱方面遭遇困扰者提供咨询，为获得有效的咨询资格他进入哥伦比亚大学学习心理学。1943 年他获得临床心理学硕士，1947 年他获得哲学博士学位。

艾利斯的个人经历为他日后进行理论探索提供了范例。他回忆说自己的童年经历带给他的收获之一是使他成为一个很会自救的人，当不快乐袭来的时候，他总是尽力减少自己的不愉快。这使他自认为是自己的治疗师。而童年时母亲经常的迟归给他带来的担忧让他变得容易焦虑，与之相伴而来的是他的害羞，从怕权威人物（如校长）到怕在公开场合说话，怕女孩。19 岁时，为了战胜自己，他强迫自己在植物园里花了大约一个月的时间跟 100 个女孩子说话。可见他的勇气与毅力。

艾利斯起初也是追随潮流使用精神分析的理论，但在实践中他对精神分析的有效性持怀疑态度，并由此开始反对精神分析。

1955年他提出了自己的理论体系——合理情绪行为疗法（REBT）。这个理论得到大家一致的推崇，有人甚至认为他是自弗洛伊德以来唯一创建具有自己理论体系的心理治疗学派的心理学家，也有人称他为认知—行为治疗之父。

2007年，艾利斯寿终正寝，享年93岁。

二、理论基础

理性情绪疗法的基本理论主要是ABC理论。ABC理论建立在艾利斯对人的本性的看法之上。他认为人既可以是理性、合理的，也可以是非理性的、不合理的，当人们按照理性去思维、行动时，他们就会是愉快的且行有成效的人。任何人都不可避免地具有或多或少的不合理的思维、信念。情绪上或心理上的困扰是由于不合理的信念导致的，而情绪困扰的持续是由于内化语言持续的结果。

ABC理论的要点是，认为情绪反应与行为（C）不是由某一诱发事件（A）本身所引起的，而是由经历这一事件的个体对事件的解释和评价（B）所引起的。合理的解释与评价会引起人们对事物的适当的或适度的情绪与行为反应，而不合理的解释或评价则会导致不适的情绪与行为反应。艾利斯的ABC理论后来又进一步发展，增加了D和E两个部分，D（disputing）指对非理论信念的辩论；E（effective）指以有效的理性信念或适当的情感行为替代非理性信念、异常的情感和行为。

不合理信念的特征是：

（一）绝对化的要求。绝对化的要求，指从自己的意愿出发，认为某事一定发生或一定不发生，将其与“必须”“应该”这类字眼连在一起。例如：“我必须获得成功”“别人必须很好地对待我”等等，但人们不可能在所有事情上都成功，即使成功了也不可能得到所有人的赞赏。

（二）过分概括化。过分概括化，即以某件具体事件、某一具体言行来对自己进行整体评价，这是一种以偏概全、以一概十的不合理思维方式的表现。常会因为自己做错了一件事就认为自己一无是处，从而产生焦虑和抑郁等情绪。另外，对他人也会进行不合理评价，别人稍有一点对不住自己就完全否定他人，一味责备他人，从而产生敌意和愤怒等情绪。

（三）糟糕至极。所谓糟糕至极，即如果一件不好的事发生了，将是非常可怕、非常糟糕的，甚至是一场灾难的想法。这将导致个体陷入极端不良的情绪体验，如耻辱、自责自罪、焦虑、悲观、抑郁的恶性循环之中而难以自拔。

贝克的认知疗法

一、人物简介

贝克是美国精神病学家、临床心理学家，认知行为治疗的创始人。

1921 年贝克出生于罗德岛普罗维登斯，是来自俄罗斯的犹太籍移民。他儿时曾经在医院住院，当他发现自己会因为乙醚的气味头晕眼花时，他试图通过转移注意力的方式来克服对乙醚的反应。他称这是他第一次尝试认知行为疗法，这或许是他从事心理学研究的开端。

1942 年贝克获医学博士学位。40–70 年代他先后任教于耶鲁大学、宾夕法尼亚医学院等多所大学。

1954 年贝克任精神病学教授。

1965 年贝克任认知治疗中心主任。

1975–1977 年任费城西部社区心理健康联合会主任，着重研究抑郁症的认知疗法，并制作“贝克抑郁量表”（BDI）。他认为紊乱的思维是导致抑郁的主要原因，即患者过分关注失败，并把部分的失败视为完全的失败。他主张在治疗中应使患者重新认识这些倾向。如通过完成家庭作业帮助患者获得成功的体验，随着治疗进展中逐步增加作业量和难度，最终使患者学会以适当的积极思维方式取代旧的思维方式。

1983 年贝克获美国心理病理学会奖。

1985 年贝克编制出“贝克焦虑问卷”（BAI）。

2009 年，在接受《泰晤士报》采访时，贝克这样描述负性认知带来的影响：“这些人有能力做得更好，但他们怀有的这些失败主义的态度和期望都让他们觉得自己会失败。”当人们的负性认知发生改变后，行为也会随之改变，同时，行为的改变又会强化人们的正向认知，从而形成良性循环。

2019 年，98 岁的亚伦·贝克博士在《心理科学视角》上发表了一篇名为《60 年认知理论与治疗 》的文章，他在文中这样总结自己一生的学术研究：“回顾过去的 65 年，我的职业生涯充满了我可以用‘连续不断的冒险’来形容的东西。大多数时候，我所面对的挑战都是我自己的挑战：就像迷宫中的忒修斯（Theseus），每当我似乎找到了一个问题的解决方案，我就会面临另一个问题。”

2020年，99岁高龄的贝克与马丁·塞利格曼在网络上探讨人们在疫情期间的心理健康问题。

2021年贝克认知行为治疗研究所发表的一份声明称，知名心理咨询师亚伦·贝克博士于11月1日在费城的家中去世，享年100岁。他被心理学界认为是认知行为疗法之父，他女儿称："他开创性的研究成果影响了几代心理系学生、咨询行业从业者、精神科临床医生和心理学研究人员。"

牛津大学心理学教授戴维·克拉克（David Clark）这样评价贝克博士："他不停地研究精神病学中的每一种情况，并且阐述他认为如何解决这类问题的想法，然后讲这些想法留给后人进行实践，我不认为从前有人能像他这样工作。"

范德比尔特大学的心理学家史蒂文·霍隆（Steven Hollon）在谈到贝克博士时说："他接受了100年的教条，发现它站不住脚，于是就发明了一些简短、持久、有效的方法来取代它。他几乎挽救了心理治疗本身。"

二、理论基础

贝克认为，认知是情感和行为的中介，异常的认知产生了异常的情绪和行为。而每个人的认知模式是由过去的一切经历决定的，它会深刻影响人们对事物的评价，进而支配人的行为模式。他认为人们思考问题时常会自动地出现估价思维（也称自动思维），而负面的自动思维就会导致抑郁、焦虑和其他行为障碍。

贝克认知疗法的主要目标是协助来访者克服认知的盲点、模糊的知觉、自我欺骗、不正确的判断，及改变其认知中对现实的直接扭曲或不合逻辑的思考方式。辅导员透过接纳、温暖、同理的态度，避免采用权威的辅导方式，引导来访者以尝试错误的态度，逐步进入问题解决的历程中。

认知治疗的基础理论来自信息加工的理论模式，认为人们的行为、感情是由对事物的认知所影响和决定，而歪曲或错误的思维则会促成心理障碍。

贝克总结了六种常见的认知歪曲形式。

第一种，独断的推论。独断的推论，指没有充足而相关的证据便骤下结论。

第二种，选择性的偏差推论。选择性的偏差推论，指以整个事件中的单一细节下结论，而失去整个内容的重要性。

第三种，过度类化。过度类化，指把某件意外事件产生的极端信念不恰当地应用在不相似的事件或环境中。

第四种，扩大与夸张。扩大与夸张，指过度强调负向事件的重要性。

第五种，个人化。个人化，是一种使外在事件与自己发生关联的倾向，即使没有任何理由做这种联结。

第六种，极端化的思考。极端化的思考，指思考或解释事情时用全有或全无的方式，或用“不是……就是……”极端地将经验分类。这种二分法的思考会把事情都分为好或坏。

梅肯鲍姆的认知行为疗法

一、人物简介

唐纳德·梅肯鲍姆（Donald Meichenbaum）是当代心理学发展史的传奇人物。

1940年唐纳德·梅肯鲍姆出生于美国，发明了认知行为矫正法（Cognitive Behavior Modification，CBM）。CBM的主要观点是“行为改变的先决条件在于个体必须注意自己是如何思考、如何感受、如何表现及如何对别人产生影响”，而为了要产生改变及矫正，个体必须融入其行为的内部对话中，如此他们便能够在各种情境下来评估自己的行为。

作为认知行为疗法的创始人之一，他被《美国心理学家》评为“20世纪最具影响力的十位心理治疗师之一”，与贝克（Aaron Beck）和艾利斯（Albert Ellis）一起将“C”加入CBT（Cognitive Behavior Treatment），而且他也是无数认知行为理论治疗师的引路人。

二、理论基础

梅肯鲍姆认为烦恼的情绪是思考调适不良的结果。行为改变是透过一系列的中介历程，包括内在语言的交互作用、认知结构、行为以及因行为而产生的结果而发生的。人们对自己的内心对话会影响他们对其他事情所采取的行动。认知机能评定的目的就是评定人们的内部对话是如何影响行为的，如何受到其他事件或行为过程的影响的。

梅肯鲍姆认为，行为改变是通过一系列的中介过程进行的，其中涉及内心对话的互动、认知结构、行为以及这些行为所产生的最终结果。他将改变过程描述为以下三个阶段。

第一阶段，自我观察。使来访者学习如何观察自己的行为。当治疗开始的时候，他们的内部对话是充满了消极的自我陈述和意象的。在这一步，关键的因素是他们愿意和有能力倾听自己。随着治疗的进行，来访者获得了新的认知结构，这就使得他们能够以一种新的角度来看待他们的问题。这个重新概念化的过程是通过来访者与辅导员的共同努力而产生的。

第二阶段，开始一个新的内部对话。如果来访者希望改变，他们对自己所说的就必须能够产生一种新的行为链，一个完全不同于他们原先适应不良行为的行为链。来访者通过治疗学会改变他们的内部对话，他们新的内部对话将作为新行为的向导。反过来，这一过程也会影响来访者的认知结构。

第三阶段，学习新技巧。教给来访者一些更有效的可以在现实生活中应用的应对技能。同时，来访者要继续注意告诉自己一些新的内容，并且观察和评估它们的结果。当他们在各种情境下以不同的方式行动时，他们通常就可以从别人那里得到不同的反应。来访者所学内容的稳定性在很大程度上受他们告诉自己的有关新学行为和它的结果内容的影响。

格拉瑟的现实疗法

现实疗法（Reality Therapy）是美国加州精神病医生格拉瑟于 20 世纪 60 年代创立的。这是一种以存在主义和人本主义观点为基础的心理疗法。该疗法认为心理行为问题是由于人不能负责任所导致，其中心任务是帮助来访者承担起个人的责任，积极解决现实的问题 。

1961 年，格拉瑟在《心理健康还是心理疾病？》一书中首次谈到现实疗法的一些基本思想和实践尝试。自此以后，现实疗法就以其一些受欢迎的特色迅速受到咨询和治疗者地注重并推广开来。从基本倾向来看，现实疗法属于认知—行为的治疗。

一、人物简介

1925 年格拉瑟出生在美国俄亥俄州的克利夫兰。早年他在美国俄亥俄州克利夫兰受教育，后进入凯斯西储大学。

1945 年格拉瑟获临床心理学学士学位。

1948 年格拉瑟获临床心理学硕士学位。

1953 年格拉瑟获加州大学洛杉矶分校医学博士学位。

1954–1957 年格拉瑟任实习医生。

1957 年，格拉瑟在洛杉矶的退伍兵管理中心洛杉矶加州大学参与精神病治疗训练。

1961 年格拉瑟取得检验合格证书。受训期间，他感到其所接受的传统的精神分析治疗有很大局限性，这是他创造现实治疗法的种子。他对学习精神分析感到有挫折，他把这个不满向他的老师和在第三年开始做他的临床督导的 Harrington 说了。在以后的 7 年里，Harrington 一直是他的督导。

1956 年，格拉瑟曾在凡图拉（Ventura）女子学校担任精神治疗咨询师。该校是加州处理少年犯的公立机构，他在一个州产医院里为违法的少女做咨询。一开始他的同事反对他的改变纪律和教学实践的建议，但是后来他们发现他的方法有用。他以友谊和责任影响一个一开始拒绝改变的群体，他的方法包括个体和群体治疗，以及工作人员训练。他在凡图拉中学创造了一种针对吸毒少女的特定的治疗方法。

在格拉瑟对州立医院里违法的少女的咨询成功为人们所了解后，他成为加州学校系统的顾问。之后，他在加利福尼亚系统地阐述了现实治疗法，并在洛杉矶建立现实疗法研究所（以洛杉矶为基地）。他在美国、加拿大和其他国家举行研讨会，并利用研究所的分支机构——教师培训中心，把现实治疗法运用到学校情境之中，培训了 10 万名教师，影响较大。

1961 年，格拉瑟出版的第一本著作《心理健康还是心理疾病？》一书中首次谈到现实治疗法的一些基本思想和实践尝试。

1965 年格拉瑟的《现实疗法》一书问世，标志着现实治疗法的正式推出。

1967 年格拉瑟在洛杉矶建立了现实治疗法协会（1996 年更名为威廉·格拉瑟协会）。

1968 年格拉瑟成立了对教师做现实治疗法训练的分支机构——教育训练中心。

1973 年现实治疗法协会（控制论、现实理论和有效管理协会）开始进行现实治疗家的资格认定。现实疗法的基础是控制理论（Control Theory）。

1996 年格拉瑟将控制理论更名为选择理论（Choice Theory）。

格拉瑟对精神分析不满，认为精神分析不是教人对自己负责，而是固守过去并因过去而总是指责别人。他认为人都有爱与被爱两种基本需要。如果这两种需要不能得到满足，人就会产生焦虑、怨恨、自暴自弃等消极情绪反应，并可能产生逃避现实、不负责任的欲望。现实疗法强调当事人的责任和力量，重视当前的行为，协助当事人拟定明确的行为改变计划并切实执行；以关怀和尊重为基础建立彼此的信任关系，强调当事人自身优点和潜能，帮助他发展成功认同经验。它的基础是选择理论，重点放在改善关系（也就是帮助当事人去讨论他生活中的一些关系，并且他愿意透过什么样的努力来为已经遭到破坏的关系做努力）。

二、理论基础

（一）人格理论

现实疗法对人的一个基本假定是，每个人都力求较好地控制自己的生活，以达到一种“成功的统合感（success identity）”。格拉瑟认为人有一些基本需要。在早期理论中，格拉瑟提出两种需要：爱的需要和自我价值感需要。一个人需要爱人，也需要被人爱（需感到自己在别人眼里是重要的，体验到自己是一个有价值的人）。20世纪80年代以后，格拉瑟提到人有五种基本需要：生存、归属、力量感、乐趣和自由。这些需要都得到较好的满足的人，就能体验到成功的统合感。与具有成功的统合感的人形成对照的是具有“失败的统合感”的人，他们相信没有人爱自己，觉得自己卑微渺小，没有能力做任何有意义的事情，对自己的问题也无能为力。在格拉瑟看来，有心理困难，需要咨询和治疗帮助的人就是具有失败的统合感的人。

一个人生活在一个现实的世界中，要满足他的基本需要，体验到成功的统合感，就必须在现实环境中有合适的行为。只有他做出合适的选择，合适的行为，他才有可能从与环境的关系与他人的关系中获得他需要的东西。从这个意义上说，一个人的命运取决于他自己，必须由自己对自己负责。换一种说法，即环境中总是存在社会评价、社会期望、奖励和惩罚的力量，一个人要满足自己的基本需要，就必须依赖环境和他人，而他能控制的是他自己的行为，他能够决定自己做或不做、怎样做某些事情，使自己的行为既符合自己的需求，同时又不剥夺他人满足他们自己的需要的机会。这样的行为才是现实的、负责的行为。

（二）控制理论

20 世纪 80 年代，格拉瑟对 William Powers 的控制理论（control theory）产生共鸣。征得 Powers 的同意，用控制理论解释现实治疗法。1984 年出版的《控制理论》（ControlTheory）成为现实治疗法的理论基础。此时，格拉瑟版本的控制理论已远离了 Powers 的概念，加进了许多心理学观点。例如，人们依赖知觉到的现象而不是纯粹的现实，用动词的主动语态代替被动语态来强调人类行为的选择特点，将人的基本需要由两种（爱和自我价值）发展为五 种等。从此控制理论成为现实治疗法的基础和核心。

（三）选择理论

1995 年，在爱尔兰召开的现实治疗法协会全国会议上，John Murphy 指出使用“控制”一词会遇到很多麻烦，因为“控制”好像指的是控制别人，与格拉瑟的本意正好相反。1996 年 4 月，澳大利亚等国家之行遇到的纪律问题使格拉瑟更明确的意识到外部控制（external control）与内部控制（internalcontrol）的差别。格拉瑟及其同事面临的主要问题是为他的理论体系的核心思想——内部控制做更明晰的定义，以及从所有体系中淘汰外部控制，用内部控制来取代；创立内部控制体系，而不是使外部控制系统更人性化。最后，格拉瑟决定用“选择理论”代替“控制理论”。这个变更代表了格拉瑟思想中一个完全不同的新阶段。他终于完全使用自己的理论来解释自己创立的疗法。

格拉瑟提出了选择理论的 10 条原理。

1. 人只能控制自己的行为。

2. 信息在本质上就是人们所交换的所有东西，人们必须选择他们怎样对待从他人身上获得的信息。

3. 持续时间长的问题一般是关系问题。

4. 有问题的关系影响我们当前的生活。

5. 注重过去不能改进当前的重要关系。

6. 人们受到动机驱使来满足生存、爱、归属、权力、自由和享乐的需要。

7. 需要的满足有赖于一个人的“优质世界”中的满足情况。

8. 在一生当中，人们从事与行动、思维、情感、生理有关的行为。

9. 与行为相关的对选择的觉察可以通过采用不同的语言方式得到加强。

10. 人们对自己的行动和思维有着直接的控制，而对自己的情感和生理有着间接的控制。

（四）困难实质

在现实治疗者看来，不存在什么心理疾病，所有的心理困难皆源于失败的统合感。发展出了失败的统合感的人感到孤独，与他人疏离。他们的行为无益，无效，不能满足基本需要；他们自责、自卑，觉得自己一无是处，且认为自己无能力改变自己，不能承担责任；他们倾向于让步、放弃、投降，习惯于接受失败。这些都是心理困难者在症状方面的共同特点。

（五）辅导的重点

现实疗法认为行为包括四种组成成分：行动、思维、情感体验和生理反应。根据格拉瑟的行为控制理论，从控制的有效性或容易程度来说，比较容易控制的是行动和思维。因此，现实疗法把治疗过程的重点放在行动——可观察的行为上。它并非完全不理会情绪感受，但它总是从情感与行动和思维的关系、联系的角度来谈论情感。相信随着个人成功地控制其行动，情感体验也会随之改善。格拉瑟说："我们不能够命令自己感到好受些，但我们总能够命令自己做得更好些，而做得更好些会使我们感到好受些。"

更进一步地说，现实治疗者关注的外显行为是当前的和今后的行为，而不是过去的行为。他们认为人不能改变他的过去，关注过去的失败是浪费时间。关注现在和将来才是建设性的。因此，现实治疗者总是把主要精力放在帮助来访者分析他当前在做什么，他的所作所为是否能有效地满足个人需要；帮助来访者设计新的行为，并随即付诸实践。

（六）辅导的目标

帮助来访者认清什么是他们真正需要的，认清自己为什么需要这些；辅助他们对自己当前的所作所为进行分析评价，让他们看看自己现有的行为是否有益、有效、负责（对满足自己的需要而言）；协助他们选择负责任的行为，制订建设性的行动方案，以便做出改变，达到对自己生活的有效控制。因此，负责任的行为是现实治疗的核心目标。负责任的行为的含义是"满足自己的需要，而在这样做的时候其行事方式又不剥夺他人满足他们的需要的可能性"（格拉瑟语）。

（七）现实疗法的治疗特征

1. 反对医疗模式。现实治疗法否定心理疾病的观念，假定行为失常的种种形式，都是不负责任或需求未能达成的结果。此一方法不用心理诊断，并视心理疾病等于不负责任行为，而心理健康等于负责行为。

2. 成功认同与积极的嗜好。成功认同的概念对理解现实治疗法具有重要作用，持有“成功认同”（success identity）的人，视自己是个能够给予爱与接受爱的人，感觉到自己有力量，具有自我价值感。格拉瑟另发展出“积极的嗜好”（positive addction）观念，作为在生活中培养心理力量的主要来源。常见的做法是跑步与冥想。

3. 强调现在而不重视过去。主张应视当事人为一“具有广泛潜能的常人，而不应视其只是具有问题的病人”，因此格拉瑟不赞成浪费时间去追究问题与失败，并建议治疗者去探索当事人的长处。更需在会谈中，强化这种长处，至于重述历史与探查过去，他均视为无用。

4. 强调价值判断。它重视当事人所扮演的角色，判断自身行为的本质以决定到底什么因素造成他们生活上的失败。除非当事人能断定他们的行为具有建设性或破坏性，否则就不能产生任何改变。

5. 反对移情。现实治疗法拒绝采用移情作用。格拉瑟认为，传统的治疗者通过移情作用，将自己的想法灌输给当事人。现实治疗法要求治疗者以本来的面目出现，不要将自己的角色想成是对方的父亲或母亲。格拉瑟自创立现实疗法之后，即强调当事人在治疗中不会想要去探索过去不成功的生活，只想与一个真实存在的人愉快地相处。

6. 强调人格的意识层面而非潜意识层面。按精神分析的理论：对于潜意识有所了解与洞察，是人格改变的先决条件。现实治疗法主张：强调潜意识，即避开当事人不负责任的中心问题，并且给他一个逃避真实的借口。领悟固然极富意义，但现实治疗法并不认为这是产生改变的重要因素。

7. 强调责任。现实治疗法一直都强调责任的重要性。格拉瑟将负责界定为：凡为满足个人需求，但不妨碍他人满足其需求的行为谓之负责。负责的人具有自发性，知道自己从生活中需要什么，并会拟订计划来满足需求与目标。简言之，负责指个人已学会有效地控制其生活。格拉瑟强调，不论治疗者或普通人，均应避免批评，因为如果我们学会过负责的生活，就不会苛求自己——寻找自己的缺点并加以批评对我们并无帮助。

合理情绪疗法的方法与技术

一、辅导过程

合理情绪疗法认为人们的情绪障碍是由人们的不合理信念所造成，因此通过改变认知，以合理信念代替不合理信念，帮助来访者减少或消除情绪障碍。辅导过程一般分为四个阶段。

（一）心理诊断。建立良好工作关系，摸清来访者所关心的各种问题，从其最迫切希望解决的问题入手。

（二）领悟。帮助来访者认识到是不合理的信念导致情绪困扰，他们要为此负责任。

（三）修通。通过与非理性信念辩论，帮助来访者认清其信念的不合理，并放弃这些不合理信念。

（四）再教育。帮助来访者学会以合理信念代替不合理信念，建立新的情绪。

二、方法与技术

（一）与不合理信念辩论

这一辩论方法的辅导员必须积极主动地、不断地向来访者发问，对其不合理的信念进行质疑。提问的方式可分为质疑式、夸张式、极端式和更新式。

1. 质疑式。辅导员直截了当地向来访者的不合理信念发问，如“你有什么证据能证明你的这一点”“为什么别人可以失败，而你不能”等。通常来访者不会轻易放弃自己的信念，所以辅导员要不断努力，使来访者认识到他们的不合理信念是不现实的、不合逻辑的，并会以合理信念代替那些不合理信念。

2. 夸张式。辅导员针对来访者的不合理信念故意提一些夸张的问题，将来访者信念的不合理之处以夸张的方式放大给他们自己看。如一位社交恐怖的来访者说“别人都看着我”，而辅导员要问“是否大家什么都不干了，都围着你转”等。

3. 极端式。质问来访者这件事最坏的结果是什么。例如：如果考试不及格了，就真的是世界末日了吗？

4. 更新式。提醒来访者换个角度想这个问题。例如：她和你分手了，也是一件好事，或许这可以使你有机会认识其他更优秀的人。

（二）合理情绪想象技术

这一技术（简称为 REI），需要由心理教师进行指导，帮助来访者进行想象。步骤如下。

1. 使来访者在想象中进入自己产生过情绪困扰的情境中，体验在这种情境下强烈的情绪反应。

2. 帮助来访者改变这种不适当的情绪反应并体会适度的情绪。

3. 停止想象，让来访者讲述他是怎么想的而使他的情绪发生了变化。辅导员强化来访者新的合理信念，纠正其不合理信念。

（三）认知家庭作业

理性情绪疗法既需要辅导员努力，也需要来访者本人努力，并将这种努力延续到会谈之外的时间。在完成作业的过程中，来访者可以很好地掌握会谈的内容，并学会自己与不合理信念进行辩论。认知的作业主要有：理性情绪疗法自助量表、与不合理的信念辩论和合理的自我分析。

1. 理性情绪疗法的自助表格。内容为先让填表者找出 A 和 C，然后再找 B。表中列出十几种不合理信念，填表者可以从中找出符合自己情况的 B，若还有其他的不合理信念，则单独列出。接下来请填表者自己做 D，对自己的不合理信念一一辩论，最后填写 E，通过自己与自己的不合理信念辩论而达到效果。

2. 与不合理的信念辩论。需来访者回答以下具体问题：我打算与哪个不合理信念辩论并放弃这一信念？这个信念是否正确？有什么证据能说明我这个信念是错误的？假如我没能做到自己认为必须要做到的事情，可能产生的最坏的结果是什么？假如我能做到自己认为必须要做到的事情，可能产生的最好的结果是什么？

3. 合理地自我分析。也是一种由来访者自己完成的作业，内容也是 ABCDE，但重点在 D 上。

三、认知疗法的方法与技术

（一）识别自动化思想

自动化思想是介于外部事件与个体对事件的不良情绪反应之间的思想。来访者在认知治疗过程中，首先要学会识别自动化思想，识别情绪出现之前的特殊思想。辅导员可采用提问、指导来访者想象或角色扮演来发掘和识别自动化思想。

（二）识别认知错误

常见的认知错误有独断的推论、选择性的偏差推论、过度类化、扩大与夸张、个人化、极端化的思考。辅导员通过听取和记下来访者诉说的自动化思维及不同情境和问题，然后要求来访者归纳出一般规律，找出其共性，来识别认知错误。

（三）真实性检验

鼓励来访者把不合理信念当作假说来看待，设计方法来调查、检验这种假设，结果可能会使他发现他的这种信念在绝大多数的时间里是不符合实际的，这样就可以改变其认知。

（四）去注意

很多抑郁、焦虑的来访者都认为他们是人们注意的中心，人们时时刻刻在评价他们的言行，治疗中要求来访者不像以前那样来做事，换一种和平时不一样的方式来做事，结果发现人们根本没注意到他发生了变化，使来访者觉知到很少有人会注意他的言行。

（五）监察苦闷及焦虑水平

很多焦虑来访者认为他们的焦虑水平一直很高，但实际上焦虑是发生波动的，鼓励来访者对焦虑水平自我监控，使其认识焦虑波动的特点，增强其抵抗焦虑的信心。

四、认知行为疗法的方法与技术

（一）认知—行为评定

关心认知对行为的影响，关注来访者在不同时期中的内部对话的变化，促进治疗。

（二）压力—免疫训练

该技术假定通过改变压力情况下的自我暗示与信念可以提高应对压力的能力。梅肯鲍姆为压力免疫训练设计了三个阶段模式。

1. 概念阶段

首要的关注点是与来访者建立一种工作关系。

这一点主要是通过帮助他们获得对压力本质的一个更好理解，以及用社会交互作用观点来对它进行重新定义而做到的。

在这一早期阶段，咨询师要得到来访者的合作，并且一起来重新思考来访者问题的实质。一开始，咨询师为来访者提供一个专门为他们设计的简单概念框架，帮助他们理解他们是如何对一系列压力情境做出反应的，让他们认识到认知和情绪在造成与维持压力过程中所扮演的角色。在开始咨询的时候，来访者经常感觉自己是外部环境、想法、情感和行为的受害者，而这些因素都是他们无法控制的，从而给他们带来了一定的压力。想要排解掉他们的压力，就要让他们做压力接种训练。

做压力接种训练时要让来访者觉察到自己压力形成的原因。要获得这种觉察，就必须系统地观察他们的内部陈述，并且监控这一内部对话带来的适应不良行为。这种自我监控贯穿了各个阶段的始终。来访者通常要记一种开放性的日记。在日记中，来访者系统记录自己的具体想法、情感和行为。在教授这些应对技能的过程中，咨询师要努力做到灵活地使用各种技术，并且要对来访者的个人、文化和情境环境保持敏感。

2. 技能获得与练习阶段

关注点是教给来访者各种行为和认知应对技术以应用于不同的压力情境。

这一阶段包括一些直接行动，例如收集有关来访者的各种恐惧的信息，明确找到是什么情境给来访者带来了压力，让他们通过各种途径来做一些不同的事以减缓他们的压力，以及学习躯体和心理放松方法。

这一训练包括认知应对。通过学习，让来访者认识到适应性与适应不良的行为都是与他们的内部对话相联系的，从而使他们获得和复述一种新的自我陈述。

梅肯鲍姆（1986年）提供了一些应对陈述的例子，它们都是可在本阶段复述的。

（1）"我怎样面对和处理这个压力？（用什么方法能够解决这个压力源？我怎样才能战胜这一挑战？）"

（2）"我怎样能不感觉被压垮？（眼下我可以做什么？我怎样才能把恐惧保持在自己的控制下？）"

（3）"我怎样强化我的自我陈述？（我怎样可以认可自己？）"

作为压力管理程序的一部分，来访者要接受各种不同的行为干预，其中包括放松训练、社会技能训练、时间管理指导和自我指导训练。

咨询师帮助他们改变生活方式，例如重新评价各种事情的轻重缓急，发展支持系统以及采取直接行动去改变压力情境。咨询师向来访者介绍一系列的放松方法，并教给他们如何使用这些技术来降低压力的唤醒水平。通过教授、示范和有指导的练习，来访者可以学会逐步放松技术，并且定期进行练习。

推荐使用的其他放松方法包括冥想、瑜伽、紧张和放松肌肉群及控制呼吸技术。放松还包括走、慢跑、做园艺、编织或其他类似的体力活。梅肯鲍姆认为放松既是一种躯体状态也是一种精神状态。

3. 应用于持续改变阶段

对于来访者来说，仅仅告诉自己新的东西通常还不足以带来变化。他们需要实践这些自我陈述，并且把他们的新技能应用到现实生活情境中。一旦来访者熟练掌握了各种认知和行为应对技能，他们就要开始练习难度逐步提高的行为家庭作业。

咨询师让来访者写出他们愿意完成的家庭作业。这些作业的完成情况将在随后的会面中得到仔细地检查。如果来访者没能完成它们，咨询师将和他们一起寻找失败的原因。

后续和加强治疗通常安排在治疗之后3个月、6个月和12个月的时候，目的是激励来访者继续练习和提高他们的应对技能。

SIT可以被看作整个压力管理程序的一部分，它的训练成果将伴随着整个程序的进行而延伸下去。压力管理训练对于许多问题和来访者都存在着应用价值，它既可用于矫正也可用于预防。它的应用领域包括愤怒控制、焦虑管理、自信训练、创造性思维的提高、抑郁治疗和对健康问题的处理。

此外，压力管理训练也被用来治疗肥胖者、多动儿童、社会孤立者、创伤后应激受害者以及精神分裂症患者。

（三）认知重建技术

通过矫正来访者的态度、推理和信念，来达到治疗效果。

现实疗法的方法与技术

现实疗法的主要目标是帮助来访者以负责任且不干扰他人权利的方式来满足自己的需求，过自己的生活。辅导过程在本质上是教育性的，主张积极的辅导关系可以促进辅导疗效。

一、现实疗法的过程

格拉瑟提出了一个八步骤方法来实施现实疗法。

步骤一：建立良好的辅导关系

现实治疗也非常重视咨询者和当事人之间的个人关系。它把这种关系叫作相互的“卷入”。在咨询者这方面，他要以个人化的、真诚的、理解的态度对待来访者，创造一种亲密、相互信任的关系气氛。重点是让来访者感受到咨询者信任他有能力做出负责任的行为，感受到咨询者对他的接纳和尊重，从而体验到自我价值感。但这种关系不能向来访者传递这样的感觉：由咨询者对来访者负责，他可以依赖咨询者，不必依靠自己。

在治疗的初始阶段，有意识地让来访者在思想上认清自己的要求和希望也是一项必需的工作。要让来访者明确地意识到什么是自己不想要的（例如焦虑、痛苦、抑郁、人际矛盾，等等），什么是自己想要的（例如愉快轻松、爱情、金钱、称意的工作、良好的人际关系，等等）。

步骤二：注重考察当前的行为

现实疗法不主动去探讨来访者的过去，过去已是确定和不可改变的了，人们能够做的是改变现在和将来。若偶尔辅导员问到来访者的过去，那也是因为它与现在的问题有关。辅导员常向来访者提这样的问题：“你现在在做什么”“在这一周里你都做了什么”“什么事阻碍了你未来想要做的事”“明天你打算做些什么”，等等，把关注的要点放在当前的、外显的行为上。

辅导员要让来访者接受这样的看法，即他们的问题是由他们自己造成的。如一个来访者说他感到焦虑，辅导员可以让他找一找，他究竟做了什么使自己焦虑，有没有做了什么事能减轻焦虑，怎么做可以减轻焦虑等。

步骤三：让来访者评判自己的行为

鼓励来访者评价他们自己的行为，只有当来访者认识到他们的行为不能帮助他们达到他们的目标时，他们才可能会出现积极的变化。可以通过提这些问题来促使来访者对自己的行为做出评判："你现在的行为对你有很大帮助吗""你现在做的事情是你想要做的吗""你的行为能有所收获吗"，等等。

步骤四：帮助来访者制订一个行动计划

当来访者知道自己目前的行为对自己并无帮助后，他们一般都会探索和尝试新的行为，并制订一个包括这些行为的计划。辅导家阿普盖特指出，一个好的计划应具备下述特点。

（一）简单而明确；

（二）能分解为几个小部分；

（三）只包括将要做什么而不包括将不能做什么；

（四）只与来访者的行为有关，不涉及他人的行为；

（五）具体，即包括做什么、何时做、在哪里做和做多长时间等；

（六）重复，即能在日常生活中经常做；

（七）能立即实行。

步骤五：做出承诺

制订计划后，辅导员会促使其做出一个在日常生活中执行该计划的承诺，承诺会推动个体产生积极的变化，如果个体只是把变化停留在口头上而不去执行，那么辅导员可以问他："你将实践你的计划吗？""什么时候开始实践你的计划。"

步骤六：不接受来访者的"借口"

在来访者做出承诺后，现实疗法不接受他们为不执行计划而做的任何解释。辅导员可以提这样的问题："发生了什么事？""你的计划现实吗？""我们是不是需要重新商量一下？"格拉瑟说，接受"借口"将会传达这样的信息：我接受你的看法，你没有能力和条件做出改变。他强调，在辅导中辅导员应该有足够的勇气拒绝接受来访者的"借口"，让来访者体验因计划未实施而带来的痛苦。然后，在辅导员的帮助下回到步骤 4 和 5，协商出一个新的计划，做出新承诺并付诸行动。

步骤七：不使用惩罚

现实疗法不主张在辅导中运用惩罚。如果来访者未能按计划去做，他不会受到辅导者的责难、鄙视或任何别的惩罚，但他应该承担自己不负责任的行为所导致的自然结果。格拉瑟认为惩罚有诸多弊端，其中最重要的是会强化来访者的失败感，以及无价值感和无能感，而这正是现实治疗力求消除的东西。行为后果则不同，它是行为的逻辑结果，是自然现实的东西。它会使来访者认识到“种瓜得瓜，种豆得豆”的道理，认识到个人需对自己的行为负责。这个认识不是外人灌输给他的，是现实教给他的。行为后果对来访者同样有鞭策、激励作用，但不会有惩罚的那些弊端。

步骤八：坚持不懈

现实疗法不承认这样的说法：某人是不可改变的、无望的。所以无论来访者的态度如何，辅导员永远相信他们有能力使自己产生变化。格拉瑟指出，现实疗法的辅导员应是“顽固的”，他们清楚可能要花很长的时间才能使来访者产生所期待的行为。当来访者认识到辅导员不会对他们失去信心时，他们的归属感会确定起来，使辅导产生效果。

现实疗法的最新版本强调一种四阶段的方法，用缩略词 WDEP 表示：

“W”指来访者的渴望、需求和知觉。在心理辅导的第一阶段，辅导员通过询问“你想（从你的工作、伴侣等处）要什么”的问题探索来访者想要从生活中得到什么。

“D”指来访者正在做什么及他或她正在生活中所前进的方向。辅导员可以问：“你在做什么？”“如果你继续做你现在所做的，你的生活将走向何方？”这一步骤集中关注评价来访者的当前行为，以此时此地来表达。

“E”指自我评价，格拉瑟认为自我评价是现实疗法中的重点概念。自我评价是指帮助来访者进入自我分析的过程，来确定“他们现在正在做的是否对他们起作用”。自我评价是心理辅导中的一个关键阶段，能帮助来访者获得参与转变过程的动机。

“P”指帮助来访者制订计划，做出必要的改变来更有效地满足自己的需求。计划针对从自我评价中获得的领悟。伍伯丁确定了有效计划的特征，即简单、可行、可测量、直接、投入、有来访者控制、专心致志和连贯一致。

二、主要技术

（一）共融关系

现实治疗法强调治疗者要以真诚的关心帮助当事人面对困难，寻求解决的途径，满足基本需求。因此治疗者要以第一人称的“我”来表明自己的看法与关怀，而不用含混的字眼。在治疗的初期，当事人可以谈论任何有兴趣的主题，而不必局限于述说自己的苦难与困惑等问题。

（二）设限

治疗者必须设定计划中所能给予的时间与关怀，只能在约定时间内与当事人建立正常的共融关系，而不允许约定时间之外过度的相处与交往。

（三）面质

面质是治疗者以一种对立的，不接受任何解释的态度，帮助当事人面对自己不负责任的行为，看清阻碍成功的不当防卫与借口。

（四）示范

社会技能可以从观察与仿真中习得，自我控制有时也能从观察别人的反应中而有所增进。

（五）教师的角色

当事人表现出负责的行为，常期望治疗者给予奖励。否则，应具有不同的表示，不能只是唯唯诺诺。治疗者还需教导当事人，应从日常生活当中采取较佳的途径以满足需求。

（六）幽默

治疗者使用幽默可以使与当事人的关系轻松自在，也可以使当事人学习健康的方式来面对自己的失败与弱点。

（七）矛盾法

现实治疗法以不同传统的咨询方式来面对当事人的问题，使当事人未有防范地接受这种说法，而以不同的角度真正看清问题，使治疗重于行为而非感觉。

案例分析

艾利斯的合理情绪疗法

下面的例子摘自艾利斯 1971 年为一位女士治疗的过程，从中可以看出理性情绪疗法是怎样改变错误想法的。

来访者：哦，这就是困扰了我很长时间的整件事。我总是害怕我会出错。

艾利斯：为什么？你害怕什么呢？

来访者：我不知道。

艾利斯：你说当你犯错误时你认为自己是一个坏女人，是一个卑鄙无耻的小人？

来访者：对，我差不多总是这样。每次犯错误，我都懊悔得想死几千遍。

艾利斯：你在责备你自己。但是为什么？你害怕什么？你那样做会对你以后有帮助吗？会让你减少犯错误的次数吗？

来访者：不会。

艾利斯：那你为什么还责备自己呢？为什么你一犯错误就变成卑鄙小人了呢？有谁那样说过吗？

来访者：我想那是我的一种感觉。

艾利斯：是你的一种观念，就是“我是一个卑鄙小人”。那么你就会有这样的感觉：哦，真糟糕！真可耻！这种感觉就伴随着观念产生了。你还会说：“我应该不是这样的，我是不应该犯错的！”事实上你应该这样想：“哦，看看，我又犯错了。我不愿意出错。那我怎样才能避免下次犯错误呢？”……

来访者：我们又回到了如你刚才所说的对赞同的需要上了。如果我不犯错，人们就会尊敬我。如果我做每件事都很完美……

艾利斯：是的，这就是你的错误观念：如果你从来不犯错误，每个人就都会喜欢你，而且对你来讲这是必要的……但事实上是这样吗？设想一下你从来没有犯过错误，每个人都会喜欢你吗？也许他们有时候会讨厌你的无理，难道不会吗？

理性情绪疗法的治疗师向来访者提出挑战，让他们找出自己的非理性观念，并认识到这些观念是怎样导致他们得出错误结论的。当然，这并不容易做到。多数人容易找出朋友的哪些想法是错误的，但当自己有情绪问题时，情况就不同了。理性情绪疗法经许多来访者验证是成功的，这对近些年来认知取向在心理治疗中运用的增多做出了贡献。

案例分析

现实疗法

1. 一般情况介绍

来访者 29 岁，未婚女性，教师。父母都已退休，因容貌出众，父母严加管教。读书时她拒绝所有追求者。最后的男友恋爱了一年多，母亲对男友的家庭不满意。后来男友提出分手。一个月前偶遇前男友，得知他马上结婚，本受失恋痛苦的她备受打击，陷入痛苦不堪的情绪困扰中，每天不可控制地出现各种与前男友相关的念头，对自己则是各种负面评价。对父母产生怨恨情绪，认为不幸都是父母的教育失当、母亲对男友家庭的挑剔所致。明知这样想不对仍控制不了，常与父母发生争执，事后又懊悔、自责。懒于家事，疏于打扮，回避正常社交。

家族中无精神疾病史，本人无重大疾病史。SAS 和 SDS 测验结果分别是 56 和 63 分。

2. 主诉与个人陈诉

主诉：因失恋陷入不可控制的负面情绪当中，不能自拔。生活充满混乱感和无助感。

个人陈诉：我感到痛苦不堪，多么想找回以前大学时的我，学习成绩好，相貌出众，傲视众多优秀的追求者。工作后恋爱屡屡受挫，最终很一般的男友都离我而去。一个月前偶遇前男友后，陷入自卑、沮丧、懊悔和自责等情绪困扰中。

3. 评估与诊断

按三项原则来综合分析所获得的临床资料，该来访者的问题排除精神疾病的可能。理由是来访者的主客观世界一致，其表现出的症状都有一定的诱因，对自己的症状有很好的自知力，求治愿望强烈。所以，该来访者的心理与行为表现属于一般心理问题的范畴。

4. 咨询目标的制定

根据以上的评估与诊断，经与来访者协商，确定如下咨询目标总目标：协助当事人找出更有效的方法，重新取得对生活的控制权，以满足其归属、权力、自由、快乐等需求。

总目标以下列分目标的实现为依托：降低她在人际方面（恋爱失败，与父母不和）的沮丧、无助，减少她对自己消极、自我贬低的评价，使其建立恰当的自我形象，使其不再有意回避正常的人际交往，让其学习积极有效地应对生活中各种问题的新方式。

5. 咨询方案的制订

（1）咨询理论。 在咨询中，咨询师主要运用了现实疗法的相关技术帮助来访者。现实疗法一直都在强调选择和责任的重要性。格拉瑟将负责界定为：凡为满足个人需求，但不妨碍他人满足其需求的行为谓之负责。负责的人具有自发性，知道自己从生活中需要什么，并会拟订计划来满足需求与目标。

（2）咨询过程。来访者在这里共做 11 次咨询。以下将按照格拉瑟八个步骤的顺序概述该咨询案例。

①努力建立友好关系，并且要贯穿整个过程。关心来访者，和来访者谈任何值得改变的事情。在倾听中，沮丧和无助的主题多次出现。谈话时，咨询师使用隐喻和幽默。立刻打破她先前的思考模式及消极的情绪体验，改变她内心的储忆。赢得她的好感，建立起信任、友好的咨询关系。

②探索来访者的希望、需要和知觉。来访者心中的欲望影像常常模糊不清，甚至无法准确地知觉自己的需要，“我嫉妒所有跟我同龄的已婚女人，她们都比我幸福”“我想现在只要谁向我求婚，不论是谁，我立刻会嫁给他”。但随着我们不断地互动，她越来越清晰地知道她的真实需要，她希望得到更多亲情、友情、爱情，从而满足其归属感。

③探索来访者的整体行为，特别是行为的“做”的部分。在探寻来访者择偶的观念时，使她觉察到她一直用做得最好的方式来得到爱，她也似乎用要求对方做到最好的方式来换取她的爱。当她的方式无效时，她就以截然相反的方式应对，如自视甚高、自我贬低等。当咨询师在来访者描述其行为或其情绪状态时，反复以“你现在选择要去做的事，能够使你得到你想要的吗”发问。这些问题能帮助来访者更有责任。来访者用与父母争执的方式也得不到父母的安慰，用自伤的方式也不能使男友回心转意。这时，咨询师也要教导当事人去为自己所选择的行为负责，并创造出成功认同。

④计划如何改变行为。当来访者习惯的行为无效时，决定尝试新的行为，就可以诱导对方拟订行为改变计划，评估该计划并承诺去执行。来访者决定改变其行为和状态。为了与习惯的无效行为模式相抗衡，我们列出了详细的书面

计划，例如：在与父母沟通时，来访者决定不再用对父母指责抱怨的方式来表述她的无助和沮丧，而是直抒其需要，不再说："你们为什么不……"而说："我希望你们……（具体做法）"。

⑤得到来访者对计划的评价。对每一个需要改变的行为和情绪状态的方案计划，我们都用标准去衡量，以便保证计划的切实执行。来访者对于计划的明确承诺，也是确保计划得以实施的一个重要方面。

⑥不接受对计划失败的借口。来访者对自我贬低这一行为程度的描述是"无时无刻"。改变这一行为的计划之一是监测和减少自我贬低言语每天出现的次数，以十五天为一个阶段。为了达到惩戒的目的，我们计划十五天后将汇总来访者用于咨询的费用，这笔费用中的一部分将用来访者前男友的名义在花店定玫瑰花送给其新女友。来访者认为这样的惩罚对自己一定最有效。但计划实施的第一天下午下班前，来访者就哭着打电话说到现在为止她已经付出了127元，她不想这么做了，这没用而且让她更沮丧。

咨："是什么让你更沮丧？"

求："我发现我竟然有这么多对自己的消极评价，真成习惯了，我改不掉了。"

咨："我好像记得你昨天说，你无时无刻不在自我贬低。今天，你只监测到127个。"

求："你什么意思？不算多？……是不算多。"

接下来来访者听起来平静多了。

咨："能监测到，我们就能逐渐控制它、减少它。"

求："是的，我会继续。"

咨询循环包括追踪当事人的行为改变了多少，以及在需要时提供更进一步的咨询。

⑦治疗师不批判、不辩论，也不处罚来访者。来访者在计划的执行中多次按自己的意图擅自修改或中断计划，咨询师就接受这个结果，不批评、不处罚，但会与她讨论没有按计划做的后果是什么，并再次评估和制订计划。

⑧治疗师不放弃来访者，不断地支持他。当来访者能够对自己的消极评价做出监控，并减少时，我们计划以奖励的方式促进其有效行为的养成。咨询师建议和鼓励来访者当消极念头出现时用一个中性或积极的念头去替代它。例如：当她上班迟到时，她会想："同事们都会暗暗鄙视我、嘲笑我。"而现在用于替代的想法是："迟到不好，无论谁迟到都不会得到赞赏。"当她这么做了，就要及时地鼓励、奖励自己。

6. 咨询效果

咨询结束时，来访者说她不再那么沮丧无助了，她与父母的关系也正在得到更进一步的改善，最重要的是她感到自己正重新赢得自己对生活的控制权，她感到自己有力量选择和运用更有效且更好的行为方式和情绪状态。再测 SAS 和 SDS，测验结果分别是 42 和 46 分。此个案表明对于急于求治的来访者来说，现实疗法将治疗聚焦于当前的特征对于尽快缓解他们的问题是有利的，疗效较显著。在具体实施过程中，寻求来访者的真正需要，并让其感知不是件容易的事，当计划制订后，如何让来访者执行计划是另一个考验。

第六章

心理辅导的策略和途径

学校心理健康档案

一、什么是学校心理健康档案

学校心理健康教育档案可以从广义和狭义的两个角度来理解。广义的学校心理健康教育档案泛指在学校心理健康教育工作中形成的各种材料，包括文字、图片等；狭义的学校心理健康教育档案是指教育工作者根据一定的研究目标而建立的档案。狭义的学校心理健康教育档案有以下几点特性。

（一）专业性

学校心理健康教育档案是专门为研究学生的发展而建立起来的，它有专门的机构、专门的教师和专门的管理机制。

（二）隐私性

学校心理健康教育档案是有关学生心理特点变化历程及有关咨询、辅导的记录，而不是学籍档案。因此，它不能随便让其他教师或者学生家长轻易观看。因此，对它的管理应更加严格和规范。

（三）真实性

学校心理健康教育档案是学生心理不同时期发展变化的真实记录，任何人都不能对记录的内容随意进行改变，应保持心理健康教育档案的原始性和真实性。

（四）目的性

学校心理健康教育档案建立的根本目的就是要不断研究学生的心理发展情况，促进学校心理健康工作的顺利展开。

建立学校心理健康教育档案有助于优化学校心理健康教育工作，帮助学校更好地了解学生的心理状况，为学校心理健康教育工作提供依据，而且有助于提高教育、教学工作质量，能够根据学生心理发展的实际情况，贯彻落实因材施教的原则，从而使教师在教育工作中能有的放矢，提高教育的针对性；有助于促进学生心理的健康发展，学校根据学生心理发展的特点，有目的、有计划地对其施加影响，能够使学生形成良好的心理品质和个性特征；有助于促进学校管理工作科学化，学校通过建立心理健康教育档案，能及时准确地掌握和了解全校学生的心理发展规律、特点及现状，从而为学校的科学管理提供心理学依据；有助于提高教师的科学研究水平，学校心理健康教育档案的建立能为学校心理健康教育的研究提供充分的资料，帮助教师研究学生的心理水平，通过相关资料的研究，对心理健康教育途径和方法、成效等做出评估；有助于形成教育合力，学校建立学生心理健康教育档案，通过学校与家长之间的沟通，能够更加深入、全面地了解学生，减少家庭教育和学校教育中存在的一些误区，从而形成学校教育和家庭教育的合力，使学生有更好的成长环境，身心能更加健康地发展。

二、建立学校心理健康档案的原则

（一）客观性原则

在建立学生心理健康档案的过程中，要以实事求是的态度来对待建档工作，不以自己的主观态度对待建档工作，不能主观臆测、随意增减或更改某些材料和记录。

（二）适用性原则

选择合适的心理测量量表，对学生进行全面多方位的综合测评，要保证学生心理健康档案材料的连续完整，还要能反映学生的整体心理面貌和学生心理素质发展变化的脉络。

（三）保密性原则

心理健康档案具有一定的隐私性，因此在心理健康档案的建立、管理和使用过程中，要严格遵守相关的规章制度，不能任意暴露学生的心理健康档案材料和泄露相关信息。

（四）发展与教育性原则

在心理健康档案建立、管理和使用过程中不允许给学生留下任何心理创伤，有利于促进学生心理健康是根本准则。

三、建立学校心理健康档案的程序

（一）心理健康档案的建立

由谁建：学生心理健康档案可以由不同层面来建立。最高层面是由学校的德育处、学生的心理咨询中心建立，中间层面可以由学生所在的年级建立，最基础的层面则由学生所在班级建立。

建立时间与形式：建立学生心理健康档案一般在新生入学后第五、六周进行；形式上，以班级为单位集体施测，在测量前要具体落实各班级的测量时间、地点、人数、负责人。在学生填表和进行心理测试前，应安排有关的心理学知识教育，增加心理卫生方面的内容，使学生懂得建立心理健康档案、进行心理测试的意义和价值。

主试：心理测量是一项要求非常严格的工作，主试的工作水平会直接影响到测量的准确性，为此一定要慎重选择主试。一般由心理咨询中心的教师或心理学教师担任，如果人员不够，可由各班的班主任进行补充，但在测量前一定要进行培训，为他们详细讲解测量的要求及需要注意的问题和细节，以保证测量的准确性、科学性。

（二）心理健康档案建立的环节

学生心理健康档案的建立由几个重要的环节构成，即确定心理健康档案的内容、选择合适的资料收集方法、对资料进行整理、分析、解释和建立心理档案。

1. 心理健康档案的内容

心理健康档案的内容，又称心理健康档案的项目，是指能从中揭示或了解有关学生心理状况、心理特点等情况的材料。学生心理档案的内容，应尽可能全面地反映学生的心理特点，从而为学校教育提供可靠、准确的信息。

心理健康档案的内容一般包括三大方面。

一是影响学生心理发展的基本资料，主要包括：

（1）个人简介，包括姓名、性别、出生年月、籍贯、民族、政治面貌、就读学校年级、爱好特长、奖惩情况、文化程度等。

（2）身体状况，包括血型、一般健康状况、生理缺陷、个人病史、家族病史等。

（3）主要社会关系，包括家庭成员的工作性质及职务、文化程度、家庭的组织结构、家庭的居住环境、家庭的经济状况、家庭气氛、亲子关系等。

（4）社会生活情况，包括班级氛围、人际交往范围、日常活动范围等。

（5）重大社会生活事件，如家庭成员的死亡、父母离异、与朋友或同学关系紧张、生活条件改变、影响生活的重大挫折等。

二是反映学生心理状况和心理特点的资料，主要包括智力水平、个性特征、学生的兴趣、态度及品德的特点，等等。

三是学生的心理咨询与治疗的记录，主要包括学校心理学教师与学生的交流记录信息，如访谈记录、咨询记录等资料，或者通过学生的家庭成员和朋友等其他渠道获得的有关资料。除此之外，还有职业兴趣及就业指导，主要是指学生的职业兴趣、职业能力的评定，分析其适合从事哪一类工作，从而为学生做升学以及就业方面的指导。

2. 心理健康档案建立的方法

（1）观察法。指有目的、有计划、有系统地获取处于自然条件下学生资料的方法。

（2）问卷法。学校心理学教师运用统一设计好的问卷向学生了解情况和征询意见的方法。采用自编的问卷调查，如用书面问题、表格让学生回答、填写，可了解学生的一些基本情况，了解他们的心理活动。

（3）谈话法。心理咨询员与学生或其较亲近的人通过直接谈话的方式来了解和研究学生心理的一种方法。

（4）心理测验法。这是建立心理档案中最主要和最为常用的方法，其关键是选择合适的测评工具进行测验，了解学生的学习能力、人际关系、自我认识、个性特征，等等。在选择合适的测评工具时，首先要考虑选择标准化测验。例如：症状自评量表（简称 SCL-90）、卡特尔 16 种人格因素测验（简称 16PF）、中学生心理健康测查量表（MMHI-60）、大学生人格问卷（简称 UPI）、中国大学生心理健康相关评定量表等测验都是在学校中常用的测评工具。其次要明确测验的目的、功用及适用范围。例如，SCL-90 测验的目的在于评定一个人是否有某种心理症状及其严重程度如何，适用对象包括初中生至成人（14 岁以上）。

（5）咨询记录。包括学生咨询的情况记录、心理异常缘由、心理健康教育结果分析等。

（6）借助学校的各种评比或学生的作品来获得信息。如通过对学生的日记、作文、试卷、绘画、工艺制作以及各种作业的分析，来了解学生的个性才能、秉性特征。

3. 测量结果的统计与解释

收集学生的资料后，要对每一种资料，尤其是心理测验的结果进行统计并做出解释，并结合学生的情况提出指导建议、建立心理档案。一般采取两种形式保存心理健康档案，一种是电脑上存储的电子档案，另一种是传统的文本档案。电子档案可以减少差错，保证资料管理的准确、规范，也可以提高工作效率。但考虑到计算机存在病毒攻击、停电即停工等因素，目前还不能完全以电子档案取代文本档案。因此，可以采取二者相结合的管理机制，完善以电子档案为主、文本档案为辅的管理模式，以保证心理档案的安全和有效运用。

在进行分析解释时，要参考常模资料、效度资料，还要考虑测验情境等其他因素，做到实事求是、客观公正。对结果的统计与分析必须由专业人员负责，保证测评的有效性、科学性；对可能存在严重心理问题的学生，在保密的前提下要及时把结果反馈给教育人员，主要是各年级的兼职心理辅导教师，同时主动邀请这部分学生进行面谈，制订下一步的危机干预计划与措施。

4. 心理健康档案的管理及信息反馈

心理健康档案一经建立，必须有明确的管理机构专门负责档案资料的收集、整理、开发和利用。心理健康档案不能随便给其他人员看，但是学生对自己的心理健康档案有知情权。因此，心理健康档案内容要视情况给学生整体或个体进行反馈，以使学生了解自己的心理状况，从而进行自我调适或主动配合心理咨询与治疗。反馈信息时要注意以下几点：首先，应由心理学专业的教师进行信息反馈；其次，应使用准确、恰当、易明白的语言给予反馈；再次，要为有心理问题的学生保密，最好是私下进行咨询辅导，促使学生心理得到良性转化。特殊群体的学生，比如有严重的抑郁症、强迫症或者反社会型人格障碍等，这些学生的心理档案信息在必要时也要反馈给其家长、班主任。

学校心理健康教育课

一、学校心理健康教育课的概念

心理健康教育课是指学校根据学生心理发展的规律和特点，以团体心理辅导及其相关的理论与技术为指导，以班级为单位，通过各种辅导活动，有目的、有计划、有步骤地去培养、训练、提高学生的心理品质，激发潜能，增强社会适应，帮助解决学生成长中的各种心理问题，维护心理健康，达到塑造和完善人格的团体心理辅导活动的形式。

开设心理健康教育课是学校心理健康教育的主要途径和重要保证，开设心理健康教育课可以促进学生身心健康和全面发展。具体来说，心理健康教育课可以促进学生的身心健康，使学生形成健全的人格，提高学生的适应能力；可以推进学校素质教育的全面实施，有利于实现教育目标，减轻学生负担，实施创新教育；有利于推进学校心理健康教育工作，保证教育的有效性和针对性。

二、学校心理健康教育课的基本原则

（一）全面性原则

学校心理健康教育课程面向包括正常健康的学生在内的全体学生。这个原则要求我们在设计心理健康教育课程的目标和内容、制订课程计划时要着眼于全体学生，要考虑大多数学生共同需要与普遍存在的问题，而且组织活动时也要努力地创造条件，让尽可能多的学生参与其中，特别要给那些内向、沉静、腼腆、害羞、表达能力差，不大引人注目的学生提供参与和表现的机会。

（二）整体性原则

心理健康教育课程要追求学生人格的整体性发展。从社会价值取向看，它重视学生德、智、体、美、劳全面发展；从满足学生自我完善的需求看，它注重学生知、情、意、行几方面协调发展。心理健康教育课程的对象是完整的活生生的人，而不是人的局部、人的智能侧面或人的心理问题。因此，心理健康教育要树立学生全面发展的观念，要关注学生人格整体的完整。

（三）差异性原则

虽然同一年龄段的学生具有很大的相似之处，即共性，但是不同个体心理发展的层次和水平上存在着差异性，要求我们在心理健康教育的过程中要根据不同学生的不同需要，选取具有针对性的内容和形式，以期达到理想的教育效果。

（四）主体性原则

心理健康教育课程的基本功能是促进学生的成长与发展，心理素质的形成和发展，必须依赖于主体自身的主观能动性，依赖于主体的自我教育过程，即依赖于主体自身与外界环境之间的互动，通过主客体的交互作用，使心理结构趋于完善化、复杂化、平衡化，从而使心理机能得以提高，心理潜能得以发挥。

（五）活动性原则

心理健康教育课程是通过活动来促进学生感悟与发展，是以活动为中介的课程形式。活动是指主体与客观世界相互作用的过程。人通过活动反映客观世界，又通过活动反作用于客观世界，使反映进一步得到检验与发展。活动构成了心理发生、发展的基础，人的心理品质也在活动和交往中形成。

心理健康教育课程通过课程设计让每个学生在活动中感受和体验，在活动中接受训练和启示，在活动中得到领悟和发展。

三、心理健康教育课程的特点

（一）兴趣性

兴趣是产生动机的一个主要的因素，动机使学生对课程内容的学习和参与活动采取积极的态度和行为。因此课程的设置追求贴近、激发和调动学生的活动兴趣。

（二）启发性

心理健康教育课程里面的辅导活动常常会要求学生进行角色扮演，在心理剧中体验和感受扮演角色的情感。虽然设置的活动情景和角色的行为方式往往都是虚构的，但仍能够让学生在体验中自觉和不自觉地得到启发。

（三）社会性

心理健康教育的最终目标是要帮助学生成为社会人，能够很好地适应社会的各种变化和挑战。因此，通过设计一些可以反映某些真实生活的活动，让学生从中感受生活、了解社会，通过体验来调整自己的态度和情感，为走上社会做好心理上和行为上的准备。

四、学校心理健康教育课的教学设计

课程设计的框架结构

课题：

教学目标

理论基础

教学准备

教学过程

一、导入

二、活动设计

1. 活动一：题目

　　　　　步骤

　　　　　分享

2. 活动二：题目

　　　　　步骤

　　　　　分享

三、小结

四、教学反思

参考文献：

学校中的个别心理咨询

一、个别心理咨询的含义

个别心理咨询是指心理咨询员与当事人一对一地进行的会谈形式。学校中的个别咨询是一个帮助学生、家长和教师的过程，使其认识了解自己，理解个人特质、潜能和影响自己与别人的关系的行为，以及在规划最佳发展时做出决定以解决当前问题。学校中的个别心理咨询的对象主要是学生，其次是老师或者家长。

二、个别心理咨询的原则

（一）保密的原则

这一原则是心理咨询中最重要的原则，它既是咨询者与来访者确立相互信任关系的前提，也是学校心理咨询活动顺利开展的基础。它要求在没有得到对方同意的时候，不得将咨询场合下来访者的言行随意泄露给任何个人或机关。咨询者在公开咨询案例的研究或发表有关文章必须使用来访者的有关个人资料时，必须充分保护来访者的利益和隐私。当然，保密原则不是绝对的，必要的时候要冲破保密的原则。

（二）时间限定的原则

心理咨询必须遵循一定的时间原则，一般规定为 50 分钟左右（初次时间可以适当延长）。电话咨询时间原则上一般为 30 分钟，如果超过 30 分钟还不能结束谈话的话，除救急外，可以认为是咨询人员在对应上存在问题。

（三）来者不惧的原则

到心理咨询室求询的来访者必须出于完全自愿，这是确定咨询关系的先决条件。而迫于父母或老师的催促前来心理咨询的学生往往会表现出一种自闭倾向，也可能会存在较强的抵抗情绪和自我防卫。对这样来咨询的学生，咨询者需要耐心地说明心理咨询的基本原理，使来访者去掉被动的态度，最终建立起相互信任的咨访关系并开展心理咨询。

（四）感情限定的原则

心理咨询场面设定时，原则上禁止咨询者与来访者除咨询室之外的任何接触和交往，也不能将自己的情绪带进咨询过程，不对来访者在感情上产生爱憎和依恋，更不能在咨询过程中寻求在爱憎、欲求等方面的满足和实现。

（五）重大决定延期的原则

心理咨询期间，由于来访学生情绪过于不稳和动摇，原则上应规劝其不要轻易做出诸如退学、转学的决定。对因特殊原因办理转学或退学不得不中止咨询的学生，咨询者需要在咨询时与来访学生开诚布公地就现在面临的问题及今后的打算细致地进行讨论，必要时还可以通过与来访学生所在的学校及来访学生家长建立联系，或将来访学生介绍给所转学校的心理咨询机构，以共同促进来访学生的成长和来访学生心理问题的解决。

三、个别心理咨询的过程

（一）开始阶段

开始阶段是个别心理咨询的第一步，也是心理辅导的基础。美国的辅导心理学家沃尔斯指出："不好的开头会阻碍有效的相互影响，如果开头实在不佳，也就意味着辅导双方关系的终结。"

开始阶段需要完成的任务有三项：建立关系，掌握来访学生的材料，进行分析诊断。

1. 建立关系

建立信任、真诚、接纳的辅导关系——这是心理辅导的起点和基础。

积极的辅导关系，有利于来访者与辅导者的积极合作，对心理辅导充满热情与信心，有利于提高辅导效果；积极的辅导关系，给来访者提供了一种良好的人际关系的范例，使其能在辅导环境之外加以运用，提高人际交往的能力。

个别心理咨询是先共鸣，后行动，即先有了思想上的共鸣，才会有后期的行动发生。

咨询师在接待来访者时，要热情有礼，耐心慎重；要着装整洁得体，行为举止落落大方，给来访者一种亲切感，从而降低来访者的焦虑程度。

2. 掌握来访学生的资料

掌握来访学生的基本情况：姓名、年龄、班级、家庭及社会生活背景、自身的生活经历、兴趣爱好、学习生活近况，有无心理问题及心理辅导的经历等。

3. 进行分析、鉴别与诊断

（1）在该阶段要确定心理问题的类型及性质，决定辅导的适应性。

①类型：确定是学习问题、人际关系问题，还是其他方面的问题。

②性质：确定是发展性问题、适应性问题，还是障碍性问题。

③适应性：确定是通过一般的心理辅导来解决问题，还是要转介到心理门诊部门。如果是器质性疾病就到医院就诊，如果是精神疾病就到精神病院接受治

疗，如果是障碍性心理问题就到心理门诊接受治疗。

（2）分析心理问题的程度，以区别对待。

适应性心理问题和发展性心理问题就其心理状态而言是正常的，但存在着程度上的差异。适应性的心理问题通过个别辅导的方式来进行必要的心理行为指导；发展性的心理问题通过讲座和课程的形式，予以直接的指导与训练。

（3）寻找心理问题产生的原因

①一般原因分析是进行生物学因素和社会学因素的全方位的搜索。包括了解其发展状况和心理状况：一般情况（来访者的人生观等），自我认知，学习状况，人际关系，健康状况等。

②深层原因分析是以心理辅导的理论和方法，从不同角度寻找并发现心理问题的根源。例如，精神分析主要分析无意识的矛盾冲突、幼年的生活经历；行为主义角度分析主要是对行为的分析；认知理论角度分析主要分析其认知错误，非理性的认知；人本主义心理学的分析点主要在于人的基本需要不能得到满足，从而使自我意识发生扭曲、内在潜能发挥不出。

（二）指导与帮助阶段

这一阶段的任务主要是紧逼问题的本质，使来访者开始洞察至今为止自己本身尚未意识到的问题。这一时期是心理咨询的核心，是援助来访者并帮助来访者解决问题的时期。这一阶段主要完成的任务有三项：制定咨询目标、选择咨询方案和实施指导帮助。

1. 制定辅导目标

辅导目标是辅导所要达到的结果和目的。

（1）制定目标的意义和价值：明确方向，有助于双方的积极合作，使心理辅导的评估成为可能。

（2）制定目标的具体要求：

①谁来制定：双方共同来制定。

②保证心理辅导目标的针对性——解决的一定是心理问题而不是其他的问题。

③中间目标和终极目标的一致性。

④心理辅导目标必须具体、可行。

2. 确定辅导方案

辅导方案，包括方法的选定以及实施这些方法而制订的具体计划。

（1）根据目标来确定。

（2）该方法的实施要求是什么，即该做什么，不该做什么。

（3）该方法能否达到预定的目的。

（4）要告知来访者该方法效果的循序渐进性。

3. 实施指导与帮助

在整个的辅导过程中，辅导教师对学生的成长起辅助作用，而不是主导作用。所以，辅导老师在辅导的过程中要做到六戒。

一戒：主观武断。心理辅导过程不是一个说教的过程，教师不应该主观武断、强加于人，而且要做到不教训学生。它是一个讨论的过程，是针对学生所面临的困难，展开积极深入的探讨，以共商良策的过程。

二戒：好为人师。好为人师是自我中心的突出表现，是权威的表现。会居高临下、强加于人。好为人师是心理辅导关系不平等的表现，会使学生处于被动与无助的状态，把辅导过程变成了教育过程。

三戒：宣扬自己。教师过分讲述其个人的生活经历，会转移心理辅导的注意力，使学生一味认同老师的行为方式或忽略其个人独立性的培养。

四戒：随意插话，缺乏同感。

五戒：悲天悯人。心理辅导不需要同情，而需要同感。同情是一种主位的反应，是一种居高临下的、恩赐似的反应；同感是一种平等的、共鸣的反应。例如，当一个人因失恋或家遭不幸而寻求帮助时，同情反应的是“你真不行，你真可怜；“你一定很不好受，你一定感到很压抑”则是同感。

六戒：大事化小，小事化了。例如，学生失恋了来寻求帮助，教师告知学生：忘记过去，展望未来，只是一种权宜之计，却可能贻害长久。正确的做法是讨论经过，寻找原因，制定对策。

心理辅导以同感为基础，以成长为目标，要求教师放下自己的参照标准，认同学生的参照标准，并以此来推动学生的独立思考与决策。

（三）巩固与结束阶段

咨询师和来访者达成了心理咨询初期设定的目标，或在咨询过程中充分修订新的目标得以解决，那么，心理咨询就达到了终结期。这一阶段心理咨询的工作主要是巩固效果和追踪调查两项任务。

1. 巩固效果

（1）辅导人员影响来访者指出其已经取得的成绩与进步，说明已经达到既定的辅导目标。对此，双方必须达成共识。

（2）就整个辅导过程做一个回顾与总结。这个总结最好是由来访者自己做出。

（3）指导来访者巩固已有的进步，将获得的经验运用到日常生活中去，并逐步稳定、内化为来访者的观念、行为方式和能力。

2. 追踪调查

追踪调查的时间是在辅导结束后的数月到一年间。时间太短，真实性难以保证；时间太长，不能及时了解情况，发现问题。

追踪调查的方式包括：填写信息反馈表，约请来访者定期前来面谈，访问他人。

追踪的结果包括：辅导效果显著，结束辅导过程；辅导有效果，但问题尚未完全解决，要继续辅导；辅导效果不大，问题基本没有解决，要继续辅导。

逐渐结束的方式包括：拉长两次会谈的时间：每周 1 次至两周甚至 1 月 1 次；减少每次会谈的时间：1 小时减至半小时。

四、心理咨询室的建设

心理咨询室是开展心理健康教育工作的场所，大多数的心理健康教育活动都要在心理咨询室进行，科学规范的心理咨询室是心理健康教育工作的关键。

（一）心理咨询室环境布局

1. 心理咨询室要选在安静温馨的地方，减少噪声对心理咨询工作的影响。

2. 心理咨询室要选在明亮舒适的地方，房间要求阳光充足，通风良好，冬暖夏凉，房子周围最好有绿色植物，这样积极向上的环境能潜在地调动来访者内心积极阳光的情绪。

3. 心理咨询室要选在便于来访但出入不明显的地方。室内的布置以简洁、温馨、舒适、安全，符合不同年龄来访者特点为原则。一般来说，心理咨询室的布置要首先考虑让来访者安心、放松、舒适、注意力集中和易于保守秘密。

（二）心理咨询室使用要求

1. 咨询室要定期开放，可以根据实际情况确定具体开放时间。

2. 可以根据咨询室设置情况和来访者的需求，提供多种形式的咨询服务。如现场咨询、通信咨询、电话咨询、网络咨询。

3. 全心全意为来访者服务，尊重并积极关注每一位来访者，并保护来访者的隐私。

4. 在咨询过程中要密切关注来访者情绪，如遇特殊情况应采取有效措施，并及时向领导和有关方面人员汇报。

（三）心理咨询室功能划分

1. 预约接待室。接待室宜采用轻松、自然的布置格局，墙壁可粉饰为浅色偏明亮系列，不宜过于跳跃或凝重。同时，需要配置一个小的开放式的小书架（来访者在等待的同时可以翻阅书籍），墙上可张贴心理咨询室制度、心理咨询守则以及心理挂图等。

2. 个体咨询室。个体咨询室需要给来访者一定的安全感，使他们能够在心理咨询师面前真实地表达自己。其面积以 12–15 平方米为宜，采光通风条件要好，室内装饰风格要温馨、宁静，要尽可能减少线条和棱角，避免强烈刺激的色彩或过于灰暗的颜色和灯光。另外，来访者的座位应面对门口并与咨询师成 90° 角，以减轻来访者的心理压力。而个体咨询区建议放置无声计时器，这样比较有利于心理咨询师掌握和调整咨询时间。

3. 心理沙盘室。沙盘游戏室要设置在与个体咨询室临近的地方，这样个体咨询室和沙盘室是相对独立的空间，同时又彼此连接在一起。当心理咨询师发现需要对来访者进行沙盘治疗时能够很方便地来到沙盘游戏室。配备沙盘器材，环境布置要安静优雅、不易受到干扰，光线要柔和、色调要温和，以便来访者能平静、轻松，从而集中精力开展游戏。

4. 心理测评室。心理测评室用于个别心理测量以及记录和存放心理档案，可兼有心理档案室的功能，一般不要和咨询室合在一起，最好有一个安静、独立的房间，面积以 20 平方米左右为宜，以保证心理测量过程不受干扰，结果准确。

心理测评室需备有常规的心理测量工具或心理测评软件。软件可对个体心理发展变化特点、心理测验结果、心理咨询与辅导记录等材料进行集中保存，按照一定的程序排列，组成一个有内在联系的体系，如实反映来访者的心理面貌。

5. 团体辅导室。团体辅导室兼有心理活动课教室和团体辅导区的功能，是心理咨询师开展心理活动课教学和针对某一心理问题进行室内团体辅导、游戏辅导、拓展训练的场所。

6. 情绪宣泄室。情绪宣泄室是缓解和释放压力的情绪发泄场所，应具备安全、隔音的特点。宣泄室宜采用简单、粗犷的布置格局，尤其要注意安全性，墙面宜粘贴宣泄墙软包，可提供来访者宣泄的同时，起到隔音效果。最好不要选用光滑的木地板，墙壁、天花板和地板采用冷色调，如浅蓝色，给人和谐、平静的感觉，有利于来访者宣泄后情绪平复；窗帘切忌透明，暗色为主，力求营造给来访者私密、安全、充分宣泄的环境；可配置智能宣泄仪、宣泄人、宣泄球、宣泄棒、拳击手套与沙袋等设备。

7. 身心放松室。身心放松室可用做音乐放松治疗，放松训练，催眠治疗，自由联想等，是来访者放松情绪、调适心态平衡的场所。放松室的基本设计基调还是以温馨、和谐为主，配备有音乐放松椅与音乐放松减压治疗系统，力图营造一个可以使身心得到完全放松的意境。

8. 心理阅览室。心理阅览室作为阅读心理学方面的书籍和期刊的场所，需要配置书柜、阅览架、阅览桌椅、心理方面的报刊等，主体风格要安静。条件允许的话，配置一台心理健康自助仪，其不但含有大量心理学相关知识，还有心理健康自测模拟和心理咨询模拟，用于自测心理状况，记录、分析自身的心理状况，有针对性地进行辅导，帮助来访者实现自我调节、自我教育和自我成长。

团体心理辅导

一、团体心理辅导的概念

团体心理辅导既是一种心理辅导和治疗的方法，也是一种促进人格发展和预防心理困扰的有效的教育活动。

团体心理辅导是指在团体情境下进行的一种心理辅导形式，成员在共同的活动中彼此进行交往，相互作用，使成员能通过一系列心理互动的过程，探讨自我，尝试改变行为，学习新的行为方式，改善人际关系，解决生活中的问题。所以，许多人在参与团体心理辅导的过程中能够得到成长，改善适应和加快发展。

团体心理辅导在学校教育中的功能主要有以下四项。

（一）教育功能

团体心理辅导重视成员主动学习自我评估、自我改进，注重培养同学适应社会的心理态度与生活习惯，促进其德、智、体、美、劳全面发展。

（二）发展功能

团体心理辅导可以改进成员不成熟的态度和行为，促进其心理成熟，培养健全人格及协调人际关系。

（三）预防功能

团体心理辅导为成员提供彼此交流的机会，探讨各种问题及应对策略方法，可以预防或减少心理问题的发生。

（四）治疗功能

有心理困扰的同学经过针对性团体心理辅导后，心理问题严重程度一般都会得以减轻，行为偏差也会得到一定的矫正，治疗功能也显而易见。

团体心理辅导的四大功能相互联系、相互渗透，在咨询过程中共同发挥着重要的作用。

二、团体心理辅导的特点

（一）效率高

团体心理辅导把面临同样心理困惑和成长要求的学生组织起来，活动形式丰富多样、生动有趣。通过团体成员的互动和交流他们会分享成长的喜悦。所以，团体心理辅导可以使多个有共同目标的来访者同时得到帮助，这既节省了心理辅导人员的人力和精力，也可以缓解学校专业心理辅导人员不足的矛盾。而且，这种活动方式解除了对心理咨询有误解的学生的顾虑，使更多的学生参加进来。

（二）有助于自信心的增强

当学生发现团体内其他成员存在同样的心理困扰时，认识到自己的心理问题并不特殊，就会逐渐改变自我评价，转变认知偏差。

（三）有助于自我的形成

团体心理辅导将人格特点各异的个体组合在一起，为每个参与者提供观察和分析他人心理与行为的机会，使参加者更清楚地认识自己和他人，建立新的自我认同模式和对他人的接纳态度，从而有助于形成积极的自我。

（四）有助于学生改善情感体验

团体心理辅导的氛围使参加者容易体验到共性，有被人接纳之感，进而放松自己，减少心理防卫，感到踏实、温暖，有归属感。

（五）有助于人际交往能力的提高

团体心理辅导能够提供更为典型的社会现实情境，团体咨询的参与者在观察、分析情景中学会倾听、赞美与欣赏他人，进而体验与人相处的情感，从而改善社交技能与技巧，提高人际交往能力。

（六）效果容易巩固

团体心理辅导创造了一个类似真实社会的生活情境，成员在团体中的表现往往是他们日常生活行为的复制品，在信任、接纳的团体气氛中，通过成员之间的互动，成员可以发现自己的不适应行为，经过观察、模仿、训练等方法来改变不适应行为，并尝试与他人建立良好的人际关系。如果在团体中能有所改变，这种改变更容易迁移到真实生活中。

三、团体心理辅导的类型

（一）根据团体心理辅导所依据的理论分类

依据不同的理论可以将团体心理辅导分为精神分析团体辅导与治疗、行为主义团体辅导与治疗、认知—行为团体辅导治疗及以人为中心的团体辅导与治疗。

（二）根据团体心理辅导的功能分类

根据团体心理辅导的功能可以将团体心理辅导分为成长性团体心理辅导、训练性团体心理辅导和治疗性团体心理辅导。

1. 成长性团体心理辅导。成长性团体心理辅导，也称作发展性团体辅导，是应用最为广泛的团体辅导形式，在学校教育中很受关注，通过团体成员的互动，达到自我成长与自我完善的目标。

2. 训练性团体心理辅导。训练性团体心理辅导的功能在于为成员提供一个实验室，着重帮助成员去学习新的行为，改变不适应的行为，并通过练习使新行为得到巩固。训练性团体辅导是在一个平和的气氛中，帮助成员认识自己特有的行为，并亲身体验自身行为能否达到自己预期的目标。

3. 治疗性团体心理辅导。治疗性团体心理辅导，是指通过团体特有的治疗因素（如成员间互相支持、问题普遍性、团体凝聚力等）改变成员人格结构，使成员康复。治疗性团体一般持续的时间较长，所处理的问题也较严重，辅导的重点放在潜意识内容或过去经历上，所以，治疗性团体心理辅导对领导者的要求比成长性团体心理辅导更严格。需要说明的是，参加治疗性团体心理辅导的成员并不一定比成长性团体心理辅导和训练性团体心理辅导的成员更有问题。

（三）根据团体心理辅导的计划分类

根据团体心理辅导的计划程度可以分为结构式团体心理辅导与非结构式团体心理辅导。

1. 结构式团体心理辅导是指领导者事先根据团体目标设计一系列活动，在团体过程中，领导者通过事先设计的活动来引导团体的进行，成员可以从活动本身及成员间互动中进行学习，达到目的。一般比较适合青少年，如大、中学生团体。

2. 非结构式团体心理辅导一般不安排有固定程序的活动，在团体心理辅导过程中，成员间的互动及团体动力的发展状况会引导团体心理辅导的进行，领导者的任务是催化、支持，一般适合较年长、心智成熟、表达能力强的人。

（四）根据团体心理辅导参加者的固定程度分类

根据团体心理辅导参加者的固定程度可分为开放式团体心理辅导和封闭式团体心理辅导。

1. 开放式团体心理辅导指团体成员不固定，成员的加入与退出尊重个人情况、需求与意愿。成员的流动性会为团体带来新的刺激，致使团体成员相互学习。

2. 封闭式团体心理辅导指一个团体的成员是固定的（从团体开始到结束）。由于成员间比较熟悉，所以信任感与团体凝聚力较强。

一般情况下，团体心理辅导常采用封闭的方式进行。

（五）根据团体成员的背景相似程度分类

根据团体成员的背景相似程度分类，可分为同质团体心理辅导和异质团体心理辅导。

1. 同质团体心理辅导指团体成员本身的条件或问题具有相似性，包括性别、年龄、学历、职业、婚姻状况等。成员间有更多的共同语言，易于沟通，互相启发。

2. 异质团体心理辅导指团体成员自身的条件或问题差异大、情况较复杂。这类团体常因难以沟通、难以建立信任关系而阻碍团体发展，而且对领导者的要求较高。好处是可以从多角度看待统一问题，获得多方帮助和启发。如两性关系成长团体。

（六）根据参加团体心理辅导的对象分类

根据参加团体心理辅导的对象可以将团体分为针对儿童、青少年、大学生、年长者等的团体心理辅导。

四、团体心理辅导的过程

传统的观点认为团体心理辅导分为五个阶段，即创始阶段、过渡阶段、规范阶段、工作阶段和结束阶段，但有学者认为这样忽略了开始阶段之前的准备工作和结束阶段之后的评估和整理。所以最新的观点认为团体心理辅导的过程分为七个阶段，即准备阶段、开始阶段、过渡阶段、规范阶段、效能阶段、结束阶段和结束后阶段。

（一）准备阶段

在团体的准备阶段，团体还没有形成，处于筹备过程中。在该阶段有两个任务：一是制订团体心理辅导的计划，包括团体目标、团体类型、参加人数、团体辅导的次数等；二是招募团体成员，招募的方式主要有张贴招募广告、开设团体心理辅导课程、通过网络电视广播报纸等媒介进行招募等。在学校的团体心理辅导中，主要是以张贴招募广告为主。必要时，可以进行个别访谈，以便清楚地了解团体成员的相关信息，及时修改团体心理辅导的计划。此外，也可以通过访谈，排除不符合本次团体心理辅导目标的成员。

（二）开始阶段

在团体的开始阶段，团体的特征是不确定性和试探性。在这一阶段领导者的主要任务是协助成员间尽快熟悉，增进彼此了解，澄清团体目标，订立团体规范，建立安全和信任感。这是团体进行下去的前提条件。

（三）过渡阶段

在团体成员相识之后，团体会发展到过渡阶段。该阶段团体的特征是攻击性和防御性；该阶段领导者的主要任务是提供鼓励与挑战，使成员能面对且能有效地解决他们的冲突和消极情绪以及因焦虑而产生的抗拒，增进成员的熟悉与信任感。

（四）规范阶段

在规范阶段，团体特征是凝聚力逐渐增加，成员关系越来越稳定。团体领导者在该阶段的任务是维持团体的稳定，引导成员从表达彼时彼地的行为转向表达此时此地的感受。团体成员与领导者共同推动团体动力的发展。

（五）效能阶段

效能阶段，也是工作阶段，团体内问题解决阶段。该阶段团体特征是团体凝聚力在较高的程度上趋于稳定，成员的垂直暴露水平增多，团体的效能逐渐发挥。团体在该阶段的任务是借助团体凝聚力，支持、保护自我暴露的成员，并同其他成员一起促进该成员问题的解决。在效能阶段，成员开始尝试暴露一些很少在公开场合谈及的问题，而这些问题正是困扰并影响他们生活的主要原因。成员暴露出的一些问题会在领导者与其他成员的共同讨论中得到解决，成员在这个过程中也会感受到复杂的情感，他们既能体验到团体的安全与成员的接纳所带给他们的舒适与欣慰，又会因为暴露一些深藏在心底的问题而感到痛苦与焦虑。这些复杂的情绪情感存在于整个效能阶段。

（六）结束阶段

随着成员问题的逐步解决，团体将进入结束阶段。该阶段团体的特征是离别焦虑与总结回顾。团体在该阶段的任务是处理成员离别的情绪，回顾整个团体的历程并提醒成员注意团体效能的迁移。

（七）结束后阶段

团体最后一次会面结束，并不代表团体可以就此停止。该阶段团体的任务是评估团体效能、整理团体资料并存入档案和对成员的情况进行追踪。团体领导者还应该在团体结束一段时间后，对成员的生活情况进行追踪调查（可以是电话访谈、团体会谈、个体辅导等）。追踪的时间可以是几个月，也可以是几年。追踪调查可以明确地知道团体效能在真实生活情境中的实际迁移能力，以帮助领导者不断完善团体的计划及团体历程。

心理电影赏析

一、心理电影的含义

电影因其独特的表现方式、技术特点，成为将人潜藏的心理活动展现为明显动态信息的主要形式。有相当一部分电影，因为展现心理活动的特点被称为心理电影，成为心理学研究的新领域。

从广义上讲，所有的电影都是心理影片，它们大都或多或少地包含有心理描写的成分，至少都在讲述人的思想、行为和活动。严格意义上的心理电影是指心理学情节在电影中占有很大比重的影片。它是发展成熟的现代西方心理学理论、观点对电影渗透和影响的产物。

20世纪三四十年代，弗洛伊德的精神分析学说风靡美国，好莱坞开始制作心理学及精神病学方面的电影。一方面精神分析学家对电影本身进行分析，特别是分析电影和梦的活动之间的相似之处；另一方面，精神分析学家将电影作为临床素材，用于对疾病的治疗，致使心理影片从此诞生并且长盛不衰。随后，电影制作者开始将人类心理作为素材搬上银幕，涌现出了大量佳作，并且长盛不衰，如《爱德华大夫》《美丽心灵》《心灵捕手》《飞越疯人院》，等等。它们往往以曲折离奇或幽默的故事情节展示和分析角色的症状、心理特征，引人入胜。近年来，华人影片中也逐渐出现了心理影片，但相较而言，心理理论基础薄弱，心理分析漏洞较多，只有少数优秀作品如张杨导演的《落叶归根》、梁智强导演的《小孩不笨》、李安导演的《喜宴》、罗志良导演的《异度空间》等能够较好地展现心理活动的特点。

心理电影赏析包括两方面的内容：一方面，心理学影片传达着人性包容的观点和态度，通过观者对剧中人物的心理活动与行为表现进行欣赏和分析，揭示其内涵和启示，从而推动人类对自身的再认识，在别人的故事里解读自己的生命体验，在深层次认识自我的基础上重新规划自我。欣赏电影时，观者并不是被动地接收电影的信息，而是在积极地思考，对于情节的推进不断做出期待、预测和判断，从中获得自己需要的东西。另一方面，则是心理医生、咨询师、辅导老师等对心理影片进行解析。他们从专业心理学的角度走进片中人物的内心世界，将心理学专业知识还原到剧情中，深刻感受角色的心灵言语，对电影内容在心理学层面呈现的常识和规律进行深度探讨，并利用剧情来进行心理治疗、咨询、教育，引导学生从中感受美、鉴赏美，从而训练他们的思维能力，启发他们的想象力和创造力，陶冶他们的情操。

二、心理电影的意义

在学校开设心理影片赏析课程，是英国心理医生弗德尔发明的“电影疗法”在学校心理健康教育中的应用。这门课程通过教师审美艺术的介入，使得每一次电影欣赏的过程，既是师生共同经历的一次情感体验，也是教师对学生的一次心理健康辅导。这种形式不仅受众面广，而且伴随着轻松愉悦的情境，可以起到“润物细无声”的作用，具有其他任何心理健康活动都无法达到的效果。

（一）有助于学生更好地认识自我

现代心理学更是把认识自我当作要解决的首要问题。作为学生，在心理发育方面远未达到成人的标准，特别是对于自我的认识还不十分明了，因此开设心理影片赏析课程最重要的作用就是帮助他们更好地认识自我。

（二）有助于学生更好地认识他人

开设心理影片赏析课程另一重要的作用是帮助学生更好地认识他人。

作为在校学生，他们正处于急于展示自我能力和价值的美好年华，迫切地渴望能得到周围人的肯定，而如何正确地评价他人，如何正确地看待他人的评价以及如何冷静地处理自我认同与他人认同之间的矛盾，这一串问题都可以在《美丽心灵》里寻找到答案。观赏者在纳什身上不仅可以看到自己意气风发自信满满的影子，还能在他身上体验到错觉的成功快感，伴随他一同经历精神世界从崩溃到修复的过程，在一切归于平静之后，学会以一颗平常心看待周围的人和事。

（三）有助于学生建立良好的人际关系

在认识自我和认识他人的基础上，普及心理学知识还有一个更高层次的要求，就是能让学生在社会活动中建立良好的人际关系，与他人展开和谐的人际交往。

三、心理电影欣赏的过程

心理电影赏析课，简称电影课，具有很强的电影综合艺术、心理学等方面的专业特色，如何通过这门课程的学习帮助学生的心理成长，从而达到智育、美育、德育、体育、劳育的教学目标，需要在教学实践中不断研究与探索。

（一）放映前

对电影做简要的介绍，包括演员、导演、剧情梗概及其心理学内容，并进行简单扼要的心理学解析。教师应当在观赏心理电影之前就提出要求，引导学生观影时运用相关的心理学知识分析电影中的心理学现象，引导学生带着问题去看电影，从心理学的角度去分析电影中的故事情节，理解、感受人物的性格与情感，打破旧有的“看电影就是看热闹”的思维模式。

（二）放映中

观察学生的反应，引导学生注意电影中的细节部分，根据需要暂时停映。

（三）放映后

这是整个电影心理疗法中最重要的提升部分。在观赏之后教师要组织学生讨论并提出建设性意见，对影片本身和学生讨论做出分析，使其更加完善。教师解析的重点在如下几个方面。

1. 人性的解读。主要解读和分析人性的双面性，致使学生树立真善美的人性取向，揭示人性的复杂多样，让学生学会从多种视角解读人性，并在万花筒般的多重人性中，读出真善美的光芒。

2. 心理的深层次解析。依照弗洛伊德的精神分析理论，介绍人格及其意识的复杂性，以及如何树立健康和谐的人格发展观。这里贯彻着心理学理论方法的教育，但此种教育是寓于文学形象之中、以触及心灵的震撼来传授的。

3. 励志。阐释如何在愈加浮躁的社会中保持内心的平静和上进，并用饱满的热情面向人生，引导学生在心理上成长、成熟，成为心理素质优良的人，讨论包括询问来访者整个的心理感受；讨论来访者在观影过程中表现出的情感及行为反应，以及讨论电影故事中的情节，帮助来访者理解电影故事，领悟故事背后蕴含的人生道理。

（四）心理电影赏析课的影片选取

针对学生的年龄阶段特征，心理电影的选择尤其重要。在心理治疗中需要用到的影像资料，可以是整部电影，也可以是电影片段。通过对其进行一定的解说，使观看的来访者在影像、音乐、对话等全方位的冲击下对自己的人生态度产生思考，获得某种领悟，以此起到治疗的作用。但这种效果并不是随便选取一部影片就能达到的，其关键在于找到能够使人产生强烈共鸣的影片。因此，可从不同角度选取心理电影赏析课的影片。

可选择某些关于心理问题构成的影片，如青少年成长系列的影片，代表影片有《大象》《美丽人生》《第一滴血》《帝国反击战》等。

可选择某些反映临床心理疾病的影片，即一些关于心理、精神疾病症状表现系列的影片。这类影片形象、生动地再现了一些疾病如抑郁、强迫、幻视、妄想、人格分裂、人格障碍的症状。比如性心理变态电影杰作《钢琴师》，展现精神分裂患者幻觉世界的《美丽心灵》和《飞越疯人院》。

可选择某些展现经典治疗，即心理咨询与心理治疗的影片。比如《爱德华大夫》就对后来的精神分析影片产生了深远的影响；《心灵捕手》讲述的是威尔在心理咨询师肖恩的帮助下，走出童年被父母遗弃、遭受虐待的阴影，勇敢面对生活的故事；《带发条的橙子》堪称行为主义经典影片，介绍的是从行为主义心理学实验发展出的"厌恶疗法"。

可选择某些人际交往系列影片。人类具有社会属性这一特征，必须与他人建立各种各样的联系才能更好地生存。一个人的性格、能力、动机、兴趣、价值观等与人际关系是一种相互作用的关系。选出的此类影片，要能够较为形象、生动地展现人际互动的部分场景，给我们不同角度的反思。比如，美国电影《断背山》和《海上钢琴师》让我们看到了复杂的人际关系，而《雨人》这部电影则通过对残障人生活的表现和描述，反映出他们与正常人之间关怀和交流的情景。这类影片能很好地体现出人与人之间的真情，唤起观众的同情和爱心，从而获得观众的认同。

可选择一些励志电影。每个人的一生中都会有很多梦想，但不是每个梦想都能够实现。人生总要面对各种不如意，成功并不是那么容易。正确的选择成就未来，但正确的选择有的时候不一定是要得到什么，而是要放弃什么。严格管理自己和坚韧的毅力是成功的必要条件。《当幸福来敲门》《斯巴达300勇士》都属于励志电影，他们弘扬的那种积极向上的精神，是当代大学生应该学习的。

爱国主义影片。对当代学生普及爱国主义教育势在必行，因为爱国主义情怀是健康的心理状态所必需的。电影《东京审判》、纪录片《南京大屠杀》等，能让学生们回顾历史，勿忘国耻。

第七章

人际关系心理辅导与教育

人际关系心理辅导

一、人际关系的概念

（一）人际关系的含义

人际关系是指人与人之间通过直接交往形成的相互之间的情感联系。这种联系是交往所产生的情感的积淀，是人与人之间相对稳定的情感纽带。关系一经形成，就会作为进一步相互作用的背景和导向系统，对后续的交往形成定向性影响。

心理学家对人际关系感兴趣，也正是因为人际关系会强烈地影响到一个人的身心健康、成功和幸福。建立一个新的令人向往的关系，是人感到快乐和振奋的生活事件之一，而失去一个自己已经卷入的关系，则可能是最糟糕、最让人难过的事件之一。那些有许多朋友和拥有广泛社会支持的人，人生的状态通常都较为积极，对生活富有信心，有较高的幸福感。

（二）人际关系与社会角色的关系

日常生活中，人与人之间由于所处的社会位置和所担负的社会角色所带来的社会角色关系，也被称为人际关系，如师生关系、上下级关系、夫妻关系、亲子关系、朋友关系等。实际上，社会角色关系是不能简单与属于普遍情感联系性质的人际情感关系混为一谈的。二者之间既有联系，又有着本质的区别。

二者之间的联系：一方面，社会作为一个整体，其职能是通过处于社会各个不同位置、承担不同社会角色的个人发生各种性质不同的联系来实现的。人生来就被置于一个特定位置并承担一定角色，并开始在一定的社会关系之中生活。任何一个人，要履行自己的社会角色，必须与别人发生交往，发生一定的角色联系，并在交往的同时产生一定的情感关系。另一方面，任何人在与别人发生交往时，由于先定性的社会位置的限制和社会角色的束缚，都不可能还原成为没有社会角色概念的一个抽象的人，其与别人的交往和由此形成的情感关系，都必定受到其所处的社会位置和所担负的社会角色的影响。

二者之间的区别：社会角色关系的基本指向是人与人之间通过交往合作而履行社会角色，执行个人的社会职能。由这种过程所产生的情感联系尽管是这一过程自然的结果，但它仅仅是过程的副产品。由于对应于每一种社会位置和社会角色，社会都已发展起了相对系统而稳定的期望，并且这种期望对于人们的行为具有强迫性质，因此，如果人们不能表现得符合这种期望，他们就不能得到对应社会角色承担者的充分合作，他们也就不能很好地履行自己的角色，执行自己的社会职能。因此社会角色关系首先遵循社会现实原则，受社会习俗、伦理、政治与法律等原则支配。

与社会角色关系不同，人际情感关系不是人的类与类的关系，而纯粹是个人与其他所有人的更为一般的关系，是一种个人凭个人自然情感状态选择的自由关系。世界无论有多少人口，都没有任何人与别人的情感关系能与另外一个人一模一样。即使假定有两个人都与同样的人交往，但两个人与这个人的情感关系状况也不可能完全一样。因此，由人际情感关系带来的社会生活，对每一个人来说都是高度特异的，由其所带来的独特生活经验，使得每个人都有与其他人不同的独特心态与个性。人由此而获得个性化。

二、人际关系的意义

心理学家的大量研究和人们亲身的生活实践都已经证明，对于任何一个人来说，正常的人际交往和良好的人际关系都是其心理正常发展、个性保持健康和生活具有幸福感的必要前提。

（一）交往与个性发展

心理学的研究发现，儿童与其照看者之间通过积极的交往所形成的稳定的亲密关系，是其心理以至身体正常发展不可缺少的条件。大量科学事实证明，母亲之所以对儿童的心理正常发展有决定性的影响，其奥妙之处在于母亲最先与儿童形成了亲密关系。最新的科学研究还揭示，父亲或者其他照看者都可以替代母亲的作用，成为儿童心理发展过程中有效的情感支持力量。只要照看者与儿童之间建立起了稳定的亲密关系，其所照看的孩子的心理健康水平，就与双亲照看的孩子没有明显区别。如果照看者经常变换，儿童不能与照看者之间形成稳定的、有预见性的依赖、亲密的关系，则儿童会缺乏正常的安全感，难以适应社会生活的各种要求和变化。心理学家还发现，如果儿童缺乏与成人的正常交往及由此建立起来的亲密关系，不仅性格发展会出现问题，连智力的发展也会出现明显障碍。例如，在孤儿院成长的孩子，由于不能像在普通家庭中那样受到照看者的充分注意，并与他们保持积极的交往和建立稳定的亲密关系，因此，这些孩子的智力发展水平，远远低于同年龄的一般儿童，同时也有明显的性格缺陷。但是，当孤儿院的儿童被普通家庭领养，心理交往的状况发生变化之后，他们的智力发展速度很快就能赶上普通儿童。

（二）交往与心理健康

心理学家发现，如果一个人长期缺乏与别人的积极交往，缺乏稳定的良好人际关系，那么这个人往往有明显的人格缺陷。那些生活在没有形成友好、合作、融洽的人际交往氛围的宿舍里的学生，常常显示出压抑、敏感、自我防卫、难以合作的特点，情绪的满意程度也较低。而在同伴关系融洽的宿舍里生活的学生，心态则以欢乐、注重学习和成就、乐于与人交往和帮助别人为主流。可见，人的心态与性格状况，直接受到与别人交往和关系状况的影响。

心理学家曾经从各个不同的角度做过大量研究，结果都证明，心理健康的水平越高（亦即个性越健康），与别人的交往就越积极，越符合社会的期望，与别人的关系也越深刻。心理学家奥尔波特发现，个性成熟的人，都同别人有良好的交往和融洽的关系。他们可以很好地理解别人，容忍别人的不足和缺陷，能够对别人表示同情，具有给别人以温暖、关怀、亲密和爱的能力。

（三）交往与幸福

在日常生活中，有些人会认为，人的幸福是建立在金钱、成功、名誉和地位基础上的。实际上，对于人生的幸福来说，所有这些方面，都远不如健康的交往与良好的人际关系重要。交往和人际关系在人们生活中的地位，无法为金钱、成功、名誉和地位所取代。

美国心理学家长期的追踪研究发现，自 20 世纪 30 年代以来，美国民众的金钱收入基本呈上升趋势，但他们对生活感到幸福的人的比例并没有增加，而是稳定在原来的约 1/3 的水平上。这说明，金钱并不能简单地决定人的幸福。最新的报道揭示，携巨款逃到国外定居的腐败分子，非但没有过上他们希冀的幸福生活，反而落寞、焦虑，因为他们原来的交往和社会支持体系已经崩溃。

1977 年，心理学家克林格做了一个广泛的调查，结果发现，良好的人际关系对于生活的幸福具有首要意义。当人们被问到“什么使你的生活富有意义”的时候，几乎所有的人都回答，亲密的人际关系是最首要的。自己的生活是否幸福，取决于自己同生活中其他人的关系是否良好。如果与别人有深刻的情感联系，那就会感到生活幸福且富有意义。反之，则会感到生活缺乏目标，没动力，不幸福。在这些被调查者的回答中，人际关系的重要性远远超过了成功、名誉和地位，甚至超过了西方人最为看重的宗教信仰。

三、人际关系的特点

（一）个人性

和社会关系不同，人际关系的本质表现在具体个人的互动过程中。在人际关系中，“教师”与“学生”、“上级”与“下级”这些角色因素退居到了次要地位，而对方是不是自己所喜欢或乐意亲近的对象，成了主要的问题。这就是人际关系的个人性特征的表现。

（二）直接性

人际关系是在人们直接的甚至是面对面的交往过程中形成的，并且人们可以切实地感受到它的存在。一般来说，没有直接的交往和接触是不会产生人际关系的，而只要建立起某种人际关系，也一定为人们所直接体验到。人们之间在心理上的距离趋近，则会感到心情愉快舒畅；若存在着冲突和矛盾，则会感到抑郁和孤立。

（三）情感性

人际关系的基础是人们彼此之间的情感活动。人际的情感倾向可以归结为两大类：使人们互相接近或吸引的情感，即联合情感，使人们互相排斥和反对的情感，即分离情感。在第一种情况下，对方总是所希望的、满意的客体，个体有强烈的与其合作或结合的行为倾向；在第二种情况下，对方则是不能被接受的难以容忍的，甚至是感到厌恶的客体。

四、人际关系的类型

根据不同的分类标准，可把人际交往关系划分成不同的类型。

（一）根据交往关系范围可以划分为：个人之间的关系，如夫妻关系、朋友关系、同事关系、医生与病人的关系；个人与团体的关系，如个人与家庭、学生与班级、工人与班组的关系等；个人与组织的关系，如个人与公司、个人与学校、个人与社会、个人与国家的关系等。

（二）根据交往关系存续的时间可分为：长期关系，如亲缘关系、师生关系等；临时关系，如营业员与顾客、司售员与乘客的关系等。

（三）根据交往双方的相互关系状况，美国社会心理学家霍尼将团体人际关系分为：

1. 逊顺型。其特点是“朝向他人”，顺从行为，讨人喜欢。无论何时遇何人，首先想到的是：“他喜欢我吗？”适合从事社会、医务、教学工作。

2. 进取型。其特征为“对抗他人”，总想知晓他人力量或他人对自己是否有用。适合从事商业、金融、法律工作。

3. 疏离型。其特征为“疏远他人”，常思考别人是否干扰自己。适合从事艺术与科研方面的工作。

（四）美国心理学家舒兹也从人际反应倾向的角度研究了人际关系的类型。舒兹认为，每个人都需要别人，因此都具有人际关系的需求。在人们的交往中，每个人对别人的需求方式不同，因而也就使每个人对他人的基本反应倾向有所不同，这种基本的人际反应倾向叫作人际反应特质。舒兹把人际关系的需求分为三类。

1. 包容的需求。表现出愿意与人交往，愿意和别人建立与维持和谐的关系，出于这种动机产生的行为是沟通、融合、参与、随同等。与此动机相反而产生的人际反应特质是排斥、对立、疏远、退缩等。

2. 控制的需求。表现在权力或权威上建立与维持良好关系的愿望，其行为特征表现为使用权力、权威、威信去影响、支配、控制、领导他人等。与此动机相反而产生的人际反应特质则是服从权威、追随他人、模仿他人、受人支配等。

3. 感情的需求。在感情上愿意与他人建立与维持良好的关系，其行为特征是同情、喜爱、亲密等。与此动机相反的人际反应特质是冷淡、疏远、厌恶、憎恨等。

根据以上三类人际反应特质，舒兹把他们分为主动的表现者和被动的期待他人的行为者，从而得出六种基本的人际关系倾向。主动性的包容需求（主动与别人交往）、主动性的控制需求（支配他人）、主动性的感情需求（对别人表示亲热）、被动性的包容需求（期待别人接纳自己）、被动性的控制需求（期待别人支配自己）和被动性的感情需求（期待别人对自己表示亲热）。

舒兹认为，一个包容需求动机很强的人，同时又是行为的主动者，他一定是一个性格外倾的人，喜欢与人交往，热情参加各种社会活动。如果他又是一个感情要求动机很强的人，他不仅喜欢与人交往，而且还关心别人，同情别人，那么他就会受到别人的爱戴。

五、人际交往的一般功能

（一）信息沟通功能

人与人的交往，是信息的沟通、思想的交流、经验的分享。英国作家萧伯纳很形象地说道："如果你有一个苹果，我有一个苹果，彼此交换，那么每人还是一个苹果；如果你有一种思想，我有一种思想，彼此交换，我们每个人就有了两种思想，甚至多于两种思想。"在许多情况下，自己百般探索，长期苦思冥想不得其解的问题，往往在与人的偶然交谈中，就会突然得到启示，产生灵感。

（二）心理保健功能

交往是人维持精神健康的基本需要。正如我国著名已故医学心理学家丁瓒教授所说："人类的心理适应，最主要的就是对于人际关系的适应，所以人类的心理病态，主要由人际关系失调而来。"

心理学家哈娄等人曾做过这样的实验：将一只猴子置于不锈钢的房子里，温度、空气流通、清扫和喂养等一切工作都是自动化的，即隔绝了猴子的一切交往活动。通过一段时间的"社会剥夺"研究发现，被隔绝交往的猴子远比正常交往情况下的猴子恐惧反应强烈，它们情绪和交往行为上受到了损害，精神是不健全的。

对人的研究同样发现了这个结果。有人研究生活在孤儿院的儿童，他们由于静而孤单地生活，得不到正常儿童应得的爱抚性刺激，更缺乏良好的社会交往，所以不仅在智力（尤其是语言）的发展上低于同龄正常儿童，而且社会能力更差。他们或是对人冷淡，缺乏交往愿望和能力，或是有另一种极端反应，即表现为情感饥饿，狂热地需要得到他人的爱抚。

（三）自我认知功能

认知自我包括对自己身心特点的认知，对自己在社会中的角色、定位、作用的认知，以及对自己的人生目的、理想、信念的认知等。认知自己是自我意识不断发展成熟的过程，它在人的整个个性形成中有着很重要的地位。然而，自我意识的发展，并不是一个自然成熟的过程，而是通过交往，在与别人的相互作用中发生和发展的。

首先，人以他人为镜，从与别人的比较中认知自己。人们往往是在具体的交往情境中，从对人的认知中来形成自我表象的。对人的认知越全面，对自己的表象也就越清楚。有些人对自己的估价过高或过低，这既可能是由于自我意识不够成熟，也可能与用于比较的对象或人群有关。其次，人们还能通过他人对自己的态度和评价，以及自己与他人的关系来了解自己在他人心目中的形象和在社会中的地位，并参照别人的评价来客观地认知自己。这标志着自我意识的成熟。

（四）个性发展功能

个性作为重要心理特征，包括气质、性格、能力等各种因素，个性的发展和完善是个体心理修养的重要任务。人人都期望自己的个性得到发展和完善，但它的实现离不开交往活动。正是在交往中，学生们理解了生活，丰富了知识，学会了处世，锻炼了能力，从而发展了个性。

人际关系的发展和破裂

一、人际关系的发展

和谐、融洽的人际关系的建立和发展，需要经过定向、情感探索、感情交流和稳定交往四个阶段。

（一）定向阶段

定向阶段涉及交往对象的选择，包含着对交往对象的注意、抉择和初步沟通等多方面的心理活动。实际生活中我们并不是同任何一个相遇的人都能建立良好的人际关系，而是对人际关系的对象有着高度的选择性。在通常情况下，只有那些具有某种会激起我们兴趣特征的人，才会引起我们的特别注意。在一个团体中，我们会首先将这些人放在注意的中心，并试图与其发生实际的交往。

人们究竟决定选择谁作为交往对象，并与其保持良好的人际关系，往往要经过自觉的选择过程。只有那些在我们的价值观念上具有重要意义的人，我们才会将其选作交往和建立人际关系的对象。

初步沟通是在选定一定的交往对象之后，试图与这一对象建立某种联系的实际行动。真正的交往和关系是由此开始的。如果我们属于社交主动型的人，会主动与选定的交往对象打招呼，并与之攀谈。在初步沟通的过程中，谈话只会涉及自己最表面的方面。初步沟通的目的，也是对别人获得一个最初步的了解，以便使自己知道是否可以与对方有更进一步的交往，使彼此之间的关系发展有明确的定向。由于初步沟通实际上是试图建立更深刻关系的尝试，因此，尽管人们所暴露的有关自我的信息是最表面的，但都会希望在初步沟通过程中给对方留下良好的第一印象，以便使以后关系的发展获得一个积极的定向。

（二）情感探索阶段

情感探索是双方探索彼此在哪些方面可以建立信任和真实的情感联系，而不是仅仅停留在一般的正式交往模式上。随着双方共同情感领域的被发现，双方的沟通也会越来越广泛，自我表露的深度与广度也会逐渐增加。在这一阶段，人们的话题仍避免触及别人私密性的领域，自我表露也不涉及自己深层的方面。尽管双方关系到这一阶段已开始有一定程度的情感卷入，但交往模式仍与定向阶段相类似，具有很大的正式交往特征，彼此还都仍然注意自己表现的规范性。

（三）感情交流阶段

人际关系发展到感情交流阶段，双方关系的性质开始出现实质性变化。此时双方在通常生活领域中涉及的人际关系安全感和信任感已经得到确立，因而沟通和交往的内容也开始广泛涉及自我的许多方面，并有较深的情感卷入。如果关系在这一阶段破裂，将会给人带来相当大的心理压力。在这一阶段，正式交往模式的压力已经趋于消失，双方交往的行为表现可以超出正式交往的范围，显示出融合的自发交往关系。此时，人们会相互提供真实的评价性的反馈信息，提供建议，彼此进行真诚的赞赏和批评。

（四）稳定交往阶段

在这一阶段，人们心理上的相容性会进一步增加，自我表露也更为广泛和深刻。此时，人们已经可以允许对方进入自己高度私密性的个人领域，分享自己的生活空间和财产。但在实际生活中，很少有人达到这一情感层次的友谊关系。许多人同别人的关系并没有在第三阶段的基础上进一步发展，而是仅仅在第三阶段的同一水平上简单重复。

二、人际关系的破裂

（一）人际关系从融洽的状态走向终结，通常要经历五个阶段

1. 分歧。人际关系的本质是情感的相互联系、相互卷入、相互拥有。它的基础是卷入关系的双方必须有共同的情感。共同的情感存在，彼此的关系就存在；共同的情感消失，彼此的关系就破裂。分歧，正是共同情感消失的开端。分歧意味着人际关系双方不同点扩大，心理距离增加和彼此的接纳性下降。随之而来的是双方在知觉和理解上都朝不利于双方关系的方面倾斜，彼此都感到开始难以准确地判断对方。

2. 收敛。当关系开始出现裂痕时，双方总的沟通量会下降。此时谈话会高度注意、高度选择，并都指向减少彼此的紧张和不一致。在这一阶段，关系的发展还没有足以使人们明确表示对彼此的关系不再有兴趣，情感上的拒绝水平也还较低。因此，双方在表面上仍试图维持关系状态良好的印象。但实际上，此时彼此的关系已出现明显的困难。双方自发沟通的减少，实际上就会降低双方自然的情感融洽的程度。

3. 冷漠。在这一阶段，交往的双方开始放弃增进沟通的努力，人际关系的气氛变得冷淡。通常情况下，此时人们已不太愿意进行直接的谈话，而是多凭非词语方式来实现必要的沟通和协调。但与情感融洽时的状态不同，此时的非词语沟通是缺乏热情的，目光是冰冷的，也没有热情的期待。许多人都将与别人的关系在这一阶段上维持很长时间。原因有两方面，一是期望关系仍然朝好的方向发展，因而不愿意一下子就明确终止关系；二是考虑到自身的利益，很难一下子适应突然失去某种关系的支持。

4. 逃避。随着关系进一步恶化，人际交往的双方会尽可能地相互回避，特别是避免只有两个人在一起无所适从的窘境。关系恶化到这一阶段，人们往往感到很难判断对方的情感状态和预言对方的行为反应。因此人们通常避免直接询问、提出要求等。在知觉和理解上，这一阶段很容易发生纯粹主观的误解。因为在这种状态下，人们都有强烈的自我保护倾向，对许多本来平常的人际行为都会有过敏的反应。

5. 终止。关系的终止可能是立即完成的，也可能拖延很久，而关系终止的方式也各种各样。在某些情况下，关系终止有一个明显的标志，即在先前关系恶化的基础上发生一次直接的、激烈的冲突。在另一些情况下，关系的终止则是前几个阶段关系恶化的自然延续。随着彼此相互交往的隔断，或彼此利益依存关系的

解脱，冷漠和逃避的关系状态会转变为关系的最后终结。

（二）建设性地争吵

每一种亲密的关系都是伴随冲突存在的。世界上没有一种长久的亲密关系是长期和平的。人际关系的双方必须懂得，争吵是关系存在的一部分，也是相互了解的一种方式。要想维持双方融合的感情和温馨的关系，双方都必须学会如何建设性地应对这些几乎一定会或早或晚、或急或缓地发生的冲突。可以说，冲突本身就能成为双方相互了解得更深的机会，在争吵开始时就已经为和解准备了机会，并会在争吵后产生真正的，甚至更深的融洽。

（三）人际关系破裂的预防

心理学家发现，认清人际冲突或分歧的本质，并学会建设性地处理分歧或冲突，可以有效地减少人际关系恶化和破裂的发生。

首先，由于每个人有自己独特的情感、理解和利益背景，因此，人与人之间出现不一致或冲突是不可避免的。无论什么样的关系，也无论交往的双方关系有多么深刻，情感有多么融洽，都可能出现冲突。

预计冲突是正确了解冲突，并建设性地处理冲突，避免在冲突中付出不必要的更大代价的最有效途径。一般情况下，如果一个人在毫无准备的情况下被直接卷入冲突，那么在整个冲突过程中仍然保持冷静的理性是十分困难的。人是情绪化的动物，在人过于激动的时候，思维会受到明显的干扰，很难保持对事情的正确判断。

在实际生活中，许多人际冲突都是可以避免的。学会用移情的方式去体验别人为什么会像他所做的那样言行，可以有效地帮助我们正确地理解别人，避免判断的错误，也可以防止发生不恰当的体验和行为。

对于已经发生了的冲突，如果处理得当，就事论事，往往不会给人际关系带来太大危害。心理学家经过研究提出了解决冲突的有效步骤。实践证明，这些步骤可以有效地帮助人们控制和消除冲突。这些步骤的具体内容是：

第一，相信一切冲突都可以理性而建设性地获得解决。

第二，客观地了解冲突的原因。

第三，具体地描述冲突。

第四，向别人核对自己有关冲突的观念是否客观。

第五，提出可能的解决冲突的办法。

第六，对提出的办法逐一进行评价，筛选出最佳的解决方法。该方法必须对双方都最有益。

第七，尝试使用选择出的最佳方法。

第八，评估实现最佳方法的实际效应，并按照给双方带来最大利益和有利于良好人际关系维持的原则给予修正。

人际交往的心理效应

一、首因效应

所谓首因效应，也叫第一印象，是首次交往中所留下的印象。我们初次对人知觉时形成的印象往往很深刻，而且对以后的人际知觉也会起着指导作用。人们对一个人的态度、行为，很大程度上依赖于对其的第一印象。第一印象好，继续交往的积极性就高，于是就有可能“一回生，二回熟，三回成朋友”，在朋友的基础上还可能发展成为至交。反之，第一印象不好，继续交往的积极性就不高，路人仍是路人，友情难以产生。

第一印象之所以在人的认知中占有优势地位，是因为任何最先出现的因素都会产生一种心理定式，这种定式将影响着人们对于后来出现的信息的知觉。第一印象的信息是有限的，但由于人的知觉具有综合性倾向，人会把那些不完全的信息贯穿起来，用思维填补空缺，从而把对象认知为一个统一的整体，进而产生一定程度的整体印象。由于这个印象是在对某个人原先没有接触的基础上获得的，因而在大脑中嵌入的程度比较深。

首因效应属于正常的心理偏差。由于第一印象是在信息量不足的情况下获得的，因而它可能是肤浅、零碎的，甚至可能是一种同认知对象的本质相悖的假象。第一印象难免有一定的片面性，重要的是认识到这种偏差，努力减少其消极影响。

二、晕轮效应

晕轮效应又称月晕效应或光环效应，是指由知觉对象的某一有关特征推及至对象的总体特征，从而产生美化或丑化对象形象的心理倾向。尽管对人和事的某一特征的认知也许是真实的，但推及到人和事的总体认知就不真实了。

美国社会心理学家阿希曾做过一个有趣的实验。他给受试的中学生看一张列有五种品质的表格（聪明、灵巧、勤奋、坚定、热情），要求受试的中学生想象一个具有这五种品质的人。中学生普遍把这个人想象为一个理想的、友善的人。然后，他把这张表格中的“热情”换成“冷酷”，再要求受试的中学生想象出具有新的五种品质（聪明、灵巧、勤奋、坚定、冷酷）的合适的人。结果发现，这些中学生普遍推翻了原来的想象，而产生了一个完全不同的形象。这表明，“热情”和“冷酷”这两种品质产生了晕轮效应，影响了对一个人总体的评价。

晕轮效应和首因效应一样，都具有普遍性和带主观色彩的一面，但两者又有区别。首因效应是从时间上来说的，由于前面的印象深刻，后面的印象往往成了前面印象的补充；晕轮效应是从内容上来说的，由于对知觉对象部分印象深刻，而将这部分印象泛化为全部印象。

在现实的人际交往中，首因效应往往是晕轮效应的前奏，两者都是以点带面，以主观代客观。晕轮效应容易产生以偏概全的结果，这在人际交往中是常见的，应该引起注意。

三、近因效应

近因效应指最近的信息对人的认知具有较大的影响，最后留下的印象比较深刻，这就是心理学上所谓的后摄作用。

首因效应与近因效应看起来似乎有些矛盾，其实是一个问题的两个方面，两者都发挥着各自的作用。一般来说，人际交往中的第一印象和最近印象对人的影响都是比较重要的，所以要有好的开头，也要有好的结尾，虎头蛇尾的形象常会令人失望。比较而言，在对陌生人的知觉中，首因效应较明显，而对熟人或分别很久的人的认知中，近因效应更突出。

四、刻板印象

所谓刻板印象，是指对于某一类人或事物产生的一种比较固定、概括而笼统的看法。在人际交往中有些人习惯于机械地将交往对象归于一类人，不管是否表现出该类人的特征，都认为他是该类人的代表，而把对该类人的评价强加于他。这会影响正确的认知，尤其是当这类评价带有偏见时，就可能损害人际交往。

比如，有人认为老年人保守、死板；男生认为女生娇气、傲气；女生认为男生粗鲁、霸气，等等。这种刻板印象容易形成“先入为主”的心理定式作用而妨碍人际交往的正常进行。

五、互酬效应

互酬，是指互相帮助、互相酬偿。生活中那些相互帮助的人之间，总是交往比较密切，关系比较亲密的，这其实是人际交往中互酬效应的体现。

在人际交往中，互酬的内容是多方面的，主要有：

①能力互酬。包括知识、才干、技能等方面的帮助和补偿。在人际交往中，能力比较强的人，只要他不自恃能干，轻视别人，一般来说，是比较容易成为人们的交往对象的。

②性格互酬。那些乐观、幽默，语言诙谐，豁达大度，为人热情的人，往往会在人际交往中受欢迎，因为这些人的性格、行为能够给人们带来快乐，提供帮助。

③感情互酬。同情他人的人，关心他人的人，能够倾听别人诉说的人，善于疏导、安慰别人的人，往往朋友多，这是因为他们能给别人带来感情上的满足和补偿。

④兴趣互酬。兴趣爱好的相似能成为人们交往的内聚力，增强彼此间的交往愿望。

⑤信息互酬。在人际交往中那些见识广、知识面宽、掌握的信息多的人，往往也会成为人们喜欢交往的对象，因为他们能让人觉得跟他们交往有收获，能开阔眼界。

总之，在人际交往中，凡是能为别人提供帮助的人，总是比较受欢迎的。帮助别人的程度越大，受欢迎的程度往往也越大。但是，人际交往是一种双向性的信息、感情传导过程，单方面的“酬”，只能表现为单方面的受欢迎，而只有双方的“互酬”，人际关系才能在密切的互动中逐渐深化。

六、投射作用

人际交往中的投射作用，即“以小人之心，度君子之腹”，指与人交往时把自己所具有的某些不讨人喜欢、不为人接受的性格、态度、观念或欲望转移到别人身上，认为别人也是如此，以掩盖自己不受人欢迎的特征。比如，那些爱议论他人的人总认为别人时常在背后议论他们；惯于讲假话的人常常不相信别人的话。由于投射作用的影响，这些人在人际交往中往往很容易对他人产生误解而伤害他人。

人际吸引的理论

一、学习理论

学习理论由社会心理学家G.L.克劳尔和D.A.伯恩于1974年提出，又称强化理论，从条件反射理论演变而来。学习理论认为，人们不仅倾向于喜欢那些奖赏自己的人，不喜欢惩罚自己的人，而且也倾向于喜欢那些与奖赏和愉快有联系的人，不喜欢那些与惩罚和不快有联系的人。在奖赏和惩罚时出现的任何人或物将成为奖赏和惩罚引起的心情的条件刺激物。

学习理论也被用来说明相似性原理。相似的人由于肯定了对方的信念、价值观、人格品质，因此，起着正强化的作用。反之，则起着负强化的作用。这种正负强化作用通过条件反射与具有这些特点的人联系起来，结果造成人们喜欢相似的人，不喜欢不相似的人。

二、平衡理论

平衡理论由社会心理学家F.海德于1958年首先提出，后来由T.M.纽科姆于1961年予以修正。

海德的理论可以简化为P–O–X公式。其中，P为个人，O为他人，X为对象。通过这三者之间的关系考察平衡和不平衡状态。P–O之间的关系是喜欢不喜欢的情感关系，P–X和O–X之间的关系是看法一致不一致的统一关系。情感关系和统一关系倾向于和谐的平衡状态。如果一个人和他的朋友彼此喜欢，对于某件事看法一致，那么就是处于平衡状态；如果彼此喜欢，但对某件事的看法不一致，就是处于不平衡状态。海德认为，人们力求保持平衡状态，所以二人看法一致可以引起或加强二人间的积极情感，二人看法不一致可以引起或加强二人间的消极情感。

纽科姆修正了海德的平衡理论。他认为，P-O-X关系中以P-O关系最为重要。如果P-O关系是正的，海德的模型就可以得到肯定；如果P-O关系是负的，则海德的模型就不一定得到肯定。当一个人不喜欢另一个人时，则对他赞同不赞同某件事并不关心。人们一般只关心自己与自己朋友的观点是否一致，不关心自己与自己不喜欢的人的观点是否一致。所以纽科姆把P-O关系为负的情况下的这种不关心称为非平衡关系，以区别于平衡关系和不平衡关系。纽科姆认为，在不平衡关系中人们不愿把P-O之间的符号从正的改为负的，而愿意把负的改为正的。这也说明，人们强烈地倾向于正的P-O关系。在其他条件相等的情况下，人们倾向于喜欢他人而不是不喜欢他人，即使不喜欢他人可能代表一种更平衡的情况。纽科姆把这个现象称为吸引效应。

平衡关系是令人愉快的，能维持下去；不平衡关系是令人不愉快的，是不稳定的。当两个朋友处于不平衡关系中时，两人都可能设法去说服对方改变看法。如果说服成功了，就会恢复平衡；如果两人在许多问题上有不同看法，又都坚持已见，那么两人之间的友谊可能会逐渐变为冷淡或不喜欢。

三、社会交换理论

社会交换理论的主旨是从交往双方的收益和代价的角度考察人际关系。社会交换理论与学习理论的共同点在于都承认人们是寻求强化的；二者的不同点在于社会交换理论增加了一个内容，即吸引的判断基于从关系中获得的收益和代价之比。当收益超过代价时，关系受到重视；当代价大于收益时，则关系不受重视。这里所说的收益和代价的含义相当广泛。U.G.福阿等人提出的六种基本收益是：爱、金钱、地位、物品、服务、信息。这些收益的价值还依赖于提供者。代价大体包括时间、精力、金钱、丧失机会等。无论是收益还是代价都是难于用严格客观的量表来测量的。它们依赖于需要、价值观、交往者的个人经验等。

从社会交换理论派生出来的公平理论强调关系中的公正性，认为关系的稳定性依赖于双方认为公正的准则。公正准则是指每个人从关系中获得与其贡献相适应的收益。如果一个人在关系中贡献大，那么他将取得较大的收益。这里贡献和收益的大小，不完全是客观上的，也指人们看法上的。近期的研究表明，人们为了长远关系的利益而在短期关系中可能不做这种考虑。公正准则还包括相对需要准则和均等准则。相对需要准则就是每个人获得与其需要相对应的收益，如同住一处的两个人，一个人喜欢整洁与安适的生活环境，而另一个人喜欢旅游。那么，共同整理房间可满足第1个人的需要，旅游活动可以满足第2个人的需要。均等准则是指每个人从中获得等量的收益，这在儿童中是常见的。

学校中的人际关系

一、学校人际关系的意义

学校中的人际关系是学校各个部门之间、领导者之间、领导者与被领导者之间、教师之间、学生之间、师生之间等社会关系在心理上的反映。

（一）良好的学校人际关系有利于教育质量的提高

教育质量是由学校成员合力创造的。当学校人际关系处于和谐的状态时，学校成员之间相互支持、相互理解，容易形成合力，有利于提高学校的教育质量；当学校人际关系处于紧张对立状态时，教育力量不仅没有形成合力，反而出现了内耗；当师生关系紧张时，学生对教师不信任，不愿接受其教育，教育质量就难以保证。

（二）良好的学校人际关系有利于调动师生员工的积极性

在良好的人际关系中，人们不仅心理上有安全感，而且有一种强烈的归属感和责任感，同事之间关系密切，互相信任，彼此支持，有利于激发个体的智慧，调动每个个体的积极性。心理学家发现，良好的人际关系可以提高学生的学习抱负。例如，一个中学生，如果他的好朋友打算考大学，那么他很可能也想考大学。

（三）良好的学校人际关系有利于师生员工的心理健康

良好的人际关系是衡量一个人心理健康的重要标准，是影响一个人心理健康的重要因素；良好的人际关系意味着人们之间交往频率高，知识、技术、信息等交流快，有利于个体能力的发展；良好的人际关系意味着人们之间可以互诉衷肠，排忧解难，避免心理疾病；良好的人际关系意味着彼此信任，在思想、信念、态度、价值观等方面相互学习与汲取，从而提高人的精神境界。心理学的研究表明，儿童时期的不良人际关系将容易导致青春期破坏性行为及成年期的心理疾病。

二、学校人际关系的特点

（一）教育性

学校人际关系的教育性是潜移默化直接作用于学生的。如果学校中的领导及教职员工之间的各种人际关系是民主和谐、团结合作的，则在这种氛围熏陶下的学生的关系也是和睦有序的，否则学生之间的关系就是冷漠混乱的。

学校人际关系的教育性还体现在教育目的、教育内容和教育手段上。就教育目的而言，在让学生学习和掌握必要的人际关系知识和技能的基础上，增强他们认识和判断人际关系的能力，学会处世做人，这是教育目的的组成部分；就教育内容而言，学校人际关系的性质、功能、特征、内容，以及怎样形成良好的人际关系等是重要的教育内容；就教育手段而言，良好的学校人际关系不仅能鼓励师生努力工作和学习，而且能促使人们接受意见，改正错误。

（二）纯洁性

在学校里，维系师生员工人际关系的纽带主要是知识、思想和情感等精神性的东西，而不是物质利益和其他。因此，纯洁性是学校人际关系的一个重要而显著的特点。也正是因为学校人际关系特别是师生关系的这种单纯和圣洁，才使之本身成为一个重要的隐性教育因素，使学校的人际关系既具有教育的特点，又具有教育的功能，对师生员工的发展起着难以估量的积极作用。

（三）丰富性

在学校组织里，所有成员之间都能进行直接的、频繁的、丰富多彩的交往。因为，第一，在学校里，几乎所有的教育活动都是以人际交往的形式进行信息沟通的，学校越是追求教育效果，学校的人际关系也就越加丰富多彩。第二，学校组织管理层次少，成员之间的时空隔离性小，交往极为方便易行，这在客观上为人际关系的丰富化提供了有利条件。第三，学校是传播精神文明的场所，追求丰富多彩的精神生活是学校成员的特点。因此，在学校里，人们之间的交往活动和友谊都十分活跃。第四，学校教育的影响来自诸多方面，因此带来了学校内部人际关系的多系统、多层次和多方位，各种关系纵横交错，形成网络。学校这种复杂的人际关系正是其丰富性的外在表现。

三、师生关系

（一）师生关系的发展过程

师生关系是学校中最基本、最主要的人际关系，它包含十分丰富的社会、伦理、教育和心理内容。师生之间的关系如何，直接影响教育教学工作的顺利进行和效果。师生关系的形成是一个动态的发展过程，会经历以下三个阶段。

1. 接触阶段。这是教师与学生开始直接交往，由不相识到相识的阶段。这一时期，教师与学生都能按照规定的角色进行交往。学生对教师毕恭毕敬，教师对学生客客气气，理解性行为掩盖着双方的真实面貌。但双方的内心里都有更多了解、熟悉对方的意图，教师尤其如此。

2. 接近阶段。这是双方经过一定的交往、接触之后，陌生感逐步消除，心理距离开始缩短，感情交流代替礼节性应酬的阶段。这时双方都形成了关于对方的大致印象，并做出了较好的评价，因此有加强交往，尽快使关系密切起来的意向。

3. 亲密阶段。这是接近阶段深入发展的结果。其主要特征是双方从浅层的信息交流发展为心灵的沟通、情感的交融。此时双方无论是认识、情感还是行为都有较大的协调性。师生之间相互吸引、相互尊重和信任，已建立起一种和谐紧密的师生关系。

（二）师生关系的类型

1. 紧张型师生关系。这种类型的师生关系表现为教师以自我为中心，对待学生简单粗暴，主要依靠强制力量影响学生，喜欢训斥、批评学生，对学困生讽刺、挖苦，伤害学生的自尊与人格。学生对教师不满，行为多表现为抗拒或不合作。师生情感对立，人际关系紧张，教学气氛压抑沉闷，学生厌学。

2. 冷漠型师生关系。这种类型的师生关系表现为教师无视建立良好师生关系的重要性，教学缺乏热情，对学生不冷不热，不闻不问，教学管理松弛，师生之间实际交往时间很少，双方互不了解，互不信任，互不亲近，彼此漠不关心。课堂气氛平淡无奇，缺乏生气，学生对教师敬而远之，师生之间互不吸引。

3. 庸俗型师生关系。这种类型的师生关系表现为师生之间交往和关系的实用性、功利性、商业性。教师对学生过分迁就，甚至拉拉扯扯，吃吃喝喝，刻意迎合学生，满足学生不正当的要求，而学生对教师则曲意逢迎，请客送礼，原本纯洁的师生关系沦丧为庸俗的物质利益关系、商品交易关系和金钱关系。

4. 亲密型师生关系。这种类型的师生关系表现为教师对待学生亲切友好，学生尊敬热爱教师。师生关系交往正常而频繁，相互理解，相互信任，相互尊重，教学气氛生动活泼，师生配合默契，教学相长，人际关系融洽和谐。

四、同学关系

同学关系是在交往和相互作用的基础上建立起来的学生与学生之间的心理关系，它是除教师之外的班级成员之间关系的总和，包括学生个体之间的关系、班级内的学生群体之间的关系以及学生群体与个体之间的关系。

同学关系是学生人际关系的主体，它既要受成人的人际关系的影响，又具有学生自身的年龄特征。在学校情境中，学生间的相互作用和交往以及由此形成的同学关系是课堂教学的前提和背景之一。

同学关系对于儿童心理发展的影响很大，它不仅影响着儿童的学习，影响着儿童社会化及社会能力的获得，也影响着儿童理解和处理社会生活问题的能力，更影响着儿童自身的心理健康。

同学关系的类型有以下三种。

（一）友好型

这种类型的同学关系表现为双方接近、融洽、信任、亲密和富有吸引力。同学们心理上彼此相容，相互吸引。友好关系本身有性质和程度上的区别：有健康、积极的良好关系，也有不健康、消极的友好关系；有感情深厚的友好关系，也有感情一般的友好关系。

（二）对立型

这种类型的同学关系表现为相互不融洽、排斥、摩擦、冲突、厌恶、嫉妒、嫌弃，甚至争斗，同学之间心理上彼此不相容，行为上不能合作。对立型关系也有性质和程度上的区别：有原则性的对立关系和非原则性的对立关系，也有公开的激烈的对立关系及对抗和非公开的一般性的摩擦与互相排斥。

（三）疏远型

这种类型的同学关系表现为互不关心，互不往来，互不信任，互不吸引，同学之间在心理上相互忽视。他们之间的交往和关系若有若无，表现为同学之间情感淡漠，交往很少。

人际交往的原则

一、真诚原则

真诚是人与人之间沟通的桥梁，是处理好人际关系的首要原则。在人际交往中只有以诚相待，才能使交往双方建立信任感，建立和保持良好的人际关系。美国心理学家曾经于 1968 年设计了一种表，列出了 555 个描述人品的形容词，让大学生指出其中哪些人品他们最喜欢，哪些最不喜欢。结果学生评价最高的品质是真诚，在 8 个评价最高的形容词中，有 6 个和真诚有关，即真诚、诚实、忠诚、真实、信得过和可靠。真诚之所以是首要原则，是因为在人际交往中最基本的心理保证是安全感，没有安全感的人际关系是难以良好发展的，而真诚带给人们的安全感才不会受到威胁，才可能真正地相互了解，并在了解的基础上相互理解，相互接纳，建立起人与人之间良好的关系。任何人际交往技巧，若离开了真诚这一基础，就失去了它应有的价值。

真诚建立在对人的乐观看法、对人的基本信任、对人的善意关切的基础上，同时也建立在接纳自己的基础上。真诚是自己情感的自然流露和行为的自觉选择，这不是靠技巧所能获得的。

二、尊重原则

尊重他人是人际交往中的“绿灯”。尊重原则包括三个方面，即对自我尊重、对他人尊重、他人对自己的尊重。在处理人际关系和人际交往的过程中，这三个方面是紧密联系的。只有首先尊重自己，对自己负责的人，才有可能尊重别人，别人也才有可能尊重自己。坚持尊重的原则，必须注意在态度上和人格上尊重同学，平等待人，讲究语言文明，礼貌待人，不开恶作剧式的玩笑，不乱给同学取绰号，尊重同学的生活习惯。有智慧的人，不会和不同角度的人争吵。每个人站的角度不同，说话的方式自然就有所差异，不管意见是否和你接近，每个角度的意见都值得去采纳。

三、平等原则

平等是指在人际交往中，人与人之间要平等相待，做到一视同仁。人际交往中，人格一律平等，每个人都有自尊与被他人尊重的权利。在人际交往中，平等待人是建立良好的人际交往的前提。如果没有平等待人的观念和态度，就不可能与人建立良好的人际关系。

在人际交往中，那些傲慢无礼，不尊重他人，操纵欲、支配欲强，或嫉妒、报复心重的人常常是不受欢迎的。同样，那些防御心理过重，自我封闭过严的个体，也会让人有不平等的感觉，而难以为大家所接受。要做到平等地与人交往，首先必须正确地估价自己。既不能自以为是，目中无人；也不能缩手缩脚，敏感多疑。人际交往中应既悦纳自己，也悦纳他人；既表现出对对方应有的尊重，又不卑躬屈膝，更不能“看人下菜碟”。

四、宽容原则

宽容指人们在交往过程中出现矛盾、遇到冲突时有耐心，能容忍对方的缺点和个性。宽容是一个人自信、理智和勇气的表现，尤其是对于现实生活中，错误明显在对方时，表现出“有理让三分”的宽容态度的人更是如此。从外表上看，那种“得理不饶人”的人，似乎是勇者，是强者，实际上，这是缺乏理智和自制力的表现。“以牙还牙”所导致的交往隔阂是争回了面子却毁灭了友情，以此导致的烦恼、懊悔会不断地伴随着个体。对于宽容者来说，当他的心灵被伤害，利益被侵犯后，要克制自己的激愤，这往往是具有大智大勇的人才能够做到的。

宽容是一种美德，要做到宽容就要善解人意，而善解人意是人际交流的“黄金法则”。

五、互助互利原则

互助，就是当一方需要帮助时，另一方要力所能及地给对方提供帮助。坚持互助互利原则，就是要破除极端自私的个人主义，与人为善，乐于助人，同时，又要善于求助别人。在人际关系的建立中，我们必须遵循交互原则。对于与我们发生交往的人，我们应当首先接纳、肯定、支持他们。毕竟“爱人者，人恒爱之；敬人者，人恒敬之”。

改善人际关系的方法

一、感受性训练法

感受性训练法也叫实验室训练法。10–15 名受训者，1 名指导者，一名助手，时间为 1–4 周，没有特别的任务，只许参与者自由交谈有关目前在身边发生的事情，不涉及工作或观念方面的问题。

这项训练采取非指导性的群体自由讨论方式，因此，受训者会陷入不安、焦躁、厌烦的情绪状态中。

这个训练的基本假设是：

（一）人们可以从分析自己当前的状态中，学到很多东西。

（二）最主要的学习是洞察别人的感情、反应，这些感情在平时往往因为某些理由彼此都不愿意表现出来。

（三）设计良好的训练能够减除阻挠人与人交互作用的障碍，使受训者更直接有效地学习体会别人。

（四）在这项训练中所必须克服的障碍是人们在社会文化环境中习得的既有态度。

根据布拉德佛的分析，受训者在训练开始的 3–6 小时，即发现两种事实，那就是：要谋求大家一致赞同的议题是相当困难的；成员彼此不太注意倾听别人说的话。

因此，受训者便体会到在一个团体中各成员对群体整体的关心远不如对自己的关心，这种体会将使受训者了解，为什么公司的负责人在讨论问题时，很难达成一致意见。

此外，受训者因面对当时的情绪混乱状态慢慢发现自己的真面目，而平时对自己的愤怒、不安等情绪都是不太愿意承认，或压抑不表达出来的。了解自己，同时也亲眼看到周围的人跟自己一样陷入痛苦的情绪状态，于是逐渐能够体会别人的感情。

感受训练的具体时间表如下。

第一次聚会——自我介绍完之后可以谈一些娱乐计划一类的问题，但指导者宣布第二次聚会以后不得谈论与现场无关的问题，也不能退出特定的主题。

第二次聚会——禁止谈论有关工作及抽象观念的问题，要大家只考虑现在身旁发生的事情。

第三次至第七次聚会——陷入不安、焦躁、不快的情绪状态，开始了解自我与别人的感情。

第八次聚会——讨论那些保持客观冷静态度成员的问题。

第九次聚会——讨论那些沉默寡言成员的问题。

第十次聚会——讨论那些发言过多的成员的问题。

第十一次聚会——让大家说出各成员的待人态度。

第十二次聚会——让大家表明自己的心理创伤。

第十三次聚会——让大家写遗书。

第十四次聚会——让大家以不深入价值判断的方法表达意见。

第十五次聚会——让大家区别“我认为”与“事实”的差异。

第十六次聚会——谈论团结问题。

第十七次至第二十次聚会——谈论公司及工作现场的问题。

二、角色扮演法

这是一种直接摆脱既定角色关系束缚的个体训练技术，可以改善人的人际交往能力。通过让别人充当或扮演某种角色，站在一个新的立场去体验、了解和体会别人的内心世界，理解自己反应的适当性，由此来增加扮演者的自我意识水平和移情能力，并改变其过去的行为方式，使之更适合于自己的社会角色，从而获得新的社交技能。

角色扮演法可以直接帮助人们改善是否相互作用的状况，最终有效地改善彼此之间的关系。下面是一个运用角色扮演法改善人际关系的实例。

一位妻子感到很难同丈夫交流思想，因而求助于心理学家。通过咨询，心理学家发现这位妇女之所以很难同丈夫沟通，实质的原因是她自己对丈夫的接纳性越来越差。夫妻之间的相互作用由此出现了恶性循环。她对丈夫的许多生活习惯越来越难以忍受，经常唠叨。结果是丈夫情绪恶劣，对她产生讨厌的情绪，不愿意与她交谈。

针对这一个案，心理学家提出一个运用角色扮演法来矫正夫妻关系的方案。他要求这位妇女从第二天起，就像是一个完全不了解丈夫的人，对丈夫的生活习惯熟视无睹，并且每天至少要从丈夫身上找到一个优点，并像对一般人那样给予夸奖。

实际矫正方案的第一天，这位妇女感到要想找到丈夫的优点真是难上加难，看到的事情都难于忍受。但她还是忍住未做评论，并终于找到了一个夸奖丈夫的机会。在以后的几天里，情况大致如此。

但是三个星期后，奇迹发生了。这位妇女发现要找到丈夫的优点并加以由衷地夸奖并不是一件困难的事情了。“看，他对工作总是那么负责；他对孩子总是那么友好，他很能干……”丈夫在她心目中的形象改变了，而她对于丈夫的态度也发生了实质性转变——她开始由衷地接纳丈夫了，并感到对这样一个好丈夫唠叨个没完其实是个坏毛病。

做丈夫的当然也会感受到妻子如此明显的变化，他已经长期听不到曾使他厌烦的唠叨了，结果，双方之间的关系出现了一次实质性的改善，丈夫面对妻子的诚意，做了自我批评，表示自己的确有坏毛病，决心改掉。于是，夫妻之间的情感变得融洽了，甚至彼此有说不完的话。显然，夫妻之间的相互作用出现了良性循环。

案例分析

青少年同伴交往冲突的处理对策

学生常见的同伴冲突主要有身体暴力、言语伤害、孤立排斥、威胁、破坏等。研究数据显示，全球至少有 2.46 亿儿童发生过同伴冲突，相当于全球学生人口总数的 20% 左右。在 53 个国家和地区的四年级约三十万名学生当中，有 53% 的学生报告说他们在学校受到了同伴冲突的危害。有研究发现同伴冲突的受害者产生自杀念头的可能性比普通人高出 2-9 倍之多。在国内，近年来媒体上关于青少年同伴冲突的报道着实令人咋舌痛心，如《山西“贵族学校”现命案，因矛盾起冲突，学生持刀刺死同学》《因与家人和同学发生矛盾！信阳一花季少年欲跳楼轻生》。那么，孩子之间为何会产生同伴冲突呢？

一、学生同伴冲突的诱因

1. 个性不完善

易产生同伴冲突的学生往往具有不懂得宽容、不善于从他人角度考虑问题、极端自我中心、独断专行、听不得不同意见等个性品质。具体来看，易与他人发生言语、肢体冲突的学生多具有冲动易怒、富于攻击性的个性品质，而易与他人发生关系冲突的学生多具有敏感多疑、自私任性、傲慢、冷漠、偏激、易嫉妒、报复心理强等个性品质。

2. 社交技能不足

现在很多家庭中孩子的社交技能未曾得到锻炼，其要求和愿望在家中往往能得到充分且及时的满足，而在学校里，学生的交往对象是同龄的伙伴，学生由于阅历浅，认知和表达能力有限，不懂得在同辈群体中如何悦纳他人，在恰当的时候表达好感、爱心，以深化友谊，也不懂得如何通过商量妥协处理矛盾，坚持交往准则，收敛个性，理解、体谅、尊重他人，所以学生易与同伴产生冲突。

3. 认知差异

每个学生都来自不同的原生家庭，长辈传授给学生们的经验不同，学生看问题的角度迥异，思维想法存在着很大差别，就会在群体学习生活中产生观念的碰撞，致使沟通交流出现摩擦。

4. 自我中心思维突出

“00 后”“10 后”的学生自我意识很强，待人处世都会从自我的角度出发。在人际交往中，这种以自我为中心的思维方式，让他们习惯所有人都必须要围着他们转，他们缺乏集体观念，没有合作精神，也欠缺责任感，从而构成矛盾基础，一有导火索便会彻底爆发出来。

二、学生同伴冲突的处理

（一）作为家长的处理对策

1. 保持冷静

得知孩子和同学发生了冲突，家长首先要稳定自身的情绪，态度温和地询问孩子发生了什么事，不要劈头盖脸地评判对错，也不要一味地指责其他孩子。

2. 教孩子说出情绪

家长应当接纳孩子当下的情绪，引导孩子说出自己的情绪。如对孩子说：“你不高兴是感到很生气，是吗？”用语言引导孩子将情绪表达出来，可以有效地激活孩子大脑中负责理性思维的大脑皮质，使孩子的情绪中枢逐渐平静下来，帮助孩子平复心情。从长远来看，描述情绪有利于孩子在今后遇到矛盾冲突时，可以更理智地表达自己的心理感受。

3. 倾听冲突缘由

向孩子表示对他当下情绪状态的理解，鼓励孩子详细描述发生冲突的事情经过，通过共情式倾听了解起因，确认矛盾所在，掌握冲突的全貌。

4. 引导孩子自行解决冲突

第一步，父母可以首先带领孩子进行换位思考，理解对方的想法和感受。如对孩子说："你当时和西西说要和她绝交，她听到你这么说会是什么感受呢？""大课间你发现林林把你的球拍扔到地上，占了你的乒乓球台，你觉得他当时是什么想法呢？"让孩子在进行角色代入的过程中获得同理心，在遇到矛盾时懂得站在他人的角度去理解、体谅对方。第二步，思考办法。和孩子一起想出1–3个冲突双方都可以接受的解决办法。例如：借玩具给同学玩，关系缓和了再道歉；亲手制作一张友谊卡，写下自己在冲突中的不当做法，请求对方原谅；和伙伴商议游戏规则并约定共同遵守等。第三步，模拟沟通。家长可以和孩子选择一个解决办法，尝试模拟如何与对方沟通。（1）对方引发冲突，让孩子学会表达感受＋提出建议的沟通句式，即"对方的不当行为＋自己的感受＋我们可以……，你觉得怎么样？"例如："你叫我难听的外号让我很生气，也很难过。我们可以互相尊重，好好称呼对方的名字，你觉得怎么样？"（2）孩子引发冲突，让孩子学会诚恳道歉＋请求原谅的沟通句式，即"不当行为＋对方的感受＋道歉＋我以后会……，请你原谅我好吗？"例如："我昨天没经过你的允许拿你的东西，让你很生气，真的对不起。我以后会先征得你的同意，请你原谅我好吗？"

5. 总结经验

化解同伴冲突是孩子发展社会观点采择能力、提升人际交往本领的机会。父母要引导孩子总结同伴交往的经验，帮助孩子掌握一些化解冲突的策略。如直接表达自己的想法和感受，学会等待，尝试商量妥协。当误会产生时，及时说明解释，保持冷静，学会克制自己，预防冲突发生。

（二）作为老师尤其是班主任的处理对策

1. 立即分离，稳定情绪

如果矛盾双方正在冲突中，首先要做的是立即分离冲突学生，确认双方是否受伤，是否需要送医。如果冲突双方的学生分开后还处在对对方的强烈不满和愤怒中，不能贸然进行教育和调解工作，应先稳定学生的情绪。可以让学生安静地站一站，做做深呼吸，或者跟他们一起做几次慢速的深蹲，借用运动消除学生的负面情绪，从而使学生放松神经。

2. 复盘过程，引导反思

带领学生复盘冲突事件，规范学生陈述冲突的话语方式，引导冲突双方在描述事件的过程中觉察自身的情绪变化和身心感受，反思自己所采用的应对方式是否合理。可以要求学生分别以"我"字开头说出发生了什么事，一方说的时候，另一方不能打断。再用“请你”开头给对方提建议，说清楚自己希望对方当时怎样做。例如：“请你不要随意拿我的东西。”

3. 换位思考，巧释矛盾

通过角色扮演、情感体验等方式带领学生进行换位思考，体察对方的感受。如让冲突双方从互换角色、转换对象、探索其他解决方法三个角度进行思考。第一步，互换角色，利用“如果你是对方，你能接受自己的言行吗”，帮助学生走出“自我中心”的思维盲区。第二步，转换对象，利用“如果你是其他同学，你还会这样做吗”，引导学生转换视角，跳出自身角色，客观看待冲突事件。第三步，探索其他解决方法，利用“如果再次遇到类似的事，你还有其他解决的方法吗”，推动学生反思合理表达情绪的方式，探寻冲突情境下解决问题的其他方法。

4. 启发提问，化解心结

运用启发式提问能够帮助学生转换思维，解开心结，有利于扫清同伴之间的误会。教师可以使用“例外提问”的心理辅导技术提升学生与同伴友好相处的信心。如问学生：“你觉得同学都不太喜欢你，那有没有一件事让你觉得有些同学挺欣赏你的，觉得你这个人很不错？”此外，还可以使用“奇迹提问”技术，鼓励学生发现解决矛盾的方向。如问学生：“如果有一天你发现，小 A 身上那些不好的行为其实都是没有的，你会怎么想？”“如果有一天你发现其实大家都没有排挤你，都很喜欢你，你还会这么想吗？”

5. 积极赋能，促进成长

当学生表现出愿意做出努力化解冲突时，老师可以为学生积极赋能，赞扬学生礼貌懂事的一面，让学生体验到愉悦感，体会到老师的欣赏和肯定，有动力和信心重构和谐的同伴关系。

6. 家校联动，持续跟进

如果冲突事件严重，需要家校合力共同帮助孩子摆脱负面影响。一方面，有时想要成功地转化一个孩子，需要系统地调整他的家庭互动模式；另一方面，学生的行为模式和思维模式往往有一定的惯性，同伴冲突问题可能会出现反复，教师有必要争取家长的配合，持续跟进学生的情况。

第八章

生命教育：人生第一课

生命教育的概念

一、生命的含义

什么是生命？对此，不同学科有不同的认识和理解。

生物学意义上的生命是指由高分子的核酸蛋白体和其他物质所组成的生物 体。

社会学意义上的生命是指自然属性与社会属性的高度统一体，社会性是人的生命区别于其他物种生命的本质属性。

哲学意义上的生命是指自然界的一种客观存在，是自然界矛盾运动的产物。同时，生命也是一种主观存在，是认知现实世界的主体。

从教育学的角度看，生命是能够自觉到自我成长的有机体，而教育就是积极促成个体生命自觉地自我成长的活动，使人的生命不断丰富、提升且不断趋于完善 的活动。

从心理学的角度来看，生命即意识到的自我，从婴儿期开始缓慢发展。马尔克斯在《百年孤独》里说："生命从来不曾离开过孤独而独立存在。无论是我们出生、我们成长、我们相爱还是我们成功失败，直到最后的最后，孤独犹如影子一样存在于生命一隅。"

二、生命教育的含义

生命教育有广义与狭义两种：狭义的生命教育指的是对生命本身的关注，包括个人与他人的生命，进而扩展到一切自然生命；广义的生命教育是一种全人类的教育，它不仅包括对生命的关注，而且包括对生存能力的培养和生命价值的提升。从事生命教育的肖敬在《浅谈生命教育读本》中认为生命教育是以生命为核心，以教育为手段，倡导认识生命、珍惜生命、尊重生命、爱护生命、享受生命、超越生命的一种提升生命质量、获得生命价值的教育活动。让青少年认识生命和珍惜生命成为这一活动的重中之重。

现代“生命教育”的概念，最早由美国学者、作家、演说家杰·唐纳·华特士提出。1968 年他出版了《生命教育：与孩子一同迎向人生挑战》一书，华特士在美国加州北部创设了“阿南达学校”，以实践其生命教育的思想。他的生命教育思想开始得到人们的关注，到 1976 年美国有 1500 所中小学开设了生命教育课程，20 世纪 90 年代美国中小学的生命教育基本普及。

全世界第一个以生命教育命名的中心是 1979 年在澳大利亚的悉尼成立的生命教育中心（LEC），该中心目前已经发展成为一个国际性结构。

英国的生命教育中心创始于 1986 年，主旨在于防治药物滥用，经由受过专业训练的教育工作者透过流动教室来倡导。

我国台湾地区自 1997 年起，民间机构连同台湾教育主管部门关注生命教育，次年教育部门开始在中等学校逐步推动。2000 年成立“推动生命教育委员会”，并把 2001 年定为生命教育年，颁布“推动生命教育中程计划”。2004 年颁布普通高中生命教育类选修课程纲要，并于 2006 年列入高中选修课程。

2002 年 12 月我国香港特别行政区成立了生命教育中心，以社区和中小学为阵地开展生命教育，学校、传媒和非政府机构都成为生命教育的主要力量。香港生命教育的发展似乎与民间教育和社会福利团体有密切关系。香港“宗教教育中心”和香港“神托会”十分关注生命教育的推动，相关工作人员也先后去台湾参观及访问，也在返港后举办相关生命教育研习活动。香港宗教教育中心发起了“亲亲孩子、亲亲书”的生命教育计划，并举办了“走出生命迷惑——谈生命教育的意义与实施成效座谈会”，引起社会很大的反响。香港教育署课程发展处也提出“生命教育教师培训”，显示了教育行政单位对生命教育的重视。在培训活动中，学者、中小学教师、校长、教育署工作人员等交换宝贵意见，大家对生命教育的重要性均给予肯定，但如何设计生命教育的课程及体验活动，则是大家最关注的焦点。

自 20 世纪 90 年代以来，我国内地也全面实施素质教育，倡导以人为本和尊重、关心、理解、信任每一个人。这是开展生命教育的开端。在各级党和政府特别是教育部门的重视下，各种有关促进青少年生命健康成长为主题的活动轰轰烈烈地开展，并取得了许多可喜的成绩。上海、辽宁、江苏、四川、山东、黑龙江、吉林等省（市）富有创造性地开展了生命教育科研、教学实践、教材编制、教学大纲试行等活动。如上海市制定并出台了《上海市中小学生生命教育指导纲要》，对青少年进行生命起源、性别教育、青春期教育、心理健康教育和生存训练等方面的指导。辽宁和江苏两省教育系统也将把开展生命教育作为工作重点，培养青少年珍爱生命的意识。辽宁省还启动了中小学生命教育工程，制定了《中小学生命教育专项工作方案》。湖南省也于2005年颁布了《湖南省中小学生命与健康教育指导纲要（试行）》，同年12月中国宋庆龄基金会在北京主办了中国首届青少年生命教育论坛。2006年12月，“第二届中华青少年生命教育论坛”在北京举办，北京大学还在论坛上发布了《中华青少年生命教育年度立项报告》。我国生命教育已经形成了政府主导、民间参与、社会各界积极配合的趋势。

早在2004年，我国就针对加强青少年思想道德建设、开展青少年生命教育提出了明确要求，先后出台了8号文件和16号文件，做出了全面性战略部署。其中号召要把生命教育作为思想道德建设的重要载体，科学有效地实施生命教育活动，并将生命教育纳入全民素质教育内容中。

2004年，民间从事生命教育的公益群体“关爱生命万里行”活动小组成立，主要目的是关注青少年的和谐成长，帮助青少年认识生命、珍惜生命、尊重生命、热爱生命，提高生存技能，提升生命质量，推动国家形成各个阶段有机衔接、循序递进和全面系统的教育内容体系。特别是针对有自杀倾向，失足的青少年提供心理和社会支持服务。2006–2009年，全国人大代表在全国人大会议上提出预防自杀、生命教育的相关议案或建议。

2009年，赵一先生、潘岳女士创立彩虹船生命教育中心，与北京潘文石生物多样性研究与保护中心、北京大学崇左生物多样性研究中心、钦州市北部湾中华白海豚研究保护与生命教育中心合作，在秀美的崇左喀斯特石山区和钦州三娘湾渔村开展生命教育营，以细腻的教学引导城市钢筋水泥森林中长大的现代青少年走近自然，了解生态保护一线科研人员的工作，唤醒他们对生命的理解，对万物生灵的敬畏，以及迎接未来世界挑战的勇气。

2009年，国内学者范玉成导师总结推出生命教育八大系统：愿景导航系统、核动力中心系统、情绪掌控系统、阻力缺失系统、信念编程系统、意象刻录系统、知行合一系统、身心合一系统，并创立中国（吸引力）推广中心。

2010年4月21日上午9时，“北京师范大学生命教育研究中心成立典礼暨优质教育的内涵及创设条件研讨会”在北京师范大学英东楼318举行，与会专家就如何开展生命教育和优质教育发表了精彩演讲。

当天到场成员有北京师范大学教育学部教育基本理论学院院长郑新蓉教授，生命教育研究中心主任肖川教授、陈建翔副教授等。

2010年7月29日，教育部正式公布实施的《国家中长期教育改革和发展规划纲要》（2010–2020年），在战略主题中明确提出了要“学会生存生活”，要“重视安全教育、生命教育、国防教育、可持续发展教育。促进德育、智育、体育、美育有机融合，提高学生综合素质，使学生成为德、智、体、美、劳全面发展的社会主义建设者和接班人”。可见，进行生命教育已成为国家教育发展的战略决策，这也是在国家教育改革文件中第一次载入了要“学会生存生活”，要进行“生命教育”的内容，具有深远的历史意义。

2012 年 5 月，人力资源和社会保障部中国就业培训技术指导中心推出“生命教育导师”岗位职业培训。“生命教育导师”这一职业的诞生，使我国的生命教育从单纯的学校教育的一部分，开始全面走向家庭、学校、社区和企业，这无论是从广度和深度上，都必将极大地促进我国生命教育的发展。

人生命的全过程就是由一次次的生命活动所组成，而一次次生命活动的质量则决定着人生命全过程的质量。也就是说，重视每一次生命活动的质量就是重视生命全过程的质量。教育就是对学生的每一次生命活动进行关怀，这种关怀是社会价值、个人价值和教育自身发展价值在“生命活动”实践中的统一。

生命教育既是一切教育的前提，同时还是教育的最高追求。因此，生命教育应该成为指向人的终极关怀的重要教育理念，是在充分考察人的生命本质的基础上提出来的，符合人性要求，它是一种全面关照生命多层次的人本教育。生命教育不仅仅是教会青少年珍爱生命，更要启发青少年完整理解生命的意义，积极创造生命的价值；生命教育不仅仅是告诉青少年关注自身生命，更要帮助青少年关注、尊重、热爱他人的生命；生命教育不仅仅是惠泽人类的教育，还应该让青少年明白让生命的其他物种和谐地同在一片蓝天下；生命教育不仅仅是关心今日生命之享用，还应该关怀明日生命之发展。

生命教育的内容

一、从生命教育的内涵上来看，心理健康领域的生命教育，可以是生命之“善”和“美”的教育

生命之“善”的教育即生命德育，主要体现为生命价值的教育和关爱生命的教育，如生命价值高于一切，生命的本体价值与生命的价值追求，以及保护生命、关心生命、珍爱生命、尊重生命、相信生命、感恩生命、给予生命。

生命之“美”的教育是探寻、理解与感悟生命之美的教育，即生命美育，主

要体现为以生命美学为基础，开展欣赏生命、激扬生命、展示生命、丰富生命、完善生命、美化生命、享受生命等教育。

二、从生命教育的层次来看，心理健康领域的生命教育包括生存意识教育、生存能力教育和生命价值升华教育三个层次

第一层次是生存意识教育，实际上也就是珍惜生命教育。包括进行生活态度教育（例如：培养积极应对挫折和矛盾的态度）和进行死亡体验教育。

第二层次是生存能力教育。生存能力教育应从以下几方面着手：一是加强动手能力，尤其是基本的生活自理和自卫能力。二是加强对环境的适应能力。一个人对环境的认识、利用和改造能力越强，对环境的依赖性越小，其取得成功的可能性就越大。三是增强抗挫折能力，特别是增强心理的调适能力。

第三层次是生命价值升华教育。教育的使命就在于使个体认识自我、发现自我、肯定自我，将人生的蓄积发挥出来，从而最终实现自我。

三、从生命教育的取向来看，心理健康领域的生命教育包括生理取向的生命教育、心理取向的生命教育、生涯取向的生命教育和死亡取向的生命教育

（一）生理取向的生命教育

身体是生命的有形物质载体，人对于生命的思索首先在于了解自己的身体结构。因此，生理教育是生命教育必不可少的一部分。通过生理教育，使学生懂得维护自己的身体健康。尤其是青少年，他们更需要生理教育来了解自己身体的巨大变化，从而适应心理的变化。

（二）心理取向的生命教育

人类在长期适应环境的过程中产生了意识与心理，这是为人的根本特征。保持心理的平衡、知情意行人格统整，这是个体发挥自我潜能、实现自己人生价值的基础。

（三）生涯取向的生命教育

在生理和心理健康的基础上，在自我人生价值观、信仰的指导下，个体将通

过社会实践来实现自己。

（四）死亡取向的生命教育

死亡是人生最大的失落，开展死亡教育，给予悲伤情绪辅导，使个体坦然面对和接受他人的死亡，更加体验到生之可贵，进而珍惜生命。

四、从生命教育的目标来看，心理健康领域的生命教育包括生命与自我关系的教育、生命与他人关系的教育、生命与社会关系的教育、生命与自然关系的教育

（一）生命与自我关系的教育

了解生命的起源和个体生命的孕育以及生命中的各种生理和心理现象，认识生命的特性和发展规律及两性差异，学会自我情绪的表达与控制；了解个体身心发展的规律，掌握促进身心健康的方法及日常生活中的技能，学会保护自己，形成良好的生活方式和行为习惯，能规划自己的人生价值。

（二）生命与他人关系的教育

熟悉开放的国际视野下与他人相处的法则，引导学生认识到个体生命的共在性以及他人存在对自己生命的意义和价值，学会人与人之间和谐相处，相互关心、共同合作、彼此尊重、善于沟通，同情弱小，积极面对人际冲突，树立宽容意识，尊重人与人之间的差异，发展健康的人际关系。

（三）生命与社会关系的教育

作为一个社会性存在，个体生命首先要社会化，适应社会的要求，了解不同社会和文化背景下，不同种族的个体生活方式，学会处理个人与集体的关系，既要维护个体的正当权益、权利和自由，又要遵守所在群体、社会的制度、规范，培养社会责任感、使命感和正义感。此外，要引导学生思考死亡与人生的问题，使学生正确认识生与死的关系，树立正确的生命观；要引导学生了解世界的伦理，关心人类的生存危机，树立地球村的观念，实现全方位生命的意义。

（四）生命与自然关系的教育

要引导学生了解人与自然的关系，认识到每个生命个体都有存在的权利，

尊重生命的多样性，爱护环境，善待自然，建立生命共同体，实践保护地球的守则，维持自然生态平衡，形成健康的消费观念，实现人与自然的和谐可持续发展。

生命教育的途径与策略

一、多学科渗透生命教育

生命教育，即直面生命和人的生死问题的教育，其目标在于使人们学会尊重生命、理解生命的意义以及生命与天、人、物、我之间的关系，学会积极生存、健康生活与独立发展，并通过彼此间对生命的呵护、记录、感恩和分享，由此获得身心的和谐发展，事业的成功，生活的幸福，从而实现自我生命的最大价值。

生命教育的内容涉及学校各个学科领域，语文、历史、政治、音乐、体育等学科，是生命教育的显性课程。要在这些学科的教学中增强生命教育意识，挖掘显性和隐含的生命教育内容，分层次、分阶段，适时、适量、适度地对学生进行生动活泼的生命教育。语文、音乐、美术等学科也蕴含着丰富的生命教育内容，是生命教育的隐性课程。教师要结合教学内容，对学生进行认识生命、珍惜生命、尊重生命、热爱生命，提高生存技能和生命质量的教育活动，同时充分运用与学生密切相关的事例作为教学资源，利用多种手段和方法开展生命教育活动。

（一）在学科教学中渗透生命教育，要坚持有意性

每门学科的结构和体系都不相同，每一章节的内容被选入教材时的用意也不同，教师要在把握好其价值取向的同时，仔细研读教材，找到哪些内容与生命教育的哪一方面联系紧密，哪些课文和章节能很好地进行生命教育，要寻找到最佳结合点，避免生命教育学科渗透的随意性，提高其针对性。

（二）在学科教学中渗透生命教育，要关注随机性

在学科教学中渗透生命教育要紧密依托学科教材这一载体，不能牵强附会，生搬硬套。不是在每一节课上都渗透生命教育，也不是在每一个章节、每一个具

体知识点上必须进行生命教育，而是老师从教材内容出发，与知识的讲授或训练有机融合，从而使知识传授和生命教育渗透融为一体，让生命教育在课堂中自然而然地进行，做到“学科渗透”的润物无声，潜移默化。

（三）在学科教学中渗透生命教育，要注意有序性

教师们要制定各学科生命教育实施细则，并根据细则进行教学设计。在教学设计中，教师要结合所教学的内容，参考明细表，制定生命教育渗透点。根据不同年龄学生已有的知识水平、心理基础和学科特色，将生命教育内容排好顺序。

（四）在学科教学中渗透生命教育，要注重实效性

在学科教学中渗透生命教育，不能只是说说而已，而是要关注学生的行动，使学生在现实的生活中能够直面生活的问题和困境，发展道德信念，滋养道德情感，实现善的充盈，让学生在自然、社会以及艺术教学中获取美的内容，形成美的观念和意识，获得审美的技能和方法，发展创造美。

二、开展专题生命教育

生命教育要充分利用青春期教育、心理教育、安全教育、健康教育、环境教育、禁毒和预防艾滋病教育、法制教育等专题教育形式，开展灵活、有效、多样的生命教育活动；要从学生的兴趣、经验、社会热点问题或历史问题出发，结合区域、学校和学生的特点，力求将相关内容整合起来，形成校本课程；要从符合学生的身心特点的角度出发，对学生进行人与自然、人与家庭的启蒙教育，使学生探究生命的可贵、生活的意义以及自我保护等内容。

三、结合综合实践活动

综合实践活动课程是实施生命教育的阵地。进行综合实践活动，要注意围绕学生的身边问题，让学生通过行动研究来解决问题，提高学生综合分析和解决问题的能力。学校要充分利用各级各类青少年教育基地、公共文化设施开展生命教育活动，拓展学生的生活技能训练和体验。在动物园、植物园、自然博物馆、绿地和农村劳动中，让学生感受自然生态保护和休闲对促进个人身心健康的重要性；通过对与人生老病死有关场所的了解，引导学生理解生与死的意义，珍爱生活，关心他人；通过情景模拟、角色体验、实地训练、志愿服务等形式，培养学

生在遇到突发灾难时的人道主义救助精神。此外，要积极引导家长参与家庭生活指导，通过亲子关系沟通、青少年身心保健等方面的服务，帮助家长掌握家庭管理和人际沟通的知识与技能，提升家庭情趣，营造健康和谐的家庭氛围；要充分利用社区生命教育资源，发挥社区学院、社区老年大学的作用，提供环保、居家生活设计、人文艺术欣赏、传统艺术欣赏制作和婚姻伦理等教育服务活动，宣传科学的生活方式，引导家长开展亲子考察等实践活动。而学校的班团队活动、节日纪念日活动、仪式活动、兴趣小组活动也可以结合学生的现实需求，在了解学生需要的基础上，组织和安排生命教育活动，使学生在场景式生命教育活动的过程中受到教育，感悟生命的价值。

四、单独开设生命教育课程

人类进入21世纪，在机遇与挑战并存的环境下，社会竞争压力日益加重，加之多元文化价值的冲突，使青少年的生存状态发生了巨大的变化：道德观念、健康意识以及对于生命价值的认识面临严重的威胁与挑战。为培养青少年学会尊重与珍惜自己的生命，获得身体与个性全面、健康发展，迫切需要在其人生发展的关键时期给予有效帮助和正确引导。同时，鉴于目前学校开设的各专题教育分散、不系统、难以发挥应有的作用的现状，亟须根据青少年的身心发展规律和生命成长规律，整合各专题教育，吸纳相关教育资源，组成生命教育课程，有目的、有计划、有系统地对青少年进行生命关怀教育，以开启生命智慧，提升人生境界，实现生命意义。因此，按照《中共中央　国务院关于进一步加强和改进未成年人思想道德教育建设的意见》的要求，教育部《基础教育课程改革指导纲要（试行）》中，将生命教育课程定义为是在全省九年义务教育阶段开设的一门以学生为中心，以提升学生的生命质量为主线的具有综合活动性质的课程。该课程具有综合性、实践性、人文性和开放性的特点。

五、结合日常生活与管理

学校应当建立一套行之有效的规章制度和评价机制，鼓励全校师生员工参与生命教育，通过发动和组织师生参与集体行动，确定需求，动员各种资源，争取外力协助，有计划、有步骤地组织实施关于生命主题的活动，增进师生对生命的认识，培养师生尊重生命、热爱生命的情感，以及实践生命意义与价值的行动。

六、加强生命教育在心理健康教育中的拓展与延伸

从哲学的角度来讲，心理健康教育与生命教育是一脉相承的，但是从实际的角度来看，生命教育未来的走向势必更加广阔，会成为心理健康教育的拓展与延伸。事实上，目前很多学生所出现的心理问题并不是单纯的心理问题，而是指所持的世界观、人生观和价值观的错位，最后导致的观念冲突，实际上是生命的困惑。但是当学生出现严重的人生观和价值观偏差时，心理健康教育却显得苍白无力。所以，在这种情况之下，生命教育理念的提出以及它在心理健康教育中的融入实属必然。相对于心理健康教育来说，生命教育所提出的“珍爱生命、敬畏生命和感悟生命真谛”等人生观则探讨得更加深远，从某种意义上来讲，生命教育的融入，对心理健康教育是一种提升。生命教育所关注的相对于心理健康的教育，具有更深层次的内涵，如漠视生命、人际困顿、自暴自弃等，但是其着眼点并不仅限于此，而是更深层次地探究问题的根源。在其所关注的内容上，生命教育中包含许多心理健康教育中所忽视的内容，比如死亡教育、孤独教育和环保教育等，因此，生命教育比心理健康教育具有更深的内涵，更远的发展与延伸。

在推进生命教育时，应该注意将目前学生对生命意识的缺失作为一项核心内容纳入心理健康教育之中。法国著名学者埃米尔·迪尔凯姆在其著作中提到，自杀大致分为三类，包括利己性自杀、利他性自杀和失范性自杀。学生的学校生活和学习是学生人格塑造的重要阶段，此时的学生处于高度敏感期，内心世界脆弱又复杂，在处理问题时必然会经验不足，导致不当的结果，非常容易冲动，走极端，尤其是面对学习压力，人际关系和就业等问题上则更加明显。故而，学生自杀的现象频频出现又呈现出明显的利己特征。当代中国正处于社会转型时期，社会的极速发展和巨变也冲击了学生的世界观、人生观和价值观，导致一系列失范性的后果。总体来看，生命意识的缺失是导致学生冲动、极端和自杀的重要原因之一。它同时也是一种心理危机和不能忽视的异常心理现象，在推进学校的生命教育时，要在心理健康教育中加强有关生命教育的环节。通过对学生进行正确的生命教育，进而让学生形成正确的人生观，这样才能使其生活充满阳光，拥有一个积极乐观的生活态度，进而使其避免困顿、极端和自杀等不良行为。

案例分析

学生意外身亡的危机处理

一、案例主题

生命教育，即直面生命和人的生死问题的教育，其目标在于使人们学会尊重生命、理解生命的意义，学会积极生存、健康生活与独立发展，由此获得身心和谐、事业成功、生活幸福，从而实现自我生命的最大价值。

大学生处于人生的重要转折点，是树立正确世界观、人生观、价值观的必经阶段。从心理学的角度来看，大学生正处于自我同一性建立的重要阶段，同时又面临着人际、学业、就业等各方面的环境压力。在这一阶段，大学生会开始出现对于生命问题的思考和困惑，同时也较容易受到负面情绪的影响。因此，对大学生进行生命教育是非常重要的。

本案例即以一个学生意外去世的危机案例为着手点，及时处理了该危机事件。在事件处理的过程中，始终秉承着生命教育的理念，将该事件的负面影响尽量减少，并将其正面教育的作用最大化。

二、案例背景

小 W，男，20 岁，大三学生，来自湖北省，曾在上海市精神卫生中心被诊断为抑郁症。

2017 年 1 月 26 日（腊月二十九）晚 11 点左右，我接到一名学生打来的电话，她从其他人处听说了小 W 在家意外去世，但并不确定消息是否准确。我当即给学生家里打电话，确认了该消息。

三、案例问题事件及解决的难点

1. 去世学生的心理背景

该生在校两年多以来，情绪一直处于一种很不稳定的状态，经常情绪低落、失控，在此事发生前，也多次向辅导员求助，并经精神卫生中心诊断为抑郁症。因此，该生的意外去世到底是真正的意外，还是自杀，抑或是主动的“意外”，这一点我并没有办法百分之百确定。

2. 家人的反应

若该生真是由于心理问题导致自杀或主动意外，可能会造成家人对学校的追责。因此，需要对其家人的反应有所预判。

3. 舆论

如果这个消息在确定原因之前就被其他同学知道，一方面可能会带来一定的恐慌，另一方面由于该生周围的同学对其心理状态都有所了解，也许会对此事造成一定的误解。如认定该生就是自杀身亡，进而造成同学的负面情绪。

4. 案例发生的时间

该生去世于除夕前一天，给事件的处理带来了一定的难度，主要体现在三个方面：一是如及时公布消息，对于一些同学来说，会影响其过年的情绪，或是认为此事“不吉利”；二是学生并不在学校，如果出现一些较为强烈的负面情绪，也无法及时处理；三是如果不及时公布消息，而消息被同学提前知道，则有可能会造成对事情原因的误传，或是产生更大的误解（如，认为“是否学校要控制舆论而避免事情传出”），这也是一个两难的问题。

5. 同学的情绪

一旦同学们知道了这个消息，即使没有前面预期的误解或舆论，也同样会造成情绪上的巨大冲击，包括对于生命、死亡的一些思考，甚至有可能会导致一种“示范”作用，使其他一些面临情绪危机的同学“模仿”这样的方式来逃避问题。

四、解决问题的思路和方法及效果

第一阶段（1 月 26 日至 2 月 2 日）：信息核实、家属慰问及舆论控制

1. 第一时间向分管领导报告此事，并与领导协商解决方案。

2. 与学生家人保持联系，初步了解其死亡原因以及家人的态度。

3. 暂时避免消息扩散。

4. 寻找一名学生骨干，告知详情，请他帮我关注同学的动态。

5. 赶在学生下葬前赴学生家中，慰问其家属，并深入了解其死亡原因。后了解到该生的去世完全属于意外，且排除了主动意外的可能性，家人也对学校的慰问表示感谢。

第二阶段（2 月 2 日至 2 月 14 日）：信息发布与同学情绪监控

1. 经与领导商量，定于 2 月 2 日通过各种渠道公布该生去世的消息，选在这个时间，一是因为已经过了大年初五，春节已经基本过去；二是因为已经开始有同学听说此事，如果再压着不公布，担心会造成误解。

2. 正式公布消息前，与学生骨干进行了沟通，先确认了一个重点关注名单，主要包括和该生关系较密切的同学，情绪控制不佳的同学等，待公布后，重点关注名单上同学的情绪反应。

3. 正式公布消息，在消息中明确说明：该生去世的原因，此前没有及时公

布的原因，该生目前已安葬，开学后会共同来追思，告知同学如有需要，可以随时找辅导员，并提醒大家照顾好自己。

4. 消息公布后，对重点关注对象进行逐一沟通，给予一定的心理疏导与宣泄，并安排其他同学对其情绪状态进行持续关注。

第三阶段（2月14日至2月21日）：哀伤辅导与生命教育

1. 开学初，经与领导协商，并征求了心理咨询中心的专业意见，由学生为该生组织了一场追思会，同学自愿参加。

2. 追思会上，安排每位同学为该生写一段话，作为告别，并将这段话收集起来，送给其家人。

3. 在追思会上，鼓励大家充分表达对该生的怀念，同时引导大家分享此事的正面意义，以此既作为哀伤辅导，更作为一种生命教育，让其他同学能够更加珍爱自己的生命。

4. 追思会后，写一篇追思文（同样以正面引导为核心），通过公众微信平台发布。

5. 持续关注重点关注对象的情绪状态。

五、效果与评估

1. 时间节点把握较好

几个时间节点的选择较好地控制了事情的走向。事情公布的时间点既没有给同学带来过于剧烈的打击，也没有让大家感觉在刻意隐瞒，而且追思会的时间点也相对合理，安排在开学初，离案件发生时间还不算太远，且可以较好地监控追思会后同学的情绪。

2. 舆论的控制较好

由于该生去世前较为复杂的心理背景，故可能产生的舆论问题和误解是个需要考虑的重要方面。在此事件中，较好地把控了舆论的方向，得益于：亲自及时地获取了事实，全面清楚地公布了事实真相，始终关注舆论的导向。在事后和部分同学的沟通中，也了解到，的确有很多同学一开始对于该生的死因是存有怀疑的。但是在处理过程中，我提前对此做出了预判，所以这种猜测并没有扩散，甚至很多同学都会主动向其他不知情的人解释事实的真相。

3. 后续的哀伤辅导和生命教育起到了较好的正面引导效果

通过正面引导，为此事注入了积极的因素，避免了同学陷入无限的哀伤之中。在追思会上，很多同学在分享时的内容都是积极的，如“小W生前面对很多的痛苦和纠结，然而他并没有主动放弃自己的生命”“小W生前非常有爱心，做了很多的志愿服务，我们也应当将这种爱心传递下去”，等等。

除此之外，这件事情对于大部分学生对生命的意义的思考也有了一个较为正面的影响。有不少同学在事后与我进行了深入的交谈，他们发现，当死亡真真切切地出现在他们面前时，第一时间的确是有点不知所措，但是只有真切地面对了死亡，切实地意识到生命是有限且短暂的，才能真正让他们去思考生命的意义。正如著名的存在主义心理家欧文·亚隆在其著作《直视骄阳——征服死亡恐惧》一书中所说："死亡虽是终点，但人生的意义却不会因此湮灭；死亡虽是宿命，但看待死亡的视角却可以让人们获得拯救。"

第九章

青少年心理危机干预

心理危机的干预

一、心理危机的概念

（一）国外危机与心理危机概念界定

最早对危机的研究始于丧亲，这被认为是最典型的危机事件。

1944 年 Lindemann 首先提出了基本的危机理论。

Belkin 于 1984 年 从外在诱因的角度继续进行分析，认为危机是个人外在的某些困难和境遇。

Brammer 于 1985 年认为危机是一种解体状态，即个体由于危机而引起的畏惧、惊恐和痛苦的感觉，而不是危机本身。

Punukollu 和 Roberts 从个人的应付能力出发，认为危机之所以成为危机是因为人们使用的通常应对手段无法解决当下所经历的内外部应激事件时所出现的症状。

Gililand 和 James 注重从个体主观认知角度来定义危机，强调危机是一种个体的主观认识。

Hilda 从危机带来的后果定义危机，认为危机会导致个体产生心理失衡状态，表现为各类情绪、认知、生理和行为症状，包括焦虑或抑郁的情绪，严重时会出现自杀或暴力行为。

在 Lindemann 理论的基础上，Caplan 于 1954 年第一次阐述了心理危机的概念，即："当个体面临突然或重大生活逆境（亲人死亡、婚姻破裂或天灾人祸等）时出现的心理失衡状态。"

Folkman 等人认为心理危机是一种失调的心理状态，是个体面临困难情境，先前处理危机的方式和惯常的支持系统不足以应对眼前的处境，就会产生暂时性的心理失衡状态，即心理危机。

Kanel 将心理危机内涵分为三个层次：危机事件的发生，个体如何看待危机事件引发的主观悲伤体验，个体通常的应对方式失败。认知、情感、行为等方面与危机事件爆发之前相比，功能水平降低。

（二）国内危机与心理危机概念界定

我国学者从 20 世纪 90 年代陆续提出了危机和心理危机的研究观点。

季建林等人于 1994 年认为，心理危机是指当个体面临突然或重大生活逆遇（如亲人死亡、婚姻破裂或天灾人祸等）时所出现的心理失衡状态。换句话说，它是指个体运用通常应对应激的方式或机制仍不能处理目前所遇外界或内部应激时所出现的一种反应 。

蔡哲于 2001 年认为当个体运用平时的应付方式不能处理自己目前遇到的内外部应激事件时就会出现危机。

樊富珉于 2003 年提出危机有两层含义，一是指突发事件，即出乎人们意料发生的事件，如地震、水灾、空难、传染病、恐怖袭击等；二是指人所处的紧张状态，即当个体遭遇重大问题或变化，个体感到难以解决、难以把握时，个体的内部平衡就会被打破，正常的生活就会受到干扰，内心的紧张就会不断积蓄，继而出现无所适从甚至思维和行为的紊乱，进入一种失衡的状态，而这就是危机状态。危机意味着平衡稳定的破坏，从而引起个体的混乱、不安。危机出现是因为个体意识到某一事件和情景超过了自己的应付能力，而不是个体经历的事件本身。

马湘培于 2005 年认为，心理危机是指当事人遭遇到超过其承受能力的刺激时导致其陷入极度焦虑、抑郁，失去控制，不能自拔的状态，这是一种心理困境，容易导致灾难性的后果。

聂衍刚于 2010 年认为，心理危机是一种当个体面临应激情景时，个体的心理应对资源不足所导致的心理失衡状态。

姚本先于 2010 年认为，心理危机是个体面临或认为自己面临某种重大生活事件，不能或认为自己不能解决、处理和控制时产生的严重心理失衡状态。

李金攀、史晓红等于 2010 年认为，心理危机标志着一个人正在经历生命中的巨变和动荡，它会暂时地干扰或破坏一个人习以为常的生活模式，其特征是高度紧张，伴之以焦虑、挫折和迷茫感。

蔡朔冰等于 2013 年提出，心理危机表现为静态与动态两种。静态心理危机强调的是一种状态，主要表现为：个体运用惯常的应对方式无法处理所面临的困境时的一种不平衡心理状态，这是一种过渡状态，人不可能长久地停留在危机状态之中，整个心理危机活动期的持续时间因人而异，短者为 24–36 个小时，最长也不应该超过4–6周。在危机状态下，个体会出现一系列负性的生理、情绪、行为反应，如果危机反应长时间得不到缓解，便会引发心理疾患或过激行为。

曾红等于2018年在研究中提出心理危机是一种失调的心理状态，当个体面临困难情境，先前处理危机的方式和惯常的支持系统不足以应对眼前的处境时，就会产生暂时性的心理失衡状态。

刘孝荣等于2019年认为，心理危机是指学生因身心成长变化和环境适应不良而引起的内心混乱、绝望、沮丧、极度痛苦等严重心理失调的状态。

宋巍等研究者于2021年提出，心理危机指的是当个体无法用已有的应对方式解决所面临的危机事件时，暂时出现的心理失调。表现为认知、情绪和行为上的改变，其中情绪改变最常见的是抑郁，行为改变最常见的表现有自伤和自杀。

综上所述，根据多种心理危机理论对心理危机的解释，可以将心理危机归纳为四个方面。

1. 发生和存在着重大的内外部应激。

2. 当事人用通常的应付方式暂时不能处理当下面对的问题。就是说当事人暂时处于束手无策、手足无措的境地，不能迅速有效地采取应对措施。

3. 心理危机是一种主观的认识和感觉。当事人感觉到的是一种威胁、挑战、失落，甚至是绝望，会产生抑郁等急性情绪扰乱。这种感觉来自当事人对环境和自我的认识，如果不能得到及时缓解和控制，就会导致当事人情感、认识、行为等方面的功能混乱，使其心理内部环境出现巨大失衡，以致不能自持，甚至精神崩溃的状态。但这些均不符合任何精神疾病的诊断标准。

4. 心理危机的本质是当事人心理系统的失衡。

（三）确定心理危机的标准

确定心理危机需要符合以下三项标准：

1. 存在具有重大心理影响的事件。

2. 对危机事件的感知导致当事人的主观痛苦。

3. 惯常的应付方式失败，导致当事人的心理、情感和行为等方面的功能水平较突发事件发生前明显降低。

二、心理危机的特点

心理危机具有以下五个特点：

（一）普遍性与特殊性

心理危机的普遍性是指每个人在成长过程中都有可能发生心理危机，因为个体的成长总是伴随着各种意外和失衡，没有人能够幸免；心理危机的特殊性是指在面对相同的危机事件时，由于个体的人格、所处的环境等因素的差异，会引发不同的危机反应，产生的结果也不一样。

（二）危险与机遇并存

一方面，心理危机是危险的，因为它不仅会影响个体的日常生活，还可能导致个体严重的病态并危及生命，如杀人、自杀等；另一方面，心理危机也是一种机遇，如果当事人能够抓住这一机遇，在自己和外力的支持下度过危机，习得新的应对技能，则可实现个体的成长。因此，危机对于当事人来说，是一个成长和变化的机缘。

（三）复杂性

心理危机的复杂性是指造成心理危机的原因是多方面、多层次的，可以是生理的，如生理成长与变化、疾病等；可以是心理的，如个体的需要、价值、个性等；可以是社会性的，如社会变迁、文化变革与冲突等。个体生活在一个纷繁复杂的环境中，且具有不同的生理和心理特质，所以复杂的外部与内部成因引发的心理危机也就各不相同。

（四）突发性与紧急性

心理危机往往是突如其来的，出人意料且不受控制的，并且心理危机往往如同急性疾病一样突然爆发，需要紧急应对。

（五）痛苦性

个体在心理危机发生的前后都会体验到痛苦，而且还可能涉及尊严的丧失。

三、心理危机的成因

根据资源保存理论，心理危机的本质是个体不能有效对抗危机事件带来的心理资源损耗，并不能及时恢复心理资源。因此，心理危机成因包括一切可影响个体初始心理资源、心理资源损耗以及心理资源恢复的因素。

心理危机成因可分为外因与内因。

（一）外因

不同的危机事件对个体的心理资源损耗程度不同，缺乏足够的社会支持，也会阻碍个体心理资源的恢复，甚至引发心理资源的损失螺旋。包括但不限于：恋爱破裂、婚姻纠纷、职场人际摩擦、工作压力、学业压力、生活压力、破产或重大财产损失、考试失败、升学失败、求职失败、晋升失败、丧亲丧偶、不可抗力的自然灾害（如地震、洪水等）与公共危机（如新冠疫情、飞机坠毁等）、社会支持水平低（外界如社会、父母、朋友、配偶等不能给个体较好的心理支持，缺乏心理危机干预等）。

以新冠疫情突发公共卫生事件为例。新冠肺炎疫情具有致病性强、感染率高、认知有限的特点，给广大民众造成巨大的恐慌，突发感染病波及人群广泛，包括感染者、隔离者、感染者家属、医务人员等，疫情防控和疫情常态化改变了民众的生活方式，打破了民众心理上原有的平衡状态，给个体心理造成严重的影响。研究结果表明，疫情增加了个人的压力和焦虑情绪，导致压力增加的原因包括对自己和亲人健康的恐惧和担忧、难于集中注意力、睡眠障碍、社交受限以及对学业成绩的担心等。此外，由于COVID-19疫情对全球经济和社会的不良影响，以及疫情防控期间社会上传播的虚假或不良信息，都进一步加剧了人们的不安全感和愤怒情绪。新冠疫情期间，各类心理危机干预热线作为社会支持能够帮助个体减少心理损耗，并及时恢复心理资源。若没有相关干预热线作为支持，则个体更易产生心理危机。

（二）内因

若个体本身的心理资源较多，便可有效对抗心理资源的损耗，并及时恢复资源；反之，则会加速资源损耗，产生损失螺旋。包括但不限于：

1. 心理资本

心理资本（自信、乐观、坚韧、希望）水平低，不能较好缓冲、克服危机事件带来的心理资源损耗，不能及时恢复心理资源。

2. 人格特质

不同的人格特质面对危机事件时，产生的心理反应不同，进而影响心理资源的损耗及恢复。如神经质人格更易产生情绪波动，神经质与心理健康消极因子呈正相关，外倾性、宜人性、责任感与心理健康积极因子呈正相关。

3. 应对方式

对危机事件的应对方式影响个体内部心理资源对抗危机的效果。应激理论强调，不同的应对方式会引发不等的应激反应水平，良好的应对方式可以缓解心身症状，而应对不当则会加剧应激反应。积极有效的应对方式与良好的社会适应密切相关，而消极无效、回避问题的应对方式则与抑郁、焦虑、适应不良等密切相关。甘秀英等于2009年研究发现，问题解决、求助与危机脆弱性呈显著负相关，与心理弹性呈显著正相关；发泄、幻想、忍耐与危机脆弱性呈正相关。反刍思维水平较高的个体，其中也包括性别与人格特质的影响，女性与抑郁质人格更易产生抑郁反刍，不利于心理资源的恢复。

4. 认知失调

当理想与现实不同时，会产生认知失调，进而产生强烈的挫折感及系列应激反应。例如当亲人遭遇车祸突然去世时，亲人去世的现实与家庭团圆理想间产生失调，这种认知失调会导致危机事件（即亲人去世）产生更多的心理资源损耗，进而产生心理危机。相比亲人患病去世，亲人突遇车祸去世的个体并未提前做好心理准备，更易产生认知失调，更易触发应激反应。

四、心理危机的类型

（一）Caplan 的心理危机分类

Caplan 于1974年把心理危机分为内源性危机和外源性危机。

1. 内源性危机

内源性危机，也称发展性危机。人生由一系列连续的发展阶段组成，每个发展阶段都有其特定的身心发展课题。当从一个发展阶段向另一个阶段过渡时，个体原有的行为或能力不足以完成新课题，新的行为和能力尚未建立，发展阶段的转变常常导致个体处于行为和情绪的混乱无序状态。比如，身心发育急剧变化的青少年，对婚姻生活缺乏足够的心理准备的新婚夫妇等。如果没有及时为承担新角色培养新的能力和应对方式，每个人都有可能产生发展性危机；如果一个人没有及时建设性地解决某一发展阶段的发展性危机，他未来的成长和发展就会受阻碍，他就会固着在那一阶段。

2. 外源性危机

外源性危机也称环境性危机，是指由外部事件引起的心理危机。Caplan 根据产生危机的原因将环境性危机分为三种。

（1）丧失一个或多个满足基本需要的资源。比如，亲人亡故、失恋、丢面子、失去归属感等。

（2）存在丧失满足基本需要资源的可能性。比如，得知自己有可能下岗失业等。

（3）应付生活变化对个体原有能力提出更高的挑战。常见的情况是本人地位、身份及社会角色的改变所提出的要求超过了个体原有的能力。例如，由中学升入大学的生活适应、毫无准备的职位升迁等。典型的情绪反应是焦虑、失控感和挫折感。

（二）Brammer 的心理危机分类

Brammer 于 1985 年提出的“应用危机理论”将心理危机概况分为三类：正常的发展性危机、境遇性危机和存在性危机。

1. 正常的发展性危机

正常的发展性危机是指在人的成长和发展过程中的急剧变化或转变导致的异常反应，如青少年在成长的转折时期由于缺乏知识技能而出现的适应不良。

2. 境遇性危机

境遇性危机是指出现罕见的、突然的、强烈的和灾难性的事件，这些事件是个体无法预测和控制的，是随机发生的、事出突然的、令人震惊的、情绪激动的。主要包括：

（1）人类某方面的基本需求得不到满足。

（2）可能会遭遇丧失状况的威胁或危险性。

（3）超越个人能力的挑战。如堕胎、急性或慢性疾病、离婚、虐待、家庭危机、意外事件、失业、职务调迁、自然灾害等。

3. 存在性危机

存在性危机是指处于重大转折关口的个体由于不能果断地做出人生目的、人生责任和未来发展的选择而产生的焦虑和危机，如中年危机、老化危机。

（三）段鑫星的心理危机分类

段鑫星于 2006 年认为，除了正常的发展性危机、境遇性危机和存在性危机，心理危机还包括障碍性危机。

障碍性危机又称病理性心理危机，是个体因为认识的存在性问题而产生的心理危机。在这类危机中，病理心理是个体的主要特征。个体的抑郁、焦虑等心理障碍或心理疾病本身可能就是一种心理危机。

（四）突发公共卫生事件心理危机类型

突发公共卫生事件主要是指突发的传染病疫情、群体性不明原因疾病、食品安全和职业危害、动物疫情，以及其他严重影响公众健康和生命安全的事件。

1. 传染性疾病

1918年西班牙大流感、我国20世纪90年代从上海蔓延的甲肝、2003年的SA R S 、2019年的新冠肺炎疫情均属于突发公共卫生事件。

2. 群体性不明原因疾病

2019年肺炎未查明原因之前，毫无疑问属于突发公共卫生事件。

3. 食品安全和职业危害、动物疫情

三聚氰胺事件、尘肺病以及禽流感，这都会对人的生命健康产生极大的危害。

4. 其他严重影响公众健康和生命安全的事件

第一次世界大战和第二次世界大战、美国9·11事件、2008年中国的汶川地震、2022年东航坠机以及每年全球各地发生的各种自然灾害和人为灾害，只要涉及的人员伤亡需要启动医疗救援的，都属于突发公共卫生事件范畴。

突发公共卫生事件心理危机类型包括：

（1）急性应激障碍（Acute Stress Disorder，ASD）。急性应激障碍通常在突发公共卫生事件发生后快速产生，是急性、严重的精神打击的直接原因。患者在受刺激后发病（1小时以内），表现有强烈恐惧体验的精神运动型兴奋，行为有一定的盲目性，或者为精神运动型抑制，甚至木僵。急性应激障碍一般持续数小时至1周，通常在1个月以内缓解。

（2）创伤后应激障碍（Post Traumatic Stress Disorder，PTSD）。创伤后应激障碍定义为：由异乎寻常的威胁性或灾难性心理创伤，导致延迟出现和长期持续的精神障碍。反复发生闯入性的创伤性体验重现（病理性重现）、梦境，或因面临与刺激相似或有关的境遇，而感到痛苦和不由自主地反复回想，持续的警觉性增高，持续地回避，对创伤性经历会选择性地遗忘等。

（3）焦虑、抑郁等。在突发公共卫生事件发生后，焦虑、抑郁的患者也很常见，为了应对危机，有人会酗酒和物质滥用，而如果创伤严重，还会出现自杀。

五、心理危机的表现形式

当个体出现心理危机时会产生一系列的身心反应，不同学者对其表述虽有所差异，但这些反应主要表现在生理、认知、情绪、意志行为和人际关系五个方面。

（一）心理危机的生理表现

在危机事件中，个体会出现血压升高、心跳加快、呼吸急促、血糖增高等反应，随着事件的推移，还会出现食欲下降、头痛、紧张、疲劳、脆弱、惊跳反应、过度警觉、睡眠障碍、噩梦、性功能障碍等。

（二）心理危机的认知表现

1. 感知觉能力降低

个体在危机情况下，感觉阈值上升，知觉速度和准确性变差，知觉鉴别能力降低，可能出现视而不见、听而不闻的现象。当事者的判断和决策能力严重下降，不能用简单的方法从危险的情景中摆脱出来。注意范围变窄，注意分配和注意转移能力降低。

2. 记忆下降

此时大脑皮层紧张度增强，皮层兴奋过强，出现负诱导现象，使许多平时很容易回忆起来的信息回忆不起来。

3. 思维迟钝

此时个体的思维和解决问题的能力严重下降，常常出现思维定式、思维局限，严重者还会出现思维停滞现象，从而导致大脑一片空白。

（三）心理危机的情绪表现

在危机中，个体会出现严重的情绪反应，如焦虑、恐惧、抑郁、愤怒、沮丧、紧张、绝望、烦躁、害怕等。下面以焦虑、恐惧、抑郁、愤怒为例进行分析。

1. 焦虑

焦虑是危机状态下最常见的情绪反应，是个体在遭受潜在威胁时所形成的一种莫名的担忧、害怕、紧张、恐惧等感受相混合的复杂情绪体验，常伴有心悸、出汗、胸闷、四肢发冷和震颤等自主神经功能失调的表现，严重时会有惊恐发作。

2. 恐惧

与焦虑相比，恐惧是一种更具破坏力的情绪反应。恐惧是一种企图摆脱已经明确有特定危险，而且会使人受到伤害或生命受到威胁情景时的情绪状态，常表现为心慌、极度不安、毛发竖立、逃避或进攻。

3. 抑郁

抑郁是一种消极的情绪体验，主要表现为情绪低落、沮丧，有孤独感、丧失感或厌世感，对任何人、任何事都没有兴趣，常常伴随有失眠、食欲下降、性欲减退，严重的抑郁常常是自杀的重要原因之一。

4. 愤怒

愤怒是个体由于自身愿望受到阻碍而产生的一种强烈的情绪体验。愤怒时常常伴随有各种生理反应，包括特定的表情和姿势、心跳加快、血压升高等。人在愤怒时判断力、控制力会减弱，容易出现冲动和攻击行为。

（四）心理危机的意志行为表现

1. 逃避与回避

逃避与回避都是消极的应对方式。逃避是指已经接触应激源后采取的远离应激源的表现；回避是指率先已知应激源即将出现，在接触应激源之前就采取行动远离应激源。两者的目的都是摆脱情绪应激，排除自我烦恼。

2. 退化与依赖

退化是指当人遇到挫折或遭遇应激时，放弃成年人的应对方式而使用幼儿时期的应对方式应对环境变化或满足自己的欲望。退化必然会产生依赖，导致事事处处依靠别人的关心和照顾而自己不去完成本应该自己去做的事情的结果。

3. 敌对与攻击

遭受挫折的个体常常会产生愤怒的情绪，而愤怒的情绪会进一步演化为敌对和攻击行为。敌对是指内心有攻击的欲望，行为表现是对导致挫折的对象不友好、谩骂、憎恨、中伤或羞辱。攻击对象可以是人，也可以是物，可能是直接攻击，也可能是间接攻击，可能针对别人，也可能针对自己。

4. 失助与自怜

失助是一种无能为力、无所适从、听天由命和被动挨打的行为状态，通常在面对应激无法控制时产生。

5. 物质滥用

某些个体在处于危机时会采用习惯性地饮酒、吸烟或服用某些药物的行为方式，以达到麻痹自己、暂时摆脱烦恼和困境的目的。

6. 病态固执

部分个体在处于心理危机时常会反复出现无效的动作或行为，而虽然这种动作或行为毫无意义或结果，却无法抗拒，会身不由己地继续这种动作或行为。

（五）心理危机的人际关系表现

处于心理危机状态时，当事人往往会选择把自己封闭起来，不愿与人交流，对别人的帮助或意见持抵触情绪，不能与人建立良好的信任关系，人际关系恶劣，致使个人身处孤立的境地。

六、心理危机的个体反应过程

心理危机就其过程而言，一般都包括三个基本的阶段。

（一）否认阶段

发生在危机出现的同时或危机后的最初几天，当事者会不相信事件的存在。刺激对个体过于强烈的话，会出现麻木、呆板不知所措的现象，甚至出现眩晕（类休克）等。这是危机事件造成的人的应激反应。为了重新获得平衡，个体往往试图用其惯常的方式做出反应。此阶段的个体一般不会向他人求助。

（二）完全反应阶段

此时，当事人已经开始出现很多的不适反应，如当事人感到激动、焦虑、痛苦和愤怒、退缩或抑郁等，同时也开始尝试各种解决问题的办法。但高度紧张的情绪会影响当事人的冷静思考，从而影响其采取行动的有效性。当个体经过一段时间的努力，发现惯常的方式未能解决问题时，焦虑程度就会开始进一步上升。

（三）解决阶段

当事人开始接受事实并为将来做好计划。这时，人们会努力恢复心理上的平衡，控制焦虑和情绪紊乱，恢复受到损害的认识功能，并采用各种措施应对危机。应对的措施可能是积极有效的，如合理宣泄、情绪控制、沉着冷静地面对现实，或是想方设法寻求和尝试新的解决方法，当事人此阶段求助动机最强，常常会寻找并发出求助信号；可能是消极无效的，如回避、退缩、依赖烟酒或药物等。前者能使当事人顺利地度过危机，并使当事人掌握新的处理困境的技巧，促进当事人心理的成长；后者则可能造成虽度过了危机，但在当事人心里留下了“隐患”，或使当事人不仅未能度过困境，反而会引发当事人新的心理危机。

如果当事人经过前三个阶段未能有效地解决问题，就很容易产生习惯性无助，对自己失去信心和希望，甚至把问题泛化，对自己的生命意义发生怀疑和动摇。很多人正是在这个阶段中企图自杀的。同时，强大的心理压力有可能触发以前未能完全解决的、被各种方式掩盖的内心深层冲突，有的人由此会走向精神崩溃和人格解体。这时的当事人特别需要通过外援性的帮助来度过心理危机。

七、心理危机干预的概念

心理危机干预的提出，最早起源于军队精神病学临床领域。

在精神卫生领域的危机干预则是 Lindemann 在系统地研究了发生在 1943 年美国椰子园夜总会大火灾后，发现经过干预（让当事人感受痛苦、发泄情绪、正视现实）的遇难者家属较未经干预者缓解快、结局好。

心理危机干预又称心理危机介入、心理危机管理或心理危机调解。心理危机干预就是在发生严重突发事件或创伤性事件后采取的迅速、及时的心理干预。

林传鼎主编的《心理学辞典》把心理危机干预定义为社区精神卫生的具体措施之一，以简短的急诊或访问的形式改善可能导致心理障碍的各种条件。主要目的是改变现实环境，但也关注人际和当事人内心的各种情感因素，其他辅助治疗方法，如家庭、个人、小组心理治疗以及药物等，都可在短时间内采用。

朱智贤所编制的《心理学大辞典》对心理危机干预的定义是："对处在心理危机下的个人及家庭采取明确有效的措施，使之能最终战胜危机逆境，并重新建立人际关系以及适应生活。"

刘孝荣等认为，心理危机干预是指学校对处于心理危机状态下的学生采取有效措施，避免因心理危机引起的伤害行为发生或将伤害行为造成的损失降到最低限度，确保生命安全，使之恢复心理平衡，进而提高学生应对危机的能力，使学生重新适应学校的学习和生活。

蔡哲、赵冬梅等认为危机干预是一种短期的帮助过程，目的是使危机主体恢复心理平衡，但并不涉及其人格矫治。

史占彪等认为，从心理学的角度来看，危机干预是一种通过调动处于危机之中的个体自身潜能，来重新建立或恢复危机爆发前的心理平衡状态的心理咨询和治疗的技术。

蔡朔冰阐述到，危机干预也叫危机调停，是指对处于困境和挫折中的个体予以关怀和支持，使之恢复心理平衡的过程。

黄家海认为，心理危机干预有了广义和狭义之分，对处在危机状态下的人的心理施加影响为狭义的心理危机干预；对处在危机状态下的人的全方位施加影响为广义的心理危机干预。

季建林认为，心理危机干预是对那些经历个人危机、遭遇挫折或处于困境以及将要发生危险的人提供的支持和帮助，使之恢复心理平衡。

后来，有学者在心理危机干预的内涵中又增添了长期预防和人格成长的内容。蔡智勇认为危机干预就是向处于心理严重失衡状态中的个体提供各种及时适当有效的心理社会服务，激活其明显的和潜在的心理能源及社会支持资源，以形成新的问题解决策略和技巧，使其构建更高层次的心理平衡，促进其人格的成长。

可见，心理危机干预概念的内涵已经发展成为一个既包括应急性反应，又包括长期预防在内的综合性概念。

危机干预本身是属于一种心理卫生的救助措施，主要针对心理适应陷入危机状态者，给予适时救援，助其度过危机，然后再从长计议，并且视情况轻重转介有关机构接受治疗。国内的一些医疗单位设置的“生命热线”和一些社区服务机构成立的各种“自助组织”都是属于危机干预的范畴，目的是为陷入危机的个体和群体提供及时的危机调适。

虽然干预危机的方法多种多样，但大体可以归为两大类：一类是情绪干预，另一类是问题干预。危机干预可以从个体自己和寻求帮助开始。危机干预是一个短期的帮助过程，它的目的是随时对那些经历个人危机、处于困境或遭受挫折和将要发生危险（自杀）的人提供支持和帮助，使之恢复心理平衡；危机干预是从简短的心理治疗基础上发展起来的治疗方法，以解决问题为目的，不涉及来访者的人格矫治。

研究表明，对于危机事件的心理干预，越早越好。最佳干预时间在危机事件发生后 24–72 小时，也就是“黄金 72 小时”。

八、危机干预的基本理论

当前，心理危机领域的研究尚未完全成熟，各种理论和思想如雨后春笋般纷至沓来，具有代表性的观点和思想有以下几种。

（一）认知模式

认知模式认为，危机导致心理伤害的主要原因是当事人对危机事件和围绕事件的相关境遇进行了错误思维，而不在于事件本身或与事件有关的事实。该模式要求危机干预工作者帮助当事人认识到自己认知中的非理性和自我否定成分，重新获得思维中的理性和自我肯定的成分，从而使当事人能够实现对危机的控制。

认知模式较为适合于那些心理危机状态基本稳定下来、逐步接近危机前心理平衡状态的当事人。

（二）哀伤辅导模式

1944 年由林德曼提出的“哀伤辅导”概念，是当前危机干预理论最为重要的基础之一。此概念强调在强烈的悲痛面前，不能沉溺于内心的痛苦中，而应该让自己感受和经历痛苦，通过哭嚎等方式发泄情感，否则容易产生不良后果。

（三）平衡模式

平衡模式认为，心理危机状态下的当事人常常处于一种心理情绪失衡状态，他们原有的应对机制和解决问题的方法不能满足他们当前的需要。因此，危机干预的工作重点应该放在稳定当事人的情绪，使他们重新获得危机前的平衡状态。这种模式主要适合于危机的早期干预。在危机早期，个体处于极度茫然、混乱和自我失控的状态，这一时期的干预目标应主要集中在稳定个体的心理和情绪方面，在其达到某种程度的稳定之前，不宜采取其他干预措施。

（四）支持和干预技术模式

支持和干预技术用于危机的不同阶段，侧重点各有不同。

危机初期，当事人的情绪很不稳定，焦虑程度较高，这一阶段支持技术的应用旨在使当事人的情绪状态恢复到危机前水平。可以应用暗示、保证、发泄、环境改变、药物镇静等方法，如有必要，可以考虑短期的住院治疗。

在危机后期，干预技术占据主导地位。危机干预的主要目标之一是让当事人学会应对困难和挫折的一般性方法，这不但有助于度过当前的危机，而且也有利于以后的适应。危机干预工作者在干预过程中的职能主要是帮助当事人正视危机，正视可能的应对方式，帮助当事人获得新的信息或知识，尽可能地在日常生活中给其提供帮助，回避一些应激性境遇，避免给予不恰当的保证，敦促其接受帮助，等等。

（五）心理社会转变模式

心理社会转变模式认为人同时具有自然属性和社会属性，是遗传天赋和社会环境共同作用的结果。因此，对于危机的考察也应从个体内部和外部因素着手。除了考虑当事人的心理资源和应对能力外，还要了解当事人的伙伴、家庭、职业和社区的影响。危机干预的目的在于将个体内部适当的应对方式与社会支持和环境资源充分地结合起来，从而使当事人有更多问题解决方式的选择机会。同认知模式一样，心理社会转变模式也适合于达到较为稳定状态的当事人。

（六）教育、支持与训练的社会资源工程模式

这一模式是在给一些面临危机时的社会团体提供支持的基础上发展起来的。其目的在于当人力资源有限时，通过训练团体辅导，提供及时的危机干预和减轻情感痛苦的服务，从而使团体内的心理健康资源得到最大的利用。这一模式是开发环境支持资源的成功尝试。

（七）整合的危机干预模式

整合的危机干预理论是指从所有危机干预的方法中，有意识、系统地选择和整合各种有效的方式和策略来帮助当事人。正因如此，整合危机干预模式很少有理论概念，而是各种方法的混合物。

整合干预理论是以任务为指向，它的主要任务包括：

1. 确定所有系统中有效的成分，并将其整合为内部一致的整体，使之适合于需要阐释的行为资料。

2. 根据对时间和地点最大限度地了解，考虑所有相关的理论、方法和标准，以评价与操作临床资料。

3. 不确定任何特别的理论，保持一种开放的心态，对得到成功结果的方法和策略不断进行实验。

心理危机的干预途径与策略

一、学校心理危机干预的基本原则

学校心理危机干预的基本原则是指在学校进行心理危机干预时应该遵守的基本要求和规则。

林静于 2006 年提出学生心理危机干预应遵循六大原则：生命高于一切的原则、预防为主的原则、干预的及时性原则、发展性原则、释放为主的原则、价值

中立原则。

金晓明等人于 2015 年提出了大学生心理危机干预的四条原则：迅速确定要干预的问题；必须有其家人或朋友参与危机干预；鼓励自信，不要让当事者产生依赖性；把心理危机作为心理问题处理，而不要作为疾病处理。

姚本先提出了学校心理危机干预的 5 条原则。

（一）预防为主的原则

学生心理危机的预防与干预，应以预防为主，干预为辅，防患于未然，以免对学生的成长与发展造成不利影响。要广泛开展心理健康教育，要以尽量早的危机预测为基础。以进行自我意识教育为核心，以培养健康的情绪为起点，以提高当事人处理危机的能力为重点。

（二）干预的及时性原则

压力是引发危机心理最本质的因素。当个体经历或目睹重大突发事件后，内心的紧张不断积蓄并超过身心所能承受的极限时，就会陷入无法控制的、惊慌失措的失衡状态，这种状态可能会摧毁人的心理信念。普遍认同的最佳心理干预时间是在危机事件发生后 24–72 小时内。

（三）生命高于一切的原则

危机状态中的个体容易产生过激行为，心理危机干预人员在进行危机干预时必须把被干预者的生命安全放在首位，这是世界各国处理心理危机时所遵循的基本原则。

（四）释放为主的原则

弗洛伊德的精神分析理论认为，“压抑是人的心理防御机制最基本的功能，它将生理本能的冲动或外界不良的刺激进行非理性处理并使之进入潜意识的状态”。释放是指个体把可能引起心理危机的情绪或其他负面的心理能量及时排解出去的过程。及时恰当地释放，让被干预者把悲伤、害怕甚至是攻击情绪尽量宣泄出来，可以减轻心理压力。

（五）反复评估的原则

评估在整个心理危机干预过程中起着十分重要的作用。对个体经历的突发事件，个体的生理、心理、社会状态，个体采取的应对方式等进行评估，是进行整个危机干预的基础。反复进行评估，是为了了解干预效果并及时调整干预方案。

关于灾害心理危机干预基本原则，美国心理危机干预的研究人员普遍认为，为了缓解灾难受害者的悲痛，重建他们的独立功能，预防和减轻他们遭受心理创伤和 PTSD 的痛苦，要注意以下五个原则。

1. 快速干预

灾难后的心理危机会造成情绪上的危险状态，即使他们已经被安定下来，也仍然很有可能处于不适应的高危状态。因此，危机干预最关键的一点就是灾难心理危机干预人员要在第一时间到达现场。

2. 稳定化

最大限度地动员物资、人员等参与救灾工作，建立物质上和心理上的支持网络，尽快恢复生活秩序和规则以稳定受灾人员和受灾群体的心态。促进稳定是灾后心理重建的第一步，有利于尽快恢复受灾人员的各项心理功能。

3. 理解灾难

受灾人员通过回顾灾难发生后的一切，理解灾难发生的过程，了解灾难发生后的各种影响，增加对灾难的控制感。心理危机干预人员要倾听受灾人员描述事件的经过，鼓励他们表达各种情绪，帮助他们理解灾难的影响。

4. 注重问题解决

对危机干预人员而言，积极帮助受灾人员使用各种资源来获得控制感是非常重要的。灾难发生后，受灾人员对自己的生命和环境的控制感被摧毁，很容易导致无助和绝望的情绪，影响灾后的心理重建。因此，心理危机干预人员要协助受灾人员从自己的经验出发，通过解决灾后出现的众多问题来重新恢复信心，重新获得控制感，进而恢复各项心理和社会功能。

5. 鼓励自力更生

注重受灾群众的自力更生能力在灾后的心理重建中起到重要的作用。危机干预人员要激发受灾人员的主动性，鼓励他们调动自身能力，积极寻找有效的方法解决灾后的各种问题。

二、个体心理危机干预的基本步骤

（一）确定问题

在危机状态下可能会出现环境或来访者个人状态的混乱情况，需要迅速而准确地判断问题并对来访者的危机性质及程度进行评估。在这个过程中，帮助者需要换位思考，从来访者的角度认识和分析存在的问题，以理解、尊重、信任、接纳、共情的态度倾听和询问，从而获得真实的信息。这是保证随后的干预措施的针对性和有效性的基础。

（二）保证来访者的安全

这是心理危机干预的首要目标，如果这个目标与心理咨询和治疗中的其他规则冲突，如保密性原则、教育性原则等，则必须首先考虑来访者的身心安全。

（三）提供支持

通过与来访者的交流和沟通，让来访者相信帮助者能给予他们支持，同时能利用其他支持力量建立支持网络。

（四）向来访者提供可选择的应对方式

来访者在危机状态下思路往往是混乱的，需要帮助者向其提供多种可变通的应对方式，并帮助来访者进行选择。

（五）制订后续干预计划

在危机应急处理后，可能临时控制住了危机状况，但并不表明危机就彻底消除了。因此，在接下来的一段时间内还需要制定一系列的矫正目标和方式，以巩固效果，解决深层次的诱因问题，并帮助来访者逐步形成良好的情绪反应和行为模式。

（六）得到来访者的承诺

在危机干预过程中应该要求来访者给予明确的承诺，保证同意协作。在危机干预结束前，也应该要求其承诺下一步的积极行为。

三、心理危机干预机制

（一）心理危机干预机制的概念

心理危机干预机制是指能保证心理危机干预制度正常运行并发挥预期功能的制度体系。构建该机制的目标是把心理危机干预纳入突发事件应急管理的整体工作中，组织属地专业技术力量，借助各类机构组成的心理危机干预网络，积极预防、及时控制和缓解突发事件后的心理危机，促进突发事件后的心理重建，为政府有效处理突发事件提供决策依据。

（二）心理危机干预机制的原则

1. 适时原则

遵循适时原则，关键要把握公众在突发公共事件发生之初的心理，掌控了公众在这一阶段的心理，就可以因势利导使公众心理在事件中不至于失衡。把握适时原则，具体的做法就是政府在突发公共事件爆发之初就公布事件的各种相关信息，并积极表现自己驾驭事件的决心和能力，从而赢得公众信任，使公众在心理上有所依靠。

2. 协同性原则

突发事件后的心理危机干预属于整体救援的一部分，且与被救助对象的生存、安全、财产等密切相关。因此，为了提高心理危机干预工作效果，必须将其纳入政府的统一领导，通盘考虑，而且心理危机干预工作者之间，以及心理危机干预工作者与其他救援者之间必须加强沟通与合作，以确保应对措施的完整性。特别是心理危机干预工作要处理好以下三方面的关系：一是心理危机干预与政府救援工作整合在一起进行，与总体救援保持一致，以保持社会稳定为前提，不能自行其是，不给整体救援工作增加负担；二是心理危机干预与整体救援具体工作相协调，与解决实际生活问题相结合；三是心理危机干预与医疗救援相协调，成为医疗救援的组成部分。

3. 科学性原则

心理危机干预是一项专业性、技术性工作，对人员的专业素质要求高。首先，从业者必须掌握必要的心理学、医学、社会学等专业知识，同时要接受常用干预技术的系统培训；其次，重大突发事件心理危机干预非常讲究科学的理念与方法，干预工作必须贯彻以下重要理念：每一个事件见证者均会受到影响，大多数的压力反应是对异常状态的正常反应，事件后的急性和慢性心理障碍发生率较高，心理帮助可以加速心理重建和避免长期问题的发生，很多心理问题源于事件造成的生活问题和实际问题，大部分受影响者并不知道他们需要心理卫生的服务，心理危机干预应采取更为积极主动接触的方式，心理危机干预经常在本质上侧重于实际层面而非心理层面，建立支持系统对于心理恢复十分重要，心理危机干预是灾难救援的重要组成部分等。此外，需要将一般性的心理帮助与专业的心理危机干预结合起来。

4. 普遍性原则

重大突发事件后心理危机干预是一项极具普遍性意义的心理帮助，特别是重大灾难性事件将给灾民造成大量的心理问题，对人的心理影响涉及大量人群。因此，所有参加处置事件的人员，甚至是受影响者或被救者也可以提供心理救援，因为每个人的助人行为都有程度不同的心理帮助作用。比如，很多时候，爱心和热情让人感到温暖、舒适，日常经验对于解决公众的一般心理问题非常必要。尽可能运用一切可以利用的资源和方法去支持、帮助心理危机者，这对于完成心理危机干预任务非常必要。此外，心理危机干预的普遍性决定了可以采用多种方法来解决心理问题，心理危机干预需要与政府的其他救助形式结合起来开展。

5. 预防—控制—治疗原则

心理危机干预的预防、控制和治疗使突发事件的心理危机干预衔接递进，密切合作，层层推进。突发事件心理危机干预长效机制的构建不仅针对事件后的应急干预，还包括之前的预防机制与之后的救助机制，只有构建这样的完整机制，才能真正达到心理危机干预的理想效果。目前，发达国家和世界卫生组织的灾后救助更是把干预的重点放到了防患于未然。如果预防、控制工作做得好，那么，创伤性障碍治疗的负担就会减轻，就会更有利于事件后社会心理的稳定和心理健康的维护。

四、心理危机干预机制的构建

（一）突发事件前

突发事件前的危机心理预防要求做好平时的预防、预警和准备工作，未雨绸缪。实践证明，预防工作能大大降低心理危机干预的难度。很多具备较成熟心理危机干预体系的国家越来越把重点放在预防体系的构建上。构建危机心理预防机制是一项系统、长期的工程，涉及组织协作体系、制度体系、宣传教育体系、人力资源体系和学术研究体系等庞大、复杂体系的构建。

1. 组织协作体系的构建

要求在政府的统一指挥和协调下，发挥政府有关部门、事业单位（如医院、高校和研究机构等）、民间组织（如基金会、心理危机干预中心等）和志愿者在提供心理危机干预法律法规、技术、人员、信息和经费物资等方面的各自优势，合理配置资源，分工合作，相互联动，形成统一、协调、高效的心理危机干预组织网络体系。

2. 制度体系的构建

要求尽快完善心理危机干预法律制度体系和心理危机干预应急预案，让各级主管部门及专业机构各司其职，将心理危机干预纳入制度化、规范化、法治化轨道，做到有章可循、有法可依。要顺利开展心理危机干预，需要法律提供法理的支持，排除干扰。而且要处理重大突发事件造成的群体心理危机，还需要制定切实可行的心理危机干预预案，根据突发事件类型、过程、后果等，明确心理危机干预的责任、人员、指挥、协调等具体事项，以保障有组织、有计划地开展心理危机干预。2012 年我国颁布的《精神卫生法》规定政府及有关部门要制定包含心理危机干预内容的突发事件应急预案，并根据预案开展心理危机干预。2017 年由国家卫计委等 22 个部委联合发布的《关于加强心理健康服务的指导意见》明确提出要“将心理危机干预和心理援助纳入各类突发事件应急预案和技术方案”。

3. 宣传教育体系的构建

该体系的构建立足于提高公众的危机应对准备和应变能力。面对突发事件，人的心理承受能力和认知水平除受突发情景的影响外，还主要取决于危机发生前的心理准备。心理危机干预的认知模式强调，如果在人们的知识结构中有一套关于危机的知识体系，就具备了突发事件防范意识和应对常识，才能在危机到来时，克服不必要的负面情绪，积极面对变故。因此，对公众心理危机干预常识的宣传教育应立足于普及心理健康知识、防范灾难常识与心理危机干预知识。该宣传教育体系属于公共教育范畴，需要政府、社会等方方面面力量的参与，主要从以下三方面开展工作：新闻媒体对心理卫生的公益宣教制度化、社区对心理健康的宣教常态化、在应对突发事件的定期演练中加入心理危机干预内容。

4. 人力资源体系的构建

该体系的构建立足于突发事件后能够及时组织应急心理危机干预力量。心理危机干预人力资源队伍组建是突发事件心理预防机制的重要内容。针对突发事件后心理危机干预的特点，必须分层次地组建心理危机干预队伍储备库，包括具有高水平的危机干预专家队伍、有资质的心理咨询师队伍、掌握心理危机干预知识的救援人员和心理危机干预志愿者队伍。专家队伍和咨询师队伍属于专业力量，应该按照不同层次、类别、任务建立专业队伍，以保证突发事件后能够及时有效开展心理危机干预工作。掌握心理危机干预知识的救援人员和志愿者属于辅助力量，对于顺利实施救援、保护救援人员战斗力和心理危机干预持续开展具有不可替代的作用。

5. 学术研究体系的构建

注重加强重大突发事件心理健康问题研究和探索具有我国特色的心理危机预防和干预模式、技术和方法。当前，我国关于重大突发事件的心理学研究才刚刚起步，本土化的研究成果少，实践中采用的心理危机干预技术和方法主要来自国外，针对性、预见性和有效性不强。为此，加强具有我国特色的重大突发事件心理危机干预基础和应用研究，开展本土化心理危机干预基础理论研究和成果转化及应用，逐步形成有中国文化特色的心理危机干预理论和实践规范，以及加强心理危机干预相关法律与政策等软科学研究，势在必行，刻不容缓。

（二）突发事件中

在重大突发事件发生后的短期内，公众往往处于恐慌之中，因此，亟须开展紧急心理危机干预。心理危机干预不只是一项卫生工作，而是政府公共危机管理的重要组成部分，需要公共危机管理者的统筹和组织，将其纳入应急指挥体系之中。

根据我国实际，应构建以政府为主导，心理危机干预专业力量为支撑，民间组织和志愿者积极参与的运行机制，规范心理应急干预流程，动员并协调好专业力量和社会资源，对急需心理干预的事件当事人开展针对性的分类干预，确保紧急心理危机干预的有效实施，实现心理应急干预的预定目标。

1. 规范心理应急干预流程

重大突发事件后，为了确保心理危机干预有序、有效地开展，政府应立即启动《突发事件心理危机干预预案》，建立配套的应急机制。第一，分级派出相应层次心理危机干预人员赴现场开展工作。根据突发事件的级别和心理损伤程度，在应急指挥中心的领导下，心理应急干预协调小组迅速召集心理危机干预专家库的专家，评估突发事件引发的心理危机程度，提出应对策略和方案，分级启动相应层次的心理危机干预人员进入救援现场开展工作。第二，对突发事件当事人开展分类心理危机干预。简单来说，对没有严重应激症状的普通人群提供心理保障，对有严重应激症状的重点人群（如遇难者家属和伤者）提供一对一的心理危机干预。对因抢险救灾导致出现替代性心理创伤的军人、消防人员、警察、医疗人员等提供及时的心理服务。此外，根据需要提供转介和医学转诊。第三，如果发生特别重大的突发事件或灾难性事件，急需大量的心理危机干预人员，心理应急干预协调小组应及时向上级提出人员援助申请。同时，对事发地的教师、医务工作者、公职人员进行短期培训，让他们协助心理危机干预专业人员开展工作。第四，建立心理危机干预的督导机制，以保证心理危机干预的专业性和工作人员的战斗力。

2. 构建心理危机干预资源的动员机制

心理危机干预工作专业性很强，专业的心理学工作者是开展工作的主要力量，而相关的民间组织、志愿者和新闻媒体等也是必要的力量。重大突发事件发生后，当地政府要动员和整合这些资源，及时、有序、有效地开展宣传、疏导和干预工作。第一，整合相关心理危机干预力量。根据已有经验教训，构建心理危机干预资源的动员机制，突发事件应急指挥中心应成立心理危机干预协调小组，由卫生行政部门负责人担任组长，卫生、教育、民政、新闻等相关部门负责人及专家学者组成。第二，发挥媒体的舆论宣传、导向作用。重大突发事件后，地方政府通过媒体发布事件的权威信息，避免误传和谣言引发民众的恐慌情绪，稳定、凝聚民心，树立战胜困难的乐观心态，提高自我调节能力和自救意识。

3. 为恢复重建阶段的心理援助服务做好前期准备

重大突发事件，特别是灾难事件导致的心理问题、心理疾病持续时间很长，不可能通过短期的应急心理危机干预得到全部解决，在恢复重建阶段还需要后续的心理援助持续跟进。为此，在应急心理危机干预工作即将结束时，还需要做好以下工作：第一，专家组在做好应急心理危机干预工作总结的基础上，向相关政府部门就恢复重建阶段的心理援助服务提出建议。第二，发现并培养本土的心理援助服务队伍。在当地，物色工作能力较强的医务人员、教师、村镇干部，通过短期培训，使他们掌握基本的心理辅导技术，然后与专业人员共同开展心理援助服务。第三，与心理问题严重的当事人建立联系渠道，便于为他们提供后续的心理援助服务。

（三）突发事件后

为了尽可能地避免或将心理创伤降到最低，必须坚持心理危机干预打“持久战”，构建重大突发事件后持续的心理危机干预机制，直到当事人的心理功能完全恢复。要做到这一点，需要构建一个稳定的组织、运作协调机制，整合政府、社会、企事业等资源，建立责任共担、合作互动的长效机制，整体规划，统筹协调，包括设立本土化心理卫生服务平台与网络、建立心理重建需求的信息发布机制、建立持续心理危机干预资金筹措机制等，以保证心理危机干预工作长期、有序地开展。

1. 设立本土化的心理卫生服务平台与网络

设立本土化的心理卫生服务平台与网络，培养熟悉本土文化的心理服务队伍，是适应心理援助服务长期化特点的必然选择。首先，设立本土化心理卫生服务中心。在当地政府的支持下，在重大突发事件发生地设立心理卫生服务中心。对于一般性突发事件，可利用社区心理卫生服务机制提供心理救助。心理卫生服务中心的职责是整合当地资源，组织实施、分类指导当地心理服务。其次，培养本土化心理卫生工作者。依托高校和医疗系统的专家，对当地教师、医务工作者、社区社工和村镇干部进行分类培训，通过系列培训、观摩和督导等形式，开展心理保健常识、心理辅导基础知识及病例建档、识别与转诊等技能培训，逐渐形成以教师为主的心理健康教育队伍，以医务人员为主的心理医疗队伍，以社区干部为主的心理疏导队伍。再次，建设心理卫生服务网络。以需求为导向，在当地心理卫生服务中心的指导下，面向当地师生、干部群众设立心理卫生服务网点，它们分布在学校、医疗机构和社区，分别由教师、医务人员和社会工作者兼任。最后，充分利用网络沟通平台，拓展心理卫生服务的空间，如设立心理卫生服务电话热线、QQ、微信、电子邮件等，为有需要的群体提供心理知识、心理保健信息和建议等初级服务。

2. 构建心理恢复与重建动态及需求的信息发布机制

通过及时、准确发布突发事件心理恢复与重建动态及需求信息，澄清事实，解惑释疑，主动引导舆论，保障公众的知情权，动员各方力量，对心理危机干预给予持续关注与支持，为更好地处置突发事件营造良好的舆论环境与心理环境。信息发布必须遵循及时主动、统一高效、客观真实、跟踪续报、舆论导向原则。可以依托当地权威报纸、电台、电视台、网络媒体、移动通信网络和新闻发言人发布信息。

3. 构建后续心理卫生服务的资金保障机制

资金保障是突发事件后能否坚持长期开展心理卫生服务的关键因素。心理卫生服务的资金保障机制，应该发挥政府和社会、企业的作用。加大政府购买心理卫生服务力度，完善政府购买心理卫生服务成本核算制度与标准规范。同时，要建立多元化资金筹措机制，积极开拓心理卫生服务公益性事业投融资渠道，鼓励社会资本投入心理卫生服务领域。

五、心理危机干预的流程

（一）针对幸存者

干预小组成员固定，男、女性别人员均有，每日定时与幸存者交流、沟通，确保与幸存者建立起良好的信任关系。通过这种固定交流关系的设置，避免普通临床科室医护人员频繁换班换人的操作模式，使幸存者切实体会到心理安全感，令其隐私绝不外泄的稳定感。

（二）针对遇难者家属

分小组跟随医疗救援点医护人员进行每日定点巡查，跟随医疗救护车每日定片巡查，或向其他医疗人员了解情况，及时地发现“高危人群”，立即接诊并干预。

1. 切入模式

由于遇难者家属正处在心理急性应激状态，绝大多数都有悲伤、后悔、愤怒等负性情绪反应，不少家属还有头痛、失眠、食欲差等躯体反应。为了避免家属的心理反感、拒绝心理援助，通常采取与临床医疗救援人员一起出诊，从关心询问家属的身体状况入手，从协助善后处理过程中介入，顺利地与家属建立良好的关系，自然地完成巡回检查、现场评估、现场干预等复杂工作。

2. 分类干预

在定点巡查过程中，或接到前方医疗救援指挥部发出的提供心理救援的指令后，会在第一时间与需求者见面。在与遇难者家属接触的过程中，迅速完成对其的快速评估（包括家属的物质需求评估、医疗需求评估、社会支持评估以及自杀风险评估和心理危机状况评估等）。根据巡查发现的重点人群采取不同的心理及行为干预措施。

针对有明显情绪反应的家属，主要的心理对策包括：

（1）让其复杂的情感适度地宣泄，真诚地进行现场倾听，积极地充当其“倾听对象”，通过“有声应答”回应其期望真情交流的心理。

（2）在语言上给予情感上的关心，在行为上通过握手、抚摸肩头等肢体语言，传递出关爱的信息，再通过及时地给予“具体性帮助”，或给予实际具体的“善后性帮助”，如协助处理遗物、料理后事及遗体告别，等等。

（三）针对参加救援人员

1. 针对参加救援及搜救的武警官兵，参加消毒清洗的疾控人员及邮政系统工作人员的心理干预

主要在救援工作进行中及基本结束后，分批次开展团体性心理干预活动。

2. 针对媒体及记者的心理干预

要特别关注其是否从心理学的角度进行报道，避免其过于敬业、忽略家属悲伤心理的现象出现；要建议媒体记者在采访时注意把握好报道事件场面的适度性，注意采访幸存者及家属画面的分寸感，采访镜头尽量从其背影切入，避免正面拍摄家属的颜面部，避免其遭受“继发性心理创伤”。

3. 针对参与救援的医护人员的心理干预

现场进行心理学专业的“短暂培训”，编写《灾害现场心理救援的基本流程》的小册子。

4. 针对参加心理救援人员的心理干预

这类特殊的救援人群，在常人眼里，虽然他们是缓解别人心理问题的“心理治疗师”，但是从心理学专业的角度看，他们也是遭受“心理创伤”的“心理灾害的灾民”。因为，在灾难现场投射出来大量的负性信息，通过幸存者及遇难者家属等人员的交流传递，也会影响到这些心理学专业人士的心理变化。

六、心理危机干预的方法

心理危机干预通常通过采取不同的技术手段处理危机行为的发生，降低危机已经造成的或即将造成的危害，使伤害降到最小化，通常在危机产生后几小时内进行为宜。心理危机干预的具体方法主要包括心理咨询和心理健康教育，从而使当事人建立健康的认知判断。

（一）个体危机干预法

预防认知和行为模式适应不良，集中于当事人恢复至适应的水平。主要技术包括：即时干预，倾听事件，反映受害者的感受，立即采取行动，利用社会资源。该方法主要用于受害者，一般由健康工作者和危机训练救援人员实施。

（二）团体心理报告法

团体心理报告法（Group Psychological Debriefing，GPD）GPD 是主要用于帮助救援工作者处理严重应激状况的干预方法。这些状况包括：因公殉职、严重受伤、目睹儿童死亡、大量人员死亡等情况，主要是基于即刻、接近和期待等原则。

GPD 主要包括两类方法：严重事件应激报告法（Critical Incident Stress Debriefing，CISD）和 R phael 法。

1. 严重事件应激报告法（CISD）是 1983 年创建的一种简短的、结构性的干预技术，在创伤事件后立即进行，通过语言表达、交流、反应正常化、健康教育和对未来反应做好准备，来促进情绪健康。报告技术包括对重新感受创伤体验、鼓励情绪表达和促进认知加工。CISD 一般需要 1–3 小时，可以自愿或强制参加，通常于危机发生后 2 – 7 天内进行，一般不重复进行。

CISD 分为 7 个阶段，根据不同阶段的特点采取不同的干预。

（1）介绍阶段（introduction）。解释干预的目标，强调这次干预不是心理治疗，而是有关心理和教育的讨论。

（2）事实阶段（fact phase）。当事人描述在这次危机事件中看到了什么，实施者问一些诸如“你负责做什么工作”“谁最先到达事发地点的”等问题。

（3）认知阶段（ thought phase）。鼓励当事人谈论他们在这些危机事件中的想法，这些事情对他们来说有什么个人意义。

（4）反应阶段（ reaction phase）。这是整个干预过程中耗时最长、涉入最深的一个阶段，鼓励当事人直接、自由地说出他们的情绪反应，可以集中于剧烈的恐惧、否认等情绪。

（5）症状阶段（symptom phase）。这个阶段集中于灾难事件中和之后的应激症状，典型问题包括“到目前为止，你感觉怎么样”等，这个阶段要评估当事人的症状是趋于好转还是逐渐恶化，这些症状可以是躯体的、认知的、情绪的或行为等方面的。

（6）教育阶段（ teaching phase）。干预者提供有关应激反应的一般信息，并将这些反应正常化，可以给出一些应对应激反应的建议。

（7）再登入阶段（ re-entry）。干预者提供其他来源帮助的信息，并对整个干预过程进行总结。

2. R aphael 法集中于参与者的情绪体验，参与者是否开始面对突发事件、自我准备、训练和过去经验都会影响他们对于危机事件的知觉，干预者帮助参与者将突发事件中的经历和情绪反应进行分析，并将正性和负性体验平衡起来并进行展望，使参加者甚至在面对自罪、恐惧等情绪时都对自己的工作感到满意。该方法可以采用非正式的形式。

（三）严重事件应激管理（ Critical Incident Stress Management，CISM）

CISM 主要包括危机事件前的准备性训练、个体危机事件咨询、短期群体心理教育干预、与严重突发事件的脱离、短期团体解压干预、CISD、家庭支持干预和后续的心理健康咨询师的推荐。

该方法程序复杂，通常用于二级受害者，由经过训练的心理健康临床医师和危机干预救援人员实施。

（四）认知行为治疗法（ Cognitive Behavioral Therapy，CBT）

CBT 是基于经典条件反射、操作条件反射和焦虑认知模型相结合来增强心理危机患者的技能，从而提高自我的控制能力的一种方法。研究显示该方法对于儿童和青少年的效果较好。

CBT 通常采用暴露疗法或眼动脱敏治疗和再加工（ Eye Movement Desensitization and Reprocessing，EMDR）。暴露疗法就是指在安全的情况下，让当事人反复详细地想象场景全过程，帮助其控制情绪。暴露疗法可分为以下步骤：收集资料、呼吸训练、心理教育、视觉暴露、想象暴露和纠正逃避。EMD R是一种结合认知重构、实验法和心理学的方法，通过想象满灌认知重构，快速而有节奏的眼动来增强当事人的自信心。

（五）艺术和游戏疗法

通过做游戏，帮助当事人在游戏中强化自我，增强自信，其意义在于重建当事人的心理认知，缓解其心理压力，减轻其负性情绪。

（六）地震等灾害后的干预方法

在地震等灾害发生后，宜选取艺术媒介的艺术治疗，作为非语言性心理干预方法，在实施心理咨询和心理干预的过程中，通过绘画、舞蹈和音乐等艺术形式分析受干预者的内心活动，协助受干预者发泄内心的感受，使受干预者通过自由联想，稳定并调节心理感受，降低以至消除负面情绪感受，达到心理干预的目的。

七、个体心理危机干预模板

（一）干预时间

心理危机干预的时间，一般在危机发生后的数个小时、数天 ，或是数星期 ，而最佳的黄金时间就是在危机事件发生后的 24– 72 小时之间。

（二）干预对象

1. 基本信息：名字、性别、年龄。
2. 来访原因：心理问题产生原因。
3. 既往史：疾病、学习成绩、家庭关系、人际关系、饮食、睡眠等。
4. 量表诊断。

（三）当前表现

1. 生理方面

心跳加快、血压升高、肠胃不适、腹泻、食欲下降、出汗或寒战、肌肉抽搐、头痛、耳朵发闷、疲乏、过敏、失眠、做噩梦、容易惊吓、头昏眼花或晕眩、感觉呼吸困难或窒息、哽塞感、胸痛或不适、肌肉紧张等。

2. 情绪方面

常出现害怕、焦虑、恐惧、怀疑、不信任、沮丧、忧郁、悲伤、易怒、绝望、无助、麻木、否认、孤独、紧张、不安、愤怒、烦躁、自责、过分敏感或警觉、无法放松、持续担忧、害怕即将死去等。

3. 认知方面

常出现记忆困难、混淆、注意力不集中、犹豫不决、缺乏自信、无法做决定，健忘、效能降低、计算和思考理解都出现困难、不能把思想从危机事件上转移等。

4. 行为方面

呈现社交退缩、沉默、情绪失控、典型行为习惯改变、过度活动、没有食欲或暴饮暴食、逃避与疏离等行为，容易自责或怪罪他人，不易信任他人，与他人易发生冲突等，严重的还会出现自杀倾向。

（四）心理干预目标

考虑到危机心理发生突然，干预需要限时、具体、实用和灵活多变，干预目标的确定需要考虑个体能否正常生活、工作和交往，周围的人如何看待个体所处状态等，有针对性地订立干预目标。

例如，近期目标：稳定情绪，增加安全感，改善睡眠；长期目标：控制情绪，适应，成长。

（五）干预参与者

1. 学校——学校应设置危机干预机构。机构包括：校领导—系班领导—学生处—保卫处—心理咨询中心—校医院—学生会等。

2. 咨询师——心理干预。

3. 家长——家校合作。

4. 精神卫生机构——药物治疗干预。

（六）危机干预模式和方法

1. 危机干预模式

（1）平衡模式

危机状态下的受害者，通常都处于一种心理情绪失衡的状态，他们原有的应对机制和解决问题的方法不能满足他们当前的需要。因此危机干预的工作重点应该放在稳定受害者的情绪上，使他们重新获得危机前的平衡状态。这种模式在处理危机的早期干预时特别适合。

（2）认知模式

危机导致心理伤害的主要原因在于，受害者对危机事件和围绕事件的境遇进行了错误思维，而不在于事件本身或与事件有关的事实。该模式要求咨询师帮助受害者认识到存在于自己认知中的非理性和自我否定成分，重新获得思维中的理性和自我肯定的成分，从而使受害者能够实现对生活危机的控制。认知模式较适合于那些心理危机状态基本稳定下来、逐渐接近危机前心理平衡状态的受害者。

（3）心理社会转变模式

分析受害者的危机状态，应该从内、外两个方面着手，除了考虑受害者个人的心理资源和应对能力外，还要了解受害者的同伴、家庭、职业、宗教和社区的影响。危机干预的目的在于将个体内部适当的应付方式，与社会支持和环境资源充分地结合起来，从而使受害者能够有更多的问题解决方式的选择机会。

2. 危机干预的方法

采取多种方法使受害者达到情感的宣泄、认知的扩展与纠正、学习问题的解决和应付策略，建立新的社会支持形式，恢复正常的社会适应功能。

（七）评估干预结果与终止干预

（八）干预后期跟踪措施

对之前进行过干预的人员进行回访和记录，报告被干预人员的情绪状态以及行为是否均恢复到正常水平，生活是否恢复正常。

案例分析

青少年地震伤后心理危机干预案例分析

一、干预对象

案例背景

文文，女，16岁，高一学生。因5·12大地震被埋 10 多个小时获救，病情危重，转入ICU病房抢救治疗。入院诊断：左下肢截肢术后伴感染；ARDS；急性肾功能衰竭；左上肢运动障碍。经过 27 天的抢救治疗，目前病情好转，生命体征平稳。

主管医生护士对个案的描述：孩子任性，常哭泣，爱发脾气，不配合治疗，夜间害怕，要医生护士陪着，紧张，害怕疼痛，轻度疼痛即不能忍受而哭闹不止，要求使用止痛剂。

咨询师初次看到的个案情况：孩子躺在病床上，精神差，表情漠然，皱着眉头，眼神忧郁，无助。对医生护士的治疗护理及问候，不理不睬。

地震反应评估：第一部分得分 95 分，第二部分得分 75 分。

二、当前表现

个案因创伤后处在应急反应中，出现情绪上的紧张、焦虑等，行为退化，依赖成人；没有安全感，夜间恐惧，怕独处；易怒，发脾气，固执，易哭，入睡困难。

三、心理干预目标

近期目标：帮助她放松紧张焦虑的情绪，减轻恐惧害怕，体验安全感，改善睡眠。

远期目标：帮助她学会控制情绪，真实地表达自己的感情；鼓励她自尊、自立、自信，做自己能做的事，不依赖成人，自我成长。

四、干预参与者

心理咨询师与文文进行了七次面谈，并安排了两次家长团体干预，指导家长如何帮助孩子度过心理危机。

五、干预的具体方法

1. 倾听、理解、陪伴，增加她的安全感。
2. 让她适度地宣泄，从而使情绪释放。
3. 呼吸放松，想象放松。
4. 应对方式的讨论。

六、干预过程

第 1 次面谈

医生走进病房，文文躺在床上，无精打采，做自我介绍后，开始谈话。

“文文，阿姨陪你说说话，好吗？”

文文点点头，医生坐在文文的床边问：“伤口还疼吗？现在哪里不舒服？”医生边问候文文，边一只手握住了文文的手。文文的额头有细细的汗珠，医生用纸轻轻为她擦拭（用身体接触文文，关心文文，让文文体验安全感，与文文建立信任关系）。

孩子诉说伤肢疼痛，心里难受，想回家，想上学，晚上睡不着，想让一个同龄的孩子陪自己说话。她边说边哭泣。医生说："哭出来会好受些，想哭就哭吧。"

分析：文文一人住在ICU病房，病情重，和家人分开，处在多种创伤应急中，没有安全感，孤独，躯体不适，入睡困难，担心。干预的重点是给文文安全感，建议医生护士有时间多陪陪她，让她每天能看到家人，病情许可的情况下，让家人多陪陪孩子。毕竟家人的陪伴是其他人不能代替的。指导文文在疼痛、难受、入睡困难的时候学会放松，做深呼吸，转移注意力（听音乐、看书和医生护士说说话），告诉她有医疗专家组在为她治疗，对她承诺她的病情一定会一天天好转，让她看到希望。

第2次面谈

医生与文文的对话：医生："文文，你的肾功能不好，必须控制饮食，今天只能吃一个苹果，半个橘子，只能喝1000ml水，要慢慢吃，不然晚上就没有吃的了。"

文文："不行，吃那么少，我不，我口渴，我难受。"

咨询师和孩子的对话：咨询师："文文，今天你可以吃一个苹果，半个橘子，还可以喝1000ml水，什么时候想吃，告诉姐姐，姐姐给你吃好吗？"

文文："好。"

咨询师："文文真是一个懂事可爱的孩子。"文文脸上带着开心的笑容。

分析：孩子在受创伤后，言行冲动，焦急，不能真实地表达自己的感情，和医生护士敌对，在交流技巧上，给她自己选择的权利，尊重她，鼓励赞扬她，让她自己管理自己，自己对自己的行为负责任，培养和恢复自我控制感、自尊心，促使其心理得以康复。

第3次面谈

文文今天病情好转，精神不错，看到医生走进病房，主动和医生打招呼。

医生和文文开始谈话，引导她谈论自己喜欢的事，她告诉医生喜欢看动画片，特别是日本动画片。

文文的描述：粉红色的樱花开满枝头，花瓣像雪花一样轻轻飘落，随风飘舞，落在青青的草地上，落在小河里……好美……文文沉浸在美的享受中，笑得很甜，很开心，很放松。文文的病房里有一个贝壳挂件，她没去过海边，给她描绘蓝天、大海、白云，让她想象，引导她配合医生治疗，早日康复，和妈妈一起去看大海，给她希望。

分析：随着文文病情的好转，引导她发现、回忆美好的事物，摆脱负面情绪，使她紧张、焦虑的情绪得到放松。要让她在当前仍有困难的情况下，克服不利的状况和创伤事件，看到未来和希望。

第 4 次和第 5 次面谈

观察到文文给同学打电话，边谈边笑。文文的姑姑来看文文，给文文带来家乡朋友、同学和邻居的消息，文文很开心。谈到她们认识的一个同学地震时从楼上跳下，没受伤，为他感到高兴和庆幸。鼓励文文写日记，记下地震发生后的事，记下他人对自己的帮助。

分析：文文的病情进一步好转，鼓励文文自己管理自己的时间和生活，给文文属于自己的空间，医生护士等对文文的支持适度，减轻文文对成人的依赖，逐步恢复文文的日常生活，自己支配自己的时间，和家人、同学、朋友交流，说出自己的感受，表达自己的情绪。

第 6 次和第 7 次面谈

和文文讨论未来会存在什么困难，如何采取相应的行动，解决困难，采用积极的应对方式。

七、评估干预结果和终止干预

咨询师的评估：孩子能和医生、护士做有效的沟通、交流，对自己的需求和愿望能进行较好的表达；夜间入睡困难明显好转；能做一些力所能及的事，对成人的依赖减低。

医生护士的评估：孩子情绪反应正常，不发脾气，能主动配合治疗，脸上常带着笑容，夜间大部分时间能安静入睡。

家长的评估：孩子在日记中写到自己的地震经历和他人对自己的帮助，写到对地震中死去同学的怀念，出院后想去看同学的父母，想帮助安慰他们。孩子虽然伤残了，但能面对现实。

追踪效果评估：目前孩子在康复科接受康复治疗，身体及心理状况恢复良好。

参考文献

著作类

林传鼎 . 心理学词典 . [M]. 江西：江西科学技术出版社，1986.

朱智贤 . 心理学大词典 . [M]. 北京：北京师范大学，1989 年

何艳茹 . 心理卫生与心理辅导 . [M]. 沈阳：辽宁大学出版社，1999

叶浩生 . 西方心理学理论与流派 . [M]. 广州：广东高等教育出版社，2004 年

江汉生，晏涵文 . 性教育 . [M]. 北京：中国青年出版社，2004 年

吴增强，蒋薇美 . 心理健康教育课程设计 . [M]. 北京：中国轻工业出版社，2007 年

季建林 . 自杀预防与危机干预 . [M]. 上海：华东师范大学出版社，2007 年

刘翔平 . 学校心理学 . [M]. 北京：中国轻工业出版社，2009 年

伍新春 . 中学生心理辅导 . [M]. 北京：高等教育出版社，2010 年

吴增强 . 班主任心理辅导实务（小学版）. [M]. 上海：华东师范大学出版社，2010 年

郭永玉 . 人格理论（上册、下册）. [M]. 上海：上海教育出版社，2010 年

彭小虎 . 小学生心理辅导 . [M]. 上海：华东师范大学出版社，2012 年

郑日昌，吴九君主编 . 学生心理辅导 . [M]. 北京：开明出版社，2012 年

孙宏伟 . 心理危机干预（第 2 版）. [M]. 北京：人民卫生出版社，2012 年

江光荣 . 心理咨询的理论与实务（第 2 版）. [M]. 北京：高等教育出版社，2012 年

张　潮 . 学校心理学——学校心理健康教育的理论与应用 . [M]. 北京：新华出版社，2013 年

李祚山，陈小异 . 行为改变技术 . [M]. 北京：北京师范大学出版社，2013 年

顾瑜琦，孙宏伟 . 心理危机干预 . [M]. 北京：人民出版社，2013 年

刘华山，江光荣：咨询心理学 . [M]. 上海：华东师范大学出版社，2014 年

叶一舵 . 中小学心理健康教育全员培训教程 . [M]. 福州：福建教育出版社，2015 年

卢家楣 . 青少年心理与辅导——理论和实践 . [M]. 上海：上海教育出版社，2016 年

钱铭怡 . 心理咨询与心理治疗 . [M]. 北京：北京大学出版社，2016 年

徐光兴 . 学校心理学——教育与辅导的心理 . [M]. 上海：华东师范大学出版社，2016 年

张　潮 . 新时期学校心理学教育的原理与操作研究 . [M]. 北京：新华出版社，2016 年

张　潮 . 教育心理学 . [M]. 北京：高等教育出版社，2017 年

杨　玲 . 学校心理学：理论与实践 . [M]. 北京：教育科学出版社，2017 年

俞国良 . 大学生心理健康 . [M]. 北京：北京师范大学出版社，2018 年

许又新．心理治疗基础．[M]. 北京：中国轻工业出版社，2018 年

刘春雷．青少年心理咨询与辅导．[M]. 北京：清华大学出版社，2020 年

阿德勒．人性心理学：阿德勒关于人性与命运关系的解读．[M]. 北京：西苑出版社，2021 年

钱铭怡．《中国心理学会临床与咨询心理学工作伦理守则》解读．[M]. 北京：北京大学出版社，2021 年

期刊类

1. 安静，刘肇瑞，梁红，童永胜，黄悦勤．突发传染病公共卫生事件心理危机干预工作的探讨．中国心理卫生杂志，2021（9）.

2. 陈美玲，江莉萍，王悦，王芳，仲米兰，常颜信．2019 新型冠状病毒病（COVID-19）患者心理危机表现及其干预措施．中华转移性肿瘤杂志，2020（2）.

3. 刘红星．浅谈中小学开展生命教育的典型经验和做法．考试周刊，2020（76）.

4. 李大林，黄梅，陈维，吴文峰．生活事件对初中生抑郁的影响：自尊和反刍思维的链式中介作用．心理发展与教育，2019（3）.

5. 张野．学校人际关系对初中生乐观倾向的影响：多重中介效应分析．心理与行为研究，2019（5）.

6. 张潮，荆玉．心理电影在青少年心理健康教育中的作用．吉林教育，2015（1）.

7. 陈宝坤，杨侠，刘瑛，苗丹民，武圣君．心理危机干预方法研究进展．精神医学杂志，2014（6）.

8. 吴琼霞．学生意外身亡后的中学团体危机干预．中学教学参考，2014（30）.

9. 张潮，姜海，张蓉．团体心理辅导的过程分析．教育与管理，2019（19）.

10. 聂衍刚，刘伯兴，梁君倩．青少年大五人格、应对方式与心理危机特质的关系．心理科学，2010（3）.

11. 甘秀英，聂衍刚，罗蕴琪．中学生心理危机与社会支持、应对方式的关系．心理与行为研究，2009（2）.

12. 孙喜梅．走过伤痛——创伤性事件的危机干预．中小学心理健康教育，2005（12）.

13. 樊富珉．“非典”危机反应与危机心理干预．清华大学学报（哲学社会科学版），2003（4）.

14. 许世平．生命教育及层次分析．中国教育学刊，2002（4）.

15. 龙迪．心理危机的概念、类别、演变和结局．青年研究，1998（12）.